高等院校立体化创新教材系列

复变函数与积分变换

宫　华　主　编

高雷阜　袁朴玉　郭良栋　副主编
　　　　靖　新　郭　宇

U0214879

清华大学出版社
北京

内 容 简 介

本书根据教育部"工科类本科数学基础课程教学基本要求"的精神,从数学思维、前沿发展等角度,深度挖掘复变函数与积分变换的传统精髓内容,力求突出应用数学思想、概念、方法分析和解决工程实践中复杂问题的教学理念。

本书主要内容包括复数与复变函数、解析函数、复变函数的积分、级数、留数、共形映射、傅里叶变换、拉普拉斯变换。每章配有 MATLAB 在"复变函数与积分变换"课程中的基本使用方法。同时,本教材配备了相应的视频资源、电子课件、习题集、试题库等网络课程资源,可供学生线上学习。

本书可作为高等院校理工科各专业的教材,也可作为科研学者及有关教师的参考书。

图书在版编目(CIP)数据

复变函数与积分变换/宫华主编. —北京:清华大学出版社,2023.1(2024.8 重印)
高等院校立体化创新教材系列
ISBN 978-7-302-62284-0

Ⅰ. ①复… Ⅱ. ①宫… Ⅲ. ①复变函数—高等学校—教材 ②积分变换—高等学校—教材
Ⅳ. ①O174.5 ②O177.6

中国版本图书馆 CIP 数据核字(2022)第 253147 号

责任编辑:陈冬梅
装帧设计:杨玉兰
责任校对:李玉萍
责任印制:刘海龙

出版发行:清华大学出版社
　　　　　网　　　址:https://www.tup.com.cn, https://www.wqxuetang.com
　　　　　地　　　址:北京清华大学学研大厦 A 座　　　邮　　编:100084
　　　　　社 总 机:010-83470000　　　　　　　　　　邮　　购:010-62786544
　　　　　投稿与读者服务:010-62776969, c-service@tup.tsinghua.edu.cn
　　　　　质量反馈:010-62772015, zhiliang@tup.tsinghua.edu.cn
　　　　　课件下载:https://www.tup.com.cn, 010-62791865

印 装 者:天津安泰印刷有限公司
经　 销:全国新华书店
开　 本:185mm×260mm　　　印 张:14.5　　　字　　数:348 千字
版　 次:2023 年 1 月第 1 版　　　　　　　　印　　次:2024 年 8 月第 4 次印刷
定　 价:49.80 元

产品编号:093029-01

前　　言

复变函数与积分变换是理工科相关专业重要的数学基础课程之一，教学内容包括复数与复变函数、解析函数、复变函数的积分、级数、留数、共形映射、傅里叶变换和拉普拉斯变换。复变函数论主要研究复数域上的解析函数，包括解析函数理论、几何函数论、留数理论、广义解析函数、共形映射等内容。积分变换是以复变函数与微积分为基础，通过积分运算将微分、积分等分析运算转换为代数运算。复变函数与积分变换的理论体系已经渗透到代数学、微分方程等数学分支，在电气工程、信号分析与图像处理、通信与控制、量子力学、理论物理、地质勘探与地震预报等领域中有着广泛的应用。

本教材由四名辽宁省教学名师联合编写，围绕新工科建设人才培养目标，在复变函数与积分变换传统精髓内容的基础上，融入课程思政，结构严谨、深入浅出、重点突出。复变函数与积分变换教材包括严谨优美的数学理论体系、数学物理及工程技术中的常用方法，与工程实践紧密结合，是适合高等学校理工科专业学生及从事自然科学、工程技术人员的必备教材。

2020 年沈阳理工大学复变函数与积分变换课程在"中国大学 MOOC"平台上线，该课程以本教材为蓝本讲授。结合已上线的 MOOC，本教材包括教学视频资源、电子教案、试题库等电子资源。本教材将纸质教材内容与电子资源紧密配合，丰富了知识的呈现形式，实现线上线下的有机结合与资源共享。读者可扫描书中二维码获取电子资源，这样有利于学生进行个性化学习。

本书中带星号(*)的为某些相关专业选用的内容，可根据各专业的不同需要选用，也可以跳过带星号的内容。

本书由沈阳理工大学理学院组织编写并负责最后的统稿和审定。全书分为两部分，共7 章，第一部分为复变函数论，共 5 章，第二部分为积分变换，共两章。具体分工如下：宫华负责第 2～4 章、第 6～7 章；袁朴玉负责第 1 章和第 5 章；郭宇负责本书的MATLAB 实验及复习思考题。全书由沈阳理工大学的宫华教授、辽宁工程技术大学的高雷阜教授、沈阳建筑大学的靖新教授和辽宁科技大学的郭良栋教授负责整体审阅，感谢他们从写作理念、数学思想方面提出的宝贵意见和建议。

本书在编写过程中，参考了很多同类著作和期刊等，限于篇幅，恕不一一列出，特此说明并致谢。

由于编者水平有限，书中难免存在一些不足之处，敬请读者和同行不吝赐教。

编　者

目　　录

第 1 章　复变函数与解析函数

复变函数是自变量为复数的函数. 复变函数论所研究的主要对象，是某种意义下可导的复变函数，通常称为解析函数. 本章通过引入复数域与复平面的概念，介绍复变函数的概念、极限与连续性，进而建立解析函数的理论基础. 引入解析函数的概念，重点介绍解析函数判别可导和解析的主要条件——柯西-黎曼条件，并将熟知的初等函数推广到复数域，研究初等函数的性质.

1.1　复　　数

1.1.1　复数的基本概念

定义 1-1　对于任意实数 x, y，将形如 $z = x + \mathrm{i}y$（或 $z = x + y\mathrm{i}$）的数称为复数，其中 i 为虚数单位，并规定 $\mathrm{i}^2 = -1$；x, y 分别称为 z 的实部与虚部，记作 $\operatorname{Re} z = x$，$\operatorname{Im} z = y$.

复数及其代数运算.mp4

当 $x = 0$，$y \neq 0$ 时，$z = \mathrm{i}y$ 称为纯虚数；当 $y = 0$ 时，$z = x + 0\mathrm{i}$ 实际就是实数 x，例如复数 $4 + 0\mathrm{i}$ 就是实数 4，而 $0 + 2\mathrm{i}$ 就是纯虚数 $2\mathrm{i}$.

设 $z_1 = x_1 + \mathrm{i}y_1$ 与 $z_2 = x_2 + \mathrm{i}y_2$ 是两个复数，当且仅当 $x_1 = x_2$，$y_1 = y_2$ 时，称两个复数相等，即 $z_1 = z_2$. 对于复数 $z = x + \mathrm{i}y$，当且仅当 $x = y = 0$ 时，$z = 0$. 与实数不同，一般来说，两个复数不能比较大小.

把实部相同，而虚部绝对值相等、符号相反的两个复数称为共轭复数. 对于复数 $z = x + \mathrm{i}y$，称 $x - \mathrm{i}y$ 为 z 的共轭复数，记作 $\overline{z}$. 特别地，实数的共轭复数是该实数本身；反之，如果 $z = \overline{z}$，这个复数便是一个实数.

1.1.2　复平面

一个复数 $z = x + \mathrm{i}y$ 由一个有序实数对 (x, y) 唯一确定，而有序实

复平面及复数的几何
意义.mp4

数对与平面上的点一一对应. 所以，对于平面上给定的直角坐标系，复数 z 的全体与坐标平面上的点的全体形成一一对应关系. 从而坐标平面上的点 (x, y) 可以用来表示复数 $x + \mathrm{i}y$，横轴上的点表示实数，称为实轴；纵轴上的点表示纯虚数，称为虚轴，两轴所在的坐标平面称为**复平面或 z 平面**. 这样，复数与复平面上的点形成一一对应的关系，一个复数集合就是一个平面点集.

某些特殊的平面点集可以用复数所满足的某种关系式来表示. 例如，$\{z: 0 \leqslant \mathrm{Re}\, z \leqslant 2, 0 \leqslant \mathrm{Im}\, z \leqslant 1\}$ 表示以 $0, 2, 2 + \mathrm{i}, \mathrm{i}$ 为顶点的长方形.

在复平面上，复数 z 可以与从原点指向点 $z = x + \mathrm{i}y$ 的平面向量一一对应，这样可以把复数与平面向量等同起来，复数 z 可以用向量 $\boldsymbol{OP}$ 来表示，如图 1-1 所示.

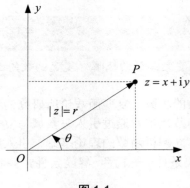

图 1-1

定义 1-2 若 $z = x + \mathrm{i}y$ 是一个不为 0 的复数，将其所对应的向量 $\boldsymbol{OP}$ 的长度称为 z 的**模**，记作 $|z| = \sqrt{x^2 + y^2}$；以正实轴为始边，以向量 $\boldsymbol{OP}$ 为终边的角 θ (即所对应的向量的方向角)叫做 z 的**辐角**，记作 $\mathrm{Arg}\, z$. 显然，辐角有无穷多个值，彼此之间相差 2π 的整数倍，通常把满足 $-\pi < \theta_0 \leqslant \pi$ 的辐角 θ_0 称为 $\mathrm{Arg}\, z$ 的主值，记作 $\arg z$. 从而 $\theta = \theta_0 + 2k\pi$ (k 为任意整数).

当 $z = 0$ 时，$|z| = 0$，辐角不确定.

设 $z = x + \mathrm{i}y$ 是不为 0 的复数，易知，$\tan(\mathrm{Arg}\, z) = \dfrac{y}{x}$，于是辐角主值 $\arg z$ 可以按下列关系确定：

$$\arg z = \begin{cases} \arctan \dfrac{y}{x}, & x > 0, y \in \mathbf{R} \\[2mm] \dfrac{\pi}{2}, & x = 0, y > 0 \\[2mm] \arctan \dfrac{y}{x} + \pi, & x < 0, y \geqslant 0 \\[2mm] \arctan \dfrac{y}{x} - \pi, & x < 0, y < 0 \\[2mm] -\dfrac{\pi}{2}, & x = 0, y < 0 \end{cases} \tag{1-1}$$

其中 $-\dfrac{\pi}{2} < \arctan\dfrac{y}{x} < \dfrac{\pi}{2}$.

下面介绍复数 $z = x + \mathrm{i}y$ 的模的性质.

首先, 由定义 1-2 容易验证

$$|x| \leqslant |z|, \quad |y| \leqslant |z|, \quad |z| \leqslant |x| + |y|, \quad |z| = |\bar{z}|, \quad z\bar{z} = |z|^2.$$

由于复数和平面向量一一对应, 所以两个不为 0 的复数 z_1 与 z_2 的和(见图 1-2(a))与差 (见图 1-2(b))可以按照两向量和与差的几何作图法在复平面中表示出来. 还可以看到 $|z_1 - z_2|$ 表示复平面上两点 z_1 和 z_2 之间的距离.

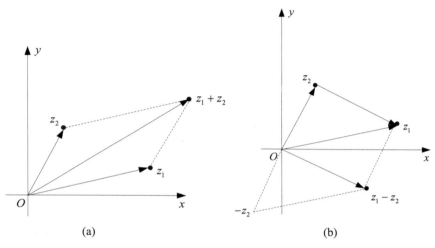

(a)   (b)

图 1-2

由图 1-2, 结合三角形的性质可知

$$|z_1 + z_2| \leqslant |z_1| + |z_2|, \tag{1-2}$$

$$|z_1 - z_2| \geqslant ||z_1| - |z_2||. \tag{1-3}$$

设 z 是一个不为 0 的复数, r 是 z 的模, θ 是 z 的任意一个辐角, 利用直角坐标与极坐标的关系, $x = r\cos\theta, y = r\sin\theta$, 可以把 z 表示为

$$z = r(\cos\theta + \mathrm{i}\sin\theta), \tag{1-4}$$

称为**复数 z 的三角表达式**.

由于一个复数的辐角有无穷多种选择, 因而复数的三角表达式不是唯一的.

利用欧拉(Euler)公式: $\mathrm{e}^{\mathrm{i}\theta} = \cos\theta + \mathrm{i}\sin\theta$, 又可以将复数 z 表示为

$$z = r\mathrm{e}^{\mathrm{i}\theta}, \tag{1-5}$$

称为**复数 z 的指数表达式**.

复数的各种表达方法要能灵活转换, 以适应不同问题的讨论需要.

例 1-1 写出复数 $z = 1 - \sqrt{3}\,\mathrm{i}$ 的三角表达式与指数表达式.

解 $|z| = \sqrt{1 + 3} = 2$. 由于 z 在第四象限, 由式(1-1), 可知

$$\arg z = \arctan\frac{-\sqrt{3}}{1} = -\frac{\pi}{3},$$

从而 z 的三角表达式为

$$z = 2\left[\cos\left(-\frac{\pi}{3}\right) + i\sin\left(-\frac{\pi}{3}\right)\right].$$

z 的指数表达式为

$$z = 2e^{-\frac{\pi}{3}i}.$$

利用复数及其运算的几何意义,很多平面图形能用复数的方程或不等式来表示;反之,也可以由给定的复数形式的方程或不等式来确定它所表示的图形. 看下面两个例子.

例 1-2 将通过两点 $z_1 = x_1 + iy_1$ 与 $z_2 = x_2 + iy_2$ 的直线用复数形式的方程表示.

解 通过两点 $z_1 = x_1 + iy_1$ 与 $z_2 = x_2 + iy_2$ 的直线可以用参数方程表示为

$$\begin{cases} x = x_1 + t(x_2 - x_1) \\ y = y_1 + t(y_2 - y_1) \end{cases} \quad -\infty < t < +\infty.$$

因此,令 $z = x + iy$,得到该直线的复数形式的参数方程为

$$z = z_1 + t(z_2 - z_1), \quad -\infty < t < +\infty.$$

当 $0 \leqslant t \leqslant 1$ 时,该参数方程表示 $z_1 \sim z_2$ 的直线段. 特别地,取 $t = \frac{1}{2}$,得线段 $z_1 z_2$ 的中点 $z = \dfrac{z_1 + z_2}{2}$.

例 1-3 求下列方程所表示的曲线:

(1) $|z - 1| = 3$;　　　　　　　　　　(2) $|z - 2| = |z + 2i|$.

解 (1) 由复数的几何意义,方程 $|z - 1| = 3$ 表示复平面上所有与点 $z = 1$ 距离为 3 的点的轨迹,即以 $z = 1$ 为中心、半径为 3 的圆,如图 1-3(a)所示. 下面用代数方法求出该圆的直角坐标方程,设 $z = x + iy$,方程变为 $|(x-1) + iy| = 3$,也就是 $\sqrt{(x-1)^2 + y^2} = 3$,或 $(x-1)^2 + y^2 = 9$.

(2) 几何上,该方程表示到点 $z_1 = 2$ 与 $z_2 = -2i$ 距离相等的点的轨迹,所以方程表示的曲线就是连接点 $z_1 = 2$ 与 $z_2 = -2i$ 的线段的垂直平分线(见图 1-3(b)),它的方程为 $y = -x$,该方程也可以用代数方法求得.

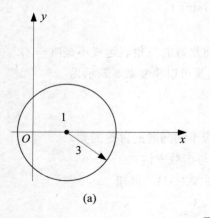

(a)

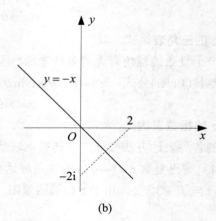

(b)

图 1-3

1.1.3 复数的乘幂与方根

复数的乘幂与方根.mp4

利用复数的三角与指数表达式进行乘除、乘方与开方，往往比直接用代数运算要方便得多. 下面首先来讨论乘法.

设两个复数

$$z_1 = r_1(\cos\theta_1 + i\sin\theta_1) , \quad z_2 = r_2(\cos\theta_2 + i\sin\theta_2) ,$$

则

$$z_1 z_2 = r_1 r_2(\cos\theta_1 + i\sin\theta_1)(\cos\theta_2 + i\sin\theta_2)$$
$$= r_1 r_2[(\cos\theta_1\cos\theta_2 - \sin\theta_1\sin\theta_2) + i(\cos\theta_1\sin\theta_2 + \sin\theta_1\cos\theta_2)]$$
$$= r_1 r_2[\cos(\theta_1 + \theta_2) + i\sin(\theta_1 + \theta_2)] , \tag{1-6}$$

于是有

$$|z_1 z_2| = r_1 r_2 = |z_1| \cdot |z_2| , \tag{1-7}$$
$$\mathrm{Arg}(z_1 z_2) = \mathrm{Arg}\, z_1 + \mathrm{Arg}\, z_2 . \tag{1-8}$$

由此可知，两个复数相乘，只要把它们的模相乘，辐角相加即可.

根据式(1-7)和式(1-8)得到复数乘法的几何意义为：将向量 z_1 沿自身的方向伸长或缩短 $|z_2|$ 倍，再旋转一个角度 $\mathrm{Arg}\, z_2$，得到的向量的终点即为乘积 $z_1 z_2$ (见图 1-4). 特别地，当 $|z_2|=1$ 时，乘法变成了向量的旋转，例如，iz 相当于将 z 逆时针旋转 $90°$，而 $-iz$ 相当于将 z 顺时针旋转 $90°$.

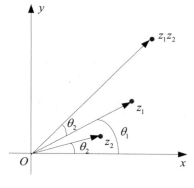

图 1-4

又当 $\mathrm{Arg}\, z_2 = 0$ 时，乘法就变成了只是向量的伸长或缩短.

注意 由于辐角的多值性，式(1-8)两端都是由无穷个数构成的数集，它表示集合意义下的相等，即两端可能取的值的全体是相同的.

例如，设 $z_1 = -1$，$z_2 = i$，则 $z_1 z_2 = -i$，从而

$$\mathrm{Arg}\, z_1 = 2m\pi + \pi , \quad \mathrm{Arg}\, z_2 = 2n\pi + \frac{\pi}{2} , \quad \mathrm{Arg}\, z_1 z_2 = 2k\pi - \frac{\pi}{2} ,$$

其中 m, n, k 均取整数，代入式(1-8)，得

$$2(m+n)\pi + \frac{3\pi}{2} = 2(k-1)\pi + \frac{3\pi}{2} ,$$

要使该式成立，须且只需 $k = m+n+1$. 若取 $m = n = 0$，则取 $k = 1$；反之，若取 $k = 0$，则

可取 $m=0$，$n=-1$.

如果用指数形式表示复数

$$z_1 = r_1 e^{i\theta_1}, \quad z_2 = r_2 e^{i\theta_2},$$

那么由式(1-6)，两个复数的乘积可以表示为

$$z_1 z_2 = r_1 r_2 e^{i(\theta_1+\theta_2)}. \tag{1-9}$$

其次讨论除法. 当 $z_2 \neq 0$ 时，$z_1 = \dfrac{z_1}{z_2} z_2$，由式(1-7)和式(1-8)，有

$$|z_1| = \left|\frac{z_1}{z_2}\right| |z_2|, \quad \mathrm{Arg}\, z_1 = \mathrm{Arg}\left(\frac{z_1}{z_2}\right) + \mathrm{Arg}\, z_2,$$

于是

$$\left|\frac{z_1}{z_2}\right| = \frac{|z_1|}{|z_2|}, \qquad \mathrm{Arg}\left(\frac{z_1}{z_2}\right) = \mathrm{Arg}\, z_1 - \mathrm{Arg}\, z_2. \tag{1-10}$$

由此可知，两个复数相除，只需把它们的模相除，辐角相减即可.

如果用指数形式表示复数

$$z_1 = r_1 e^{i\theta_1}, \quad z_2 = r_2 e^{i\theta_2},$$

由式(1-10)易知，两个复数的商可以表示为

$$\frac{z_1}{z_2} = \frac{r_1}{r_2} e^{i(\theta_1-\theta_2)} \quad (r_2 \neq 0). \tag{1-11}$$

例 1-4 用复数的三角表达式计算 $\dfrac{(1+\sqrt{3}\,i)(\sqrt{3}+i)}{1-i}$.

解 因为

$$1+\sqrt{3}\,i = 2\left(\frac{1}{2}+\frac{\sqrt{3}}{2}i\right) = 2\left(\cos\frac{\pi}{3}+i\sin\frac{\pi}{3}\right),$$

$$\sqrt{3}+i = 2\left(\frac{\sqrt{3}}{2}+\frac{1}{2}i\right) = 2\left(\cos\frac{\pi}{6}+i\sin\frac{\pi}{6}\right),$$

$$1-i = \sqrt{2}\left(\frac{\sqrt{2}}{2}-\frac{\sqrt{2}}{2}i\right) = \sqrt{2}\left[\cos\left(-\frac{\pi}{4}\right)+i\sin\left(-\frac{\pi}{4}\right)\right],$$

从而

$$\frac{(1+\sqrt{3}\,i)(\sqrt{3}+i)}{1-i} = \frac{2\times 2}{\sqrt{2}}\left[\cos\left(\frac{\pi}{3}+\frac{\pi}{6}+\frac{\pi}{4}\right)+i\sin\left(\frac{\pi}{3}+\frac{\pi}{6}+\frac{\pi}{4}\right)\right] = -2+2i.$$

下面讨论复数的幂与方根.

n 个相同的复数 z 的乘积称为 z 的 **n 次幂**，记作 $z^n = \underbrace{z\cdot z\cdots z}_{n\uparrow}$.

设 $z_k = r_k(\cos\theta_k + i\sin\theta_k)$（$k=1,2,\cdots,n$），则式(1-6)可作以下推广，

$$z_1 z_2 \cdots z_n = r_1 r_2 \cdots r_n[\cos(\theta_1+\theta_2+\cdots+\theta_n)+i\sin(\theta_1+\theta_2+\cdots+\theta_n)].$$

在上式中，令 $z_1 = z_2 = \cdots = z_n = z = r(\cos\theta+i\sin\theta)$，那么对任何正整数 n，

$$z^n = r^n(\cos n\theta + i\sin n\theta). \tag{1-12}$$

特别地，当 $r=1$ 时，便可以得到有名的棣莫弗(De Moivre)公式：

$$z^n = \cos n\theta + i\sin n\theta \,. \tag{1-13}$$

如果定义 $z^{-n} = \dfrac{1}{z^n}$，那么当 n 为负整数时，式(1-12)仍然成立.

事实上，令 $n = -m$（m 为正整数），则

$$z^n = z^{-m} = \frac{1}{z^m} = \frac{\cos 0 + i\sin 0}{r^m(\cos m\theta + i\sin m\theta)}$$

$$= r^{-m}[\cos(-m\theta) + i\sin(-m\theta)] = r^n(\cos n\theta + i\sin n\theta) \,.$$

设 z 是不等于 0 的复数，若存在复数 w，使得 $w^n = z$，则称 w 为 z 的 **n 次方根**，记作 $\sqrt[n]{z}$.

为了从已知的 z 求出 w，把 z 和 w 均用三角表达式写出，设

$$z = r(\cos\theta + i\sin\theta), \quad w = \rho(\cos\varphi + i\sin\varphi),$$

由式(1-12)，有

$$\rho^n(\cos n\varphi + i\sin n\varphi) = r(\cos\theta + i\sin\theta),$$

考虑到辐角的多值性，得到

$$\rho^n = r, \quad n\varphi = \theta + 2k\pi \quad (k = 0, \pm 1, \pm 2, \cdots),$$

因此

$$\rho = r^{\frac{1}{n}}, \quad \varphi = \frac{\theta + 2k\pi}{n} \quad (k = 0, \pm 1, \pm 2, \cdots),$$

其中，$r^{\frac{1}{n}}$ 是 r 的 n 次算术根. 所以

$$w = \sqrt[n]{z} = r^{\frac{1}{n}}\left(\cos\frac{\theta + 2k\pi}{n} + i\sin\frac{\theta + 2k\pi}{n}\right). \tag{1-14}$$

当 $k = 0, 1, 2, \cdots, n-1$ 时，得到 n 个相异的根：

$$w_0 = r^{\frac{1}{n}}\left(\cos\frac{\theta}{n} + i\sin\frac{\theta}{n}\right),$$

$$w_1 = r^{\frac{1}{n}}\left(\cos\frac{\theta + 2\pi}{n} + i\sin\frac{\theta + 2\pi}{n}\right),$$

$$\cdots$$

$$w_{n-1} = r^{\frac{1}{n}}\left[\cos\frac{\theta + 2(n-1)\pi}{n} + i\sin\frac{\theta + 2(n-1)\pi}{n}\right].$$

当 k 取其他整数时，这些根又重复出现. 例如：

$$w_n = r^{\frac{1}{n}}\left(\cos\frac{\theta + 2n\pi}{n} + i\sin\frac{\theta + 2n\pi}{n}\right) = w_0 \,.$$

由此可见，任何非零复数的 n 次方根有且仅有 n 个相异的值 w_k（$k = 0, 1, 2, \cdots, n-1$），它们具有相同的模 $r^{\frac{1}{n}}$，而每两个相邻的辐角的差为 $\dfrac{2\pi}{n}$，故在几何上，w 的 n 个值分布在以原点为圆心、$r^{\frac{1}{n}}$ 为半径的圆内接正 n 边形的顶点上.

例 1-5　求 $\sqrt[4]{1+i}$.

解 因为 $1+\mathrm{i}=\sqrt{2}\left(\cos\dfrac{\pi}{4}+\mathrm{i}\sin\dfrac{\pi}{4}\right)$，所以

$$\sqrt[4]{1+\mathrm{i}}=\sqrt[8]{2}\left(\cos\frac{\dfrac{\pi}{4}+2k\pi}{4}+\mathrm{i}\sin\frac{\dfrac{\pi}{4}+2k\pi}{4}\right)\ (k=0,1,2,3),$$

即

$$w_0=\sqrt[8]{2}\left(\cos\frac{\pi}{16}+\mathrm{i}\sin\frac{\pi}{16}\right),$$

$$w_1=\sqrt[8]{2}\left(\cos\frac{9}{16}\pi+\mathrm{i}\sin\frac{9}{16}\pi\right),$$

$$w_2=\sqrt[8]{2}\left(\cos\frac{17}{16}\pi+\mathrm{i}\sin\frac{17}{16}\pi\right),$$

$$w_3=\sqrt[8]{2}\left(\cos\frac{25}{16}\pi+\mathrm{i}\sin\frac{25}{16}\pi\right).$$

这四个根是内接于中心在原点，半径为 $\sqrt[8]{2}$ 的圆的正方形的四个顶点(见图 1-5)，并且 $w_1=\mathrm{i}w_0$，$w_2=-w_0$，$w_3=-\mathrm{i}w_0$.

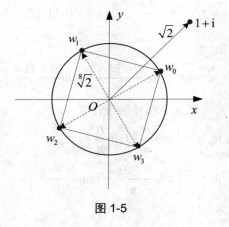

图 1-5

1.1.4 复球面

除了把复数表示成复平面上的点或者向量外，还可以用其他方法表示复数. 例如，在地图制图学中将地球投影到平面上进行研究，需要考虑球面与平面上点的对应关系，这种测地投影法可以建立全体复数与球面上的点之间的一一对应关系. 下面介绍这种用球面上的点来表示复数的方法.

复球面与区域.mp4

取一个在原点 O 与平面相切的球面(见图 1-6)，球面上的一点 S(南极)与原点重合. 通过原点作一条垂直于平面的直线与球面交于一点 N(北极). 用直线段将点 N 与球面上的点 P 相连，其延长线交平面于点 z，这就说明：球面上的点(不包括北极点 N)与平面上的点(有限点)之间存在着一一对应的关系，点 z 是点 P 在平面上的投影，点 P 可以看作是复数

z 的球面图形.

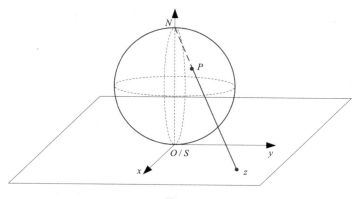

图 1-6

但是,还没有复平面内的一个点与球面上的北极点 N 相对应. 现在研究平面上与北极点 N 相对应的点. 从图 1-6 中容易看出,当点 z 无限地远离原点时,复数 z 的模 $|z|$ 无限地变大,点 P 便越趋近于北极点 N. 因此,北极点可以看作是平面上无穷远点在球面上的图形,并且规定:复数中有唯一的"无穷大"与复平面上的无穷远点相对应,记作 ∞. 球面上的北极点 N 就是复数无穷大 ∞ 的几何表示. 这样,球面上的每一个点都有唯一的一个复数与之对应,这样的球面称为**复球面**. 我们把不包括无穷远点在内的复平面称为**有限平面**或者**复平面**,把包含无穷远点在内的复平面称为**扩充复平面**. 无穷大是个特殊的复数, ∞ 是没有符号的,其模规定为 $+\infty$,而实部、虚部和辐角均没有意义. 对于其他的每个复数 z,都有 $|z| < +\infty$,称为**有限复数**.

复数 ∞ 与有限复数 a 的四则运算定义如下.

(1) $a \pm \infty = \infty \pm a = \infty \, (a \neq \infty)$;

(2) $a \cdot \infty = \infty \cdot a = \infty \, (a \neq 0)$;

(3) $\dfrac{a}{\infty} = 0 \, (a \neq \infty)$, $\dfrac{\infty}{a} = \infty \, (a \neq \infty)$, $\dfrac{a}{0} = \infty \, (a \neq 0)$.

而其他运算 $\infty \pm \infty$、$0 \cdot \infty$、$\infty \cdot 0$、$\dfrac{\infty}{\infty}$,$\dfrac{0}{0}$ 都无意义.

1.1.5 区域

由于复数与复平面上的点一一对应,故对于一些复平面点集,我们将采用复数所满足的等式或者不等式来表示.

定义 1-3 复平面上以 z_0 为中心、任意正数 δ 为半径的圆的内部称为 z_0 的 **δ-邻域**,如图 1-7 所示,记作 $N(z_0, \delta) = \{z : |z - z_0| < \delta\}$;而称由不等式 $0 < |z - z_0| < \delta$ 所确定的点集为 z_0 的**去心 δ-邻域**,记作 $\mathring{N}(z_0, \delta)$.

注意 在扩充复平面上,无穷远点的邻域应理解为以原点为圆心的某圆周的外部,即满足 $|z| > M \, (M > 0$,且为实数) 的所有点的集合.

设 z_0 为平面点集 D 中任意一点，如果存在 z_0 的一个邻域全包含于 D 内，那么称点 z_0 为 D 的**内点**；若点集 D 的点都是它的内点，则称 D 为**开集**.

若点 z_0 的任意邻域内总有点集 D 中的无穷多个点，则称 z_0 为 D 的**聚点**，否则称点 z_0 为 D 的**孤立点**；若 D 的所有聚点都属于 D，则称 D 为**闭集**.

若点 z_0 的任意邻域内，同时有属于点集 D 和不属于点集 D 的点，则称点 z_0 为 D 的**边界点**；D 的全部边界点所组成的点集称为 D 的**边界**，记作 ∂D.

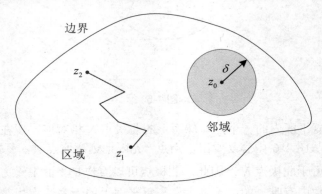

图 1-7

定义 1-4 满足下列两个条件的平面点集 D 称为**区域**.

(1) D 是一个开集；

(2) D 是**连通集**，即 D 内任意两点都可以用完全属于 D 的一条折线连接起来，如图 1-7 所示.

区域 D 连同它的边界一起构成**闭区域**，记作 $\overline{D}$.

若区域 D 可以包含在一个以原点为圆心的圆里面，即存在正数 M，对 D 中每个点 z，都有 $|z| \leq M$，则称 D 为**有界区域**，否则称为**无界区域**.

例如，满足不等式 $r < |z - z_0| < R$ 的所有点构成一个有界区域，其边界由两个圆周 $|z - z_0| = r$ 和 $|z - z_0| = R$ 组成，称为圆环域(见图 1-8(a))；该圆环域去掉点 ζ 和曲线 C 后仍为一个区域，只是其边界除了上述两个圆周外，还有孤立点 ζ 和曲线 C (见图 1-8(b)). 带形域 $a < \operatorname{Im} z < b$ (见图 1-9(a))，角形域 $0 < \arg z < \varphi$ (见图 1-9(b))，上半平面 $\operatorname{Im} z > 0$ (见图 1-9(c))等都是无界区域.

定义 1-5 若平面曲线
$$C: z = z(t) = x(t) + \mathrm{i}\, y(t), \quad (\alpha \leq t \leq \beta)$$
的实部 $x(t)$ 与虚部 $y(t)$ 均为 t 的连续函数，则称曲线 C 为**连续曲线**.

对于连续曲线 $C: z = z(t)$，当 $\alpha \leq t \leq \beta$ 时，$x'(t)$ 和 $y'(t)$ 连续且满足 $[x'(t)]^2 + [y'(t)]^2 \neq 0$，则在曲线 C 上每点均有切线且切线方向连续变化，称这种曲线为**光滑曲线**. 由有限段光滑曲线连接而成的连续曲线称为**逐段光滑曲线**，这种曲线在连接点处可能不存在切线.

对于连续曲线 $C: z = z(t)$，当 $t_1 \neq t_2 (\alpha < t_1, \ t_2 < \beta)$ 时，$z(t_1) \neq z(t_2)$，即曲线没有重点，

则称 C 为**简单曲线**；当曲线 C 的起点与终点重合，即 $z(\alpha)=z(\beta)$，称 C 为**简单闭曲线**. 简单曲线自身不会相交. 图 1-10 列出了关于曲线的各种情况.

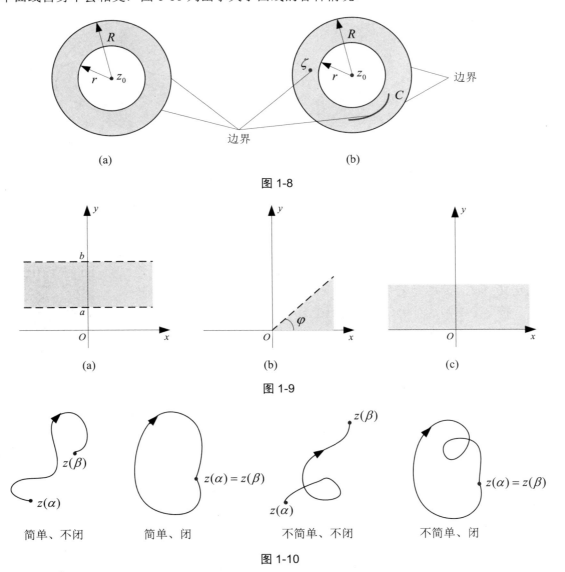

图 1-8

图 1-9

简单、不闭　　　　简单、闭　　　　不简单、不闭　　　　不简单、闭

图 1-10

任意一条简单闭曲线 C 一定把扩充复平面分成两个没有公共点的区域，一个是有界的，称为 C 的内部；另一个是无界的，称为 C 的外部. 从几何直观上看，该结论是明显成立的.

定义 1-6　在复平面上，如果区域 D 内任意一条简单闭曲线的内部都包含于 D，则称 D 为**单连通区域**(见图 1-11(a)). 否则，就称 D 为**多连通区域**(见图 1-11(b)).

单连通区域 D 具有这样的特征：属于 D 的任意一条简单闭曲线，在 D 内可以经过连续变形而缩成一点，多连通区域不具备这个性质.

例如，圆周 $|z-z_0|=R$ 的内部，上半平面 $\operatorname{Im}z>0$，角形域 $0<\arg z<\varphi$，带形域

$a < \operatorname{Im} z < b$ 都是单连通区域；而圆环域 $r < |z - z_0| < R$ 及圆周 $|z - z_0| = R$ 的外部都是多连通的.

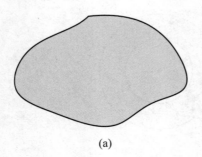
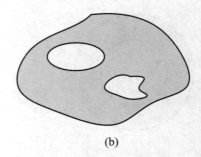

(a)   (b)

图 1-11

1.2 复 变 函 数

1.2.1. 复变函数的概念

复变函数的概念.mp4

定义 1-7 设 G 是复数 $z = x + iy$ 的集合，如果存在一个对应法则 f，按这个法则，对于 G 中的每一个 z，都有一个(或多个)确定的复数 w 与之对应，就称复变量 w 为复变量 z 的函数(简称**复变函数**)，记作

$$w = f(z).$$

如果 z 的一个值唯一对应 w 的一个值，那么称函数 $f(z)$ 是**单值函数**；如果 z 的一个值对应 w 的两个或两个以上的值，那么称函数 $f(z)$ 是**多值函数**.

例如，$w = \bar{z}$，$w = z^2$ 均为 z 的单值函数；而 $w = \sqrt[n]{z}$ ($z \neq 0$，$n \geq 2$ 为整数)、$w = \operatorname{Arg} z$ ($z \neq 0$)均为 z 的多值函数.

集合 G 称为函数 $f(z)$ 的定义集合，与 G 中 z 对应的一切 w 构成的集合 G^* 称为函数值集合. 以后的讨论中，定义集合 G 通常是一个平面区域，称之为定义域. 另外，如无特殊说明，所讨论的函数均为单值函数.

设 $z = x + iy$，则 $w = f(z)$ 可以写成

$$w = f(z) = u + iv = u(x, y) + iv(x, y),$$

其中 $u = u(x, y)$ 与 $v = v(x, y)$ 为实值函数. 这样，一个复变函数 $w = f(z)$ 就相当于一对二元实变函数. $w = f(z)$ 的性质取决于 $u = u(x, y)$ 与 $v = v(x, y)$ 的性质.

例如，函数 $w = z^2 + 1$，令 $z = x + iy$，$w = u + iv$，那么

$$u + iv = (x + iy)^2 + 1 = x^2 - y^2 + 1 + 2xyi,$$

因而，函数 $w = z^2 + 1$ 对应两个二元实变函数，即

$$u = x^2 - y^2 + 1, \quad v = 2xy.$$

1.2.2　映射

高等数学中常常用几何图形直观地帮助我们理解和研究实变函数的性质. 类似地, 一个复变函数也可以看作是一个映射或变换, 它反映了两对变量 x, y 和 u, v 之间的对应关系. 为避免在四维空间里难以表示这种对应关系, 必须将一个复变函数看成两个复平面上的点集之间的对应关系.

定义 1-8　如果用 z 平面和 w 平面上的点分别表示自变量 z 和因变量 w, 那么函数 $w = f(z)$ 在几何上可以看作 z 平面上的点集 G 到 w 平面上的点集 G^* 的一种对应, 我们把由 $w = f(z)$ 所确定的这种对应称为**映射**(或变换), 如果 G 中的点 z 被 $w = f(z)$ 映射成 G^* 中的点 w, 那么 w 称为 z 的**象点**, 而 z 称为 w 的**原象**.

例如, 函数 $w = \bar{z}$ 所构成的映射.

显然, 该映射把 z 平面上的点 $z = a + ib$ 映射成 w 平面上的点 $w = a - ib$. 例如 $z_1 = 2 + 3i$ 映射成 $w_1 = 2 - 3i$, $z_2 = 1 - 2i$ 映射成 $w_2 = 1 + 2i$, $\triangle ABC$ 映射成 $\triangle A'B'C'$, 等等, 如图 1-12(a)所示.

如果把 z 平面和 w 平面重叠在一起, 则可以看到函数 $w = \bar{z}$ 是关于实轴的一个对称映射. 由此可知, 通过映射 $w = \bar{z}$, 平面上的任一图形的映象是关于实轴对称的一个全等图形, 如图 1-12(b)所示.

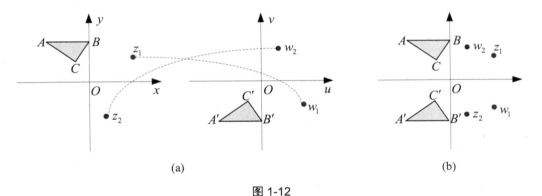

(a)　　　　　　　　　　　　　　　(b)

图 1-12

下面再来研究函数 $w = z^2$ 所构成的映射.

由关于复数乘法的结论式(1-7)和式(1-8)可知, 通过映射 $w = z^2$, z 的辐角增大一倍. 因此, z 平面上与正实轴交角为 α 的角形域映射成 w 平面上与正实轴交角为 2α 的角形域, 如图 1-13 所示.

由于函数 $w = z^2$ 对应于两个二元实变函数:

$$u = x^2 - y^2, \quad v = 2xy,$$

于是, $u = c_1$ (实常数)在 $w = z^2$ 的映射下的原象为

$$x^2 - y^2 = c_1,$$

这是 z 平面上的一族等轴双曲线. 而 $v = c_2$ (实常数)的原象为

$$2xy = c_2,$$

这是 z 平面上的另一族以坐标轴为渐近线的双曲线，如图 1-14 所示.

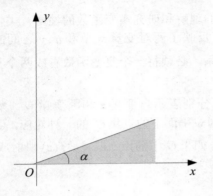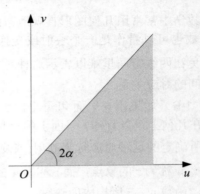

图 1-13

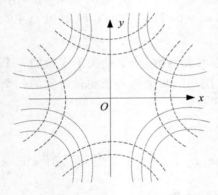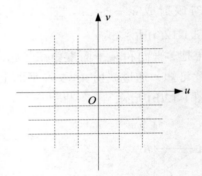

图 1-14

与实变函数一样，复变函数也有反函数的概念.

在函数 $w = f(z)$ 的对应关系中，对于函数值集合 G^* 中的每一个点 w，必将存在 G 中的一个或多个 z 与之对应，这样，在 G^* 上就确定了一个单值或多值函数 $z = \varphi(w)$，称之为函数 $w = f(z)$ 的**反函数**，也称为映射 $w = f(z)$ 的**逆映射**.

当 $w = f(z)$ 为单值函数时，其反函数 $z = \varphi(w)$ 可能是单值的或是多值的. 例如，$w = z^2$ 的反函数是双值的.

特别地，如果函数(映射) $w = f(z)$ 与它的反函数(逆映射) $z = \varphi(w)$ 都是单值的，则称函数(映射) $w = f(z)$ 是一一对应的. 此时也称集合 G 与集合 G^* 是一一对应的.

1.2.3　复变函数的极限

定义 1-9　设复变函数 $w = f(z)$ 在 z_0 的去心邻域 $0 < |z - z_0| < \rho$ 内有定义，如果有一个确定的复数 A，对于任意给定的正数 ε，总存在正数 δ，当 $0 < |z - z_0| < \delta \leqslant \rho$ 时，恒有 $|f(z) - A| < \varepsilon$ 成立，那么称 A 为当 z 趋向于 z_0 时函数 $f(z)$ 的**极限**，记作

复变函数的极限
与连续.mp4

$$\lim_{z \to z_0} f(z) = A.$$

这个定义的几何意义是：当变点 z 在 z_0 的一个充分小的 δ 邻域时，它们的象点就在 A 的一个给定的 ε 邻域.

注意　由于 z_0 是复平面上的点，z 可以以任意方式趋近于 z_0，但无论 z 从什么方向、以何种方式趋近于 z_0，$f(z)$ 的值总是趋近于同一个常数 A.

复变函数的极限在定义的形式上与高等数学中的一元实变函数类似，因此，复变函数极限有类似于实变函数极限的性质.

例如，当 $\lim_{z \to z_0} f(z) = A$，$\lim_{z \to z_0} g(z) = B$ 时，有

(1) $\lim_{z \to z_0} [f(z) \pm g(z)] = A \pm B$；

(2) $\lim_{z \to z_0} [f(z) \cdot g(z)] = A \cdot B$；

(3) $\lim_{z \to z_0} \dfrac{f(z)}{g(z)} = \dfrac{A}{B}$　（$B \neq 0$）.

而复变函数极限的计算可以归结为一对二元实变函数极限的计算.

定理 1-1　设函数 $f(z) = u(x, y) + \mathrm{i} v(x, y)$，$A = u_0 + \mathrm{i} v_0$，$z_0 = x_0 + \mathrm{i} y_0$，则 $\lim_{z \to z_0} f(z) = A$ 的充要条件是

$$\lim_{\substack{x \to x_0 \\ y \to y_0}} u(x, y) = u_0, \quad \lim_{\substack{x \to x_0 \\ y \to y_0}} v(x, y) = v_0.$$

证　必要性. 若 $\lim_{z \to z_0} f(z) = A$，则对于任意的 $\varepsilon > 0$，存在 $\delta > 0$，当 $0 < |z - z_0| < \delta$，即 $0 < \sqrt{(x - x_0)^2 + (y - y_0)^2} < \delta$ 时，有

$$|f(z) - A| < \varepsilon,$$

即

$$\sqrt{(u - u_0)^2 + (v - v_0)^2} < \varepsilon,$$

从而

$$|u - u_0| < \varepsilon, \quad |v - v_0| < \varepsilon,$$

即

$$\lim_{\substack{x \to x_0 \\ y \to y_0}} u(x, y) = u_0, \quad \lim_{\substack{x \to x_0 \\ y \to y_0}} v(x, y) = v_0.$$

充分性. 由 $\lim_{\substack{x \to x_0 \\ y \to y_0}} u(x, y) = u_0$，$\lim_{\substack{x \to x_0 \\ y \to y_0}} v(x, y) = v_0$ 知，对于任意的 $\varepsilon > 0$，存在 $\delta > 0$，当 $0 < \sqrt{(x - x_0)^2 + (y - y_0)^2} < \delta$ 时，有

$$|u - u_0| < \frac{\varepsilon}{2}, \quad |v - v_0| < \frac{\varepsilon}{2},$$

于是

$$|f(z) - A| = \sqrt{(u - u_0)^2 + (v - v_0)^2} \leqslant |u - u_0| + |v - v_0| < \varepsilon,$$

即

$$\lim_{z \to z_0} f(z) = A.$$

我们知道，要使 $\lim_{z \to z_0} f(z)$ 存在，z 以任意方式趋近于 z_0，$f(z)$ 的值总是要趋近于同一

个常数. 如果 z 以某种方式趋向于 z_0 时极限不存在, 或 z 以某两种方式趋向于 z_0 时极限不相等, 则可断定 $\lim\limits_{z \to z_0} f(z)$ 不存在.

例 1-6 问函数 $f(z) = \dfrac{\bar{z}}{z}$ 在 $z = 0$ 处有无极限?

解 令 $z = x + \mathrm{i}y$, 则

$$f(z) = \frac{\bar{z}}{z} = \frac{\bar{z}^2}{z\bar{z}} = \frac{(x - y\mathrm{i})^2}{x^2 + y^2} = \frac{x^2 - y^2}{x^2 + y^2} - \mathrm{i}\frac{2xy}{x^2 + y^2},$$

当 z 沿直线 $y = kx$ 趋向于 0 时,

$$\lim_{\substack{x \to 0 \\ y = kx}} u(x, y) = \lim_{\substack{x \to 0 \\ y = kx}} \frac{x^2 - y^2}{x^2 + y^2} = \lim_{x \to 0} \frac{x^2 - k^2 x^2}{x^2 + k^2 x^2} = \frac{1 - k^2}{1 + k^2},$$

该极限随着 k 的变化而变化, 所以 $\lim\limits_{\substack{x \to 0 \\ y \to 0}} u(x, y)$ 不存在. 根据定理 1-1, $\lim\limits_{z \to z_0} f(z)$ 不存在, 类似地, 可以说明 $\lim\limits_{\substack{x \to 0 \\ y \to 0}} v(x, y)$ 也不存在.

1.2.4 复变函数的连续性

定义 1-10 若 $\lim\limits_{z \to z_0} f(z) = f(z_0)$, 则称函数 $f(z)$ 在点 z_0 处连续. 若 $f(z)$ 在区域 D 中每一点连续, 则称函数 $f(z)$ 在 D 内连续.

定理 1-2 函数 $f(z) = u(x, y) + \mathrm{i}v(x, y)$ 在 $z_0 = x_0 + \mathrm{i}y_0$ 处连续的充要条件是: $u(x, y)$ 和 $v(x, y)$ 在 (x_0, y_0) 处连续.

复变函数的极限、连续性的定义与一元实变函数的极限、连续性的定义在形式上完全相同, 因此高等数学中证明的关于连续函数的和、差、积、商(分母不为零)及复合函数连续性的定理依然成立.

定理 1-3 已知函数 $f(z)$ 与 $g(z)$ 在点 z_0 处连续, 则两个函数 $f(z)$ 与 $g(z)$ 的和、差、积、商(分母在 z_0 处不为零)在点 z_0 处仍连续.

定理 1-4 已知函数 $h = g(z)$ 在点 z_0 处连续, 函数 $w = f(h)$ 在点 $h_0 = g(z_0)$ 处连续, 则复合函数 $w = f[g(z)]$ 在点 z_0 处仍连续.

由此可知, 幂函数 $w = z^n$ (n 为正整数)与更一般的多项式

$$w = P(z) = a_0 + a_1 z + a_2 z^2 + \ldots + a_n z^n$$

是复平面上的连续函数.

而有理函数

$$w = R(z) = \frac{a_0 + a_1 z + a_2 z^2 + \ldots + a_n z^n}{b_0 + b_1 z + b_2 z^2 + \ldots + b_m z^m}$$

除了使分母为 0 的点外, 在复平面上也处处连续.

例 1-7 求证函数 $\arg z$ 在原点与负实轴不连续.

证 对于原点, 因为其辐角不确定, 因此 $\arg z$ 在原点处不连续.

对于负实轴上任意一点 z_0, $\arg z_0 = \pi$, 当 z 从上半平面趋向于 z_0 时, $\arg z$ 趋于 π,

而当 z 从下半平面趋向于 z_0 时，$\arg z$ 趋于 $-\pi$，所以 $\lim\limits_{z \to z_0} \arg z$ 不存在，从而 $\arg z$ 在负实轴上不连续．

最后指出，在有界闭区域 $\overline{D}$ 上连续的函数 $f(z)$ 在该区域上是有界的，即存在正数 M，使 $|f(z)| \le M$．

事实上，设 $f(z) = u + \mathrm{i}v$，由 $u(x, y)$ 及 $v(x, y)$ 的连续性可知它们有界，即存在正数 M_1 及 M_2，使

$$|u| \le M_1, \quad |v| \le M_2,$$

从而

$$|f(z)| = |u + \mathrm{i}v| = \sqrt{u^2 + v^2} \le |u| + |v| \le M_1 + M_2 = M.$$

同理，在闭曲线或包括曲线端点在内的曲线段上连续的函数，在该曲线或曲线段上也是有界的．

1.3 解析函数的概念及充要条件

1.3.1 复变函数的导数

定义 1-11 设函数 $w = f(z)$ 在点 z_0 的某个邻域内有定义，$z_0 + \Delta z$ 是邻域内异于 z_0 的任意一点，如果极限

$$\lim_{\Delta z \to 0} \frac{\Delta w}{\Delta z} = \lim_{\Delta z \to 0} \frac{f(z_0 + \Delta z) - f(z_0)}{\Delta z}$$

复变函数的导数.mp4

存在，则称函数 $f(z)$ 在 z_0 处可导，并称此极限值为函数 $f(z)$ 在点 z_0 处的**导数**，记作 $f'(z_0)$ 或 $\dfrac{\mathrm{d}w}{\mathrm{d}z}\Big|_{z=z_0}$，否则，称函数 $f(z)$ 在 z_0 点不可导或导数不存在．于是有

$$f'(z_0) = \frac{\mathrm{d}w}{\mathrm{d}z}\bigg|_{z=z_0} = \lim_{\Delta z \to 0} \frac{f(z_0 + \Delta z) - f(z_0)}{\Delta z}$$

或

$$f'(z_0) = \frac{\mathrm{d}w}{\mathrm{d}z}\bigg|_{z=z_0} = \lim_{z \to z_0} \frac{f(z) - f(z_0)}{z - z_0}.$$

如果函数 $f(z)$ 在某一区域 D 内处处可导，则称函数 $f(z)$ 在区域 D 内可导．此时，对 D 内任意一点 z 考虑该点处的导数时相应得到一个关于变量 z 的函数，称其为函数 $f(z)$ 在区域 D 内的导函数，简称为 $f(z)$ 的导数，记作 $f'(z)$ 或 $\dfrac{\mathrm{d}w}{\mathrm{d}z}$，即

$$f'(z) = \frac{\mathrm{d}w}{\mathrm{d}z} = \lim_{\Delta z \to 0} \frac{f(z + \Delta z) - f(z)}{\Delta z}.$$

于是 $f'(z_0) = f'(z)\big|_{z=z_0}$，即 $f(z)$ 在点 z_0 处的导数可看作是导函数 $f'(z)$ 在点 z_0 的值．

注意 $\Delta z \to 0$ 的方式是任意的，即不论 $z_0 + \Delta z$ 以任何方式趋近于 z_0，比值 $\dfrac{\Delta w}{\Delta z}$ 都趋

近于同一个数. 我们可以利用"任意性"说明复变函数 $w = f(z)$ 在一点处的导数不存在.

复变函数导数的定义与一元实变函数导数的定义在形式上是一致的. 但复变函数导数的限制比一元实变函数类似的限制严格得多. 因为在一元实变函数 $y = f(x)$ 的导数定义中, $\Delta x \to 0$ 是限制在实轴(x 轴)上的, 只有两种方式, 而在复变函数 $w = f(z)$ 的导数定义中, $\Delta z \to 0$ 是限制在复平面上的, 复平面上的方式要比实轴上的方式复杂得多.

例 1-8 求函数 $f(z) = z^3$ 的导数.

解 对复平面内任一点 z, 由导数的定义, 有

$$\lim_{\Delta z \to 0} \frac{f(z + \Delta z) - f(z)}{\Delta z} = \lim_{\Delta z \to 0} \frac{(z + \Delta z)^3 - z^3}{\Delta z}$$

$$= \lim_{\Delta z \to 0} [3z^2 + 3z\Delta z + (\Delta z)^2] = 3z^2,$$

由 z 的任意性, 可知在复平面内处处有

$$f'(z) = 3z^2.$$

例 1-9 证明函数 $f(z) = \bar{z}$ 在复平面上处处不可导.

证 对复平面内任意一点 $z = x + \mathrm{i}y$, 则 $f(z) = \bar{z} = x - \mathrm{i}y$,

$$\lim_{\Delta z \to 0} \frac{f(z + \Delta z) - f(z)}{\Delta z} = \lim_{\Delta z \to 0} \frac{\overline{\Delta z}}{\Delta z} = \lim_{\substack{\Delta x \to 0 \\ \Delta y \to 0}} \frac{\Delta x - \mathrm{i}\Delta y}{\Delta x + \mathrm{i}\Delta y}.$$

当 Δz 沿着平行于 x 轴的方向趋于 0 (见图 1-15)时, 此时 $\Delta y = 0$, 极限

$$\lim_{\substack{\Delta x \to 0 \\ \Delta y \to 0}} \frac{\Delta x - \mathrm{i}\Delta y}{\Delta x + \mathrm{i}\Delta y} = \lim_{\Delta x \to 0} \frac{\Delta x}{\Delta x} = 1.$$

当 Δz 沿着平行于 y 轴的方向趋于 0 时, 此时 $\Delta x = 0$, 极限

$$\lim_{\substack{\Delta x \to 0 \\ \Delta y \to 0}} \frac{\Delta x - \mathrm{i}\Delta y}{\Delta x + \mathrm{i}\Delta y} = \lim_{\Delta y \to 0} \frac{-\mathrm{i}\Delta y}{\mathrm{i}\Delta y} = -1.$$

所以 $f(z) = \bar{z}$ 在点 z 处不可导, 由 z 的任意性知, $f(z) = \bar{z}$ 在复平面内处处不可导.

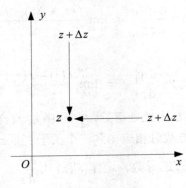

图 1-15

从本例可知, $f(z) = \bar{z}$ 的实部与虚部的二元函数 $u(x, y) = x$ 和 $v(x, y) = -y$ 在复平面上处处连续, 即函数 $f(z) = \bar{z}$ 在复平面内处处连续, 但是却处处不可导.

在复变函数中, 连续和可导的关系与一元实变函数相同, 即连续函数不一定可导. 反过来, 在 z_0 点处可导的函数必定在该点处连续.

事实上，因为

$$\lim_{z \to z_0}[f(z) - f(z_0)] = \lim_{z \to z_0}\frac{f(z) - f(z_0)}{z - z_0} \cdot (z - z_0) = f'(z_0) \cdot 0 = 0 \,,$$

即 $\lim\limits_{z \to z_0} f(z) = f(z_0)$，故 $f(z)$ 在点 z_0 处连续.

复变函数的微分概念，在形式上与一元实变函数的微分概念类似.

定义 1-12　设函数 $w = f(z)$ 在 z_0 处可导，则有

$$\Delta w = f(z_0 + \Delta z) - f(z_0) = f'(z_0)\Delta z + \rho(\Delta z)\Delta z \,,$$

其中 $\lim\limits_{\Delta z \to 0}\rho(\Delta z) = 0$．我们称函数 $w = f(z)$ 的改变量 Δw 的线性部分 $f'(z_0)\Delta z$ 为其在 z_0 点的**微分**，记作

$$\mathrm{d}w = f'(z_0)\Delta z \,. \tag{1-15}$$

如果函数在点 z_0 处的微分存在，则称函数 $f(z)$ 在点 z_0 处可微．如果函数 $f(z)$ 在区域 D 内处处可微，就称函数 $f(z)$ 在 D 内可微.

特别地，当 $w = f(z) = z$ 时，由式(1-15)，可得 $\mathrm{d}z = \Delta z$，于是式(1-15)可以表示为

$$\mathrm{d}w = f'(z_0)\mathrm{d}z \,,$$

即

$$f'(z_0) = \frac{\mathrm{d}w}{\mathrm{d}z}\bigg|_{z=z_0} \,.$$

因此，函数 $f(z)$ 在点 z_0 处可导与 $f(z)$ 在点 z_0 处可微是等价的.

函数 $f(z)$ 在点 z_0 处可微，显然 $f(z)$ 在点 z_0 处连续．但 $f(z)$ 在点 z_0 处连续却不一定在点 z_0 处可微，并且在复变函数中处处连续又处处不可微的函数几乎随手可得，比如 $f(z) = \mathrm{Re}\,z$，$f(z) = |z|$，等等．而在实变函数中，要举一个这样的例子却相当困难，这说明在复变函数中可微的要求比实变函数中要高得多.

1.3.2　解析函数的概念

在很多理论和实际问题中，需要研究的不是只在某一点处可导的函数，而是在某个区域内处处可导的函数，即解析函数.

解析函数.mp4

定义 1-13　若函数 $f(z)$ 在点 z_0 及 z_0 的某个邻域内处处可导，则称 $f(z)$ 在点 z_0 处**解析**．若函数 $f(z)$ 在区域 D 内每一点处解析，则称 $f(z)$ 在区域 D 内解析，或称 $f(z)$ 是区域 D 内的**解析函数**.

如果 $f(z)$ 在点 z_0 处不解析，则称点 z_0 为 $f(z)$ 的**奇点**.

显然，函数在一点的解析性是函数在该点的某个邻域内可导，即可导点连成片．容易得到，函数在一点处解析与在一点处可导是两个不等价的概念．函数在一点处解析，则在该点处一定可导．反之，函数在一点处可导却未必在该点处解析．但是，函数在区域内解析与在区域内可导是等价的.

根据复变函数的求导法则可得解析函数的运算性质.

定理 1-5　若 $f(z)$ 和 $g(z)$ 在区域 D 内解析，则 $f(z)$ 和 $g(z)$ 的和、差、积、商(除去分母为 0 的点)在 D 内也解析，且有

$$[f(z) \pm g(z)]' = f'(z) \pm g'(z);$$

$$[f(z) \cdot g(z)]' = f'(z)g(z) + f(z)g'(z);$$

$$\left[\frac{f(z)}{g(z)}\right]' = \frac{f'(z)g(z) + f(z)g'(z)}{[g(z)]^2}, \quad (g'(z) \neq 0).$$

推论 1-1 多项式函数 $P(z) = a_0 z^n + a_1 z^{n-1} + \cdots + a_{n-1} z + a_n \ (a_0 \neq 0)$ 在复平面内处处解析.

推论 1-2 有理函数 $\dfrac{P(z)}{Q(z)} = \dfrac{a_0 z^n + a_1 z^{n-1} + \cdots + a_{n-1} z + a_n}{b_0 z^m + b_1 z^{m-1} + \cdots + b_{m-1} z + b_m} \ (a_0 \neq 0, \ b_0 \neq 0)$ 在除去分母为 0 的点的区域内是解析的.

定理 1-6 若函数 $w = f(h)$ 在 h 平面的区域 G 内解析, 函数 $h = g(z)$ 在 z 平面的区域 D 内解析. 若对于 D 内的每一点 z, 对应的函数值 $h = g(z)$ 都属于 G, 则复合函数 $w = f[g(z)]$ 在 D 内解析, 且有 $\{f[g(z)]\}' = f'[g(z)]g'(z)$.

定理 1-7 若函数 $w = f(z)$ 是区域 D 内的单值解析函数, 且 $f'(z) \neq 0$, 则它的反函数 $z = f^{-1}(w) = \varphi(w)$ 在对应区域内也解析, 且有 $\varphi'(w) = \dfrac{1}{f'(z)}$.

例 1-10 求有理函数 $f(z) = \dfrac{2z^5 + z - 3}{4z^2 + 1}$ 的解析区域及该区域上的导函数.

解 由于

$$P(z) = 2z^5 + z - 3, \quad Q(z) = 4z^2 + 1.$$

由推论 1-2 得, 当 $Q(z) = 4z^2 + 1 \neq 0$ 时, 函数 $f(z)$ 是解析的. 即函数 $f(z)$ 在复平面上除去点 $z = \pm \dfrac{i}{2}$ 的区域内是解析的, 且由商的求导法则, 得

$$f'(z) = \frac{(10z^4 + 1)(4z^2 + 1) - 8z(2z^5 + z - 3)}{(4z^2 + 1)^2}$$

$$= \frac{24z^6 + 10z^4 - 4z^2 + 24z + 1}{(4z^2 + 1)^2}.$$

1.3.3 函数解析的充要条件

由于解析函数是复变函数的主要研究对象, 所以如何判别一个函数是否为解析函数是十分重要的, 而用定义判别一个函数是否为解析函数往往比较困难, 因此需要寻找判别函数解析的简便方法. 另一方面, 我们曾指出任何一个复变函数都和两个二元实变函数相对应, 并且可以将复变函数 $f(z) = u(x, y) + iv(x, y)$ 的极限和连续性转化为二元实变函数 $u(x, y)$ 与 $v(x, y)$ 的极限与连续性. 那么是否可通过复变函数的实部和虚部的两个二元实变函数来判断复变函数的可导性与解析性呢? 下面的两个定理回答了这个问题.

定理 1-8 设函数 $f(z) = u(x, y) + iv(x, y)$ 定义在区域 D 内, 则 $f(z)$ 在 D 内一点 $z = x + iy$ 可导的充要条件是: $u(x, y)$ 与 $v(x, y)$ 在点 (x, y) 处可微, 并且满足柯西-黎曼方程 (简称 C-R 方程):

复变函数可导性与解析性的判定.mp4

$$\frac{\partial u}{\partial x} = \frac{\partial v}{\partial y}, \quad \frac{\partial u}{\partial y} = -\frac{\partial v}{\partial x}. \tag{1-16}$$

证明 必要性. 因为 $f(z)$ 在点 $z = x + \mathrm{i}y$ 处可导, 由导数定义, 可知

$$f'(z) = \lim_{\Delta z \to 0} \frac{f(z + \Delta z) - f(z)}{\Delta z},$$

从而得

$$f(z + \Delta z) - f(z) = f'(z)\Delta z + \rho(\Delta z)\Delta z, \tag{1-17}$$

其中, $\lim_{\Delta z \to 0} \rho(\Delta z) = 0$.

令 $f(z + \Delta z) - f(z) = \Delta u + \mathrm{i}\Delta v$, $f'(z) = a + \mathrm{i}b$, $\rho(\Delta z) = \rho_1 + \mathrm{i}\rho_2$, 其中 a 与 b 为实数, ρ_1 与 ρ_2 为二元实变函数, 则式(1-17)可表示为

$$\begin{aligned}
\Delta u + \mathrm{i}\Delta v &= (a + \mathrm{i}b)(\Delta x + \mathrm{i}\Delta y) + (\rho_1 + \mathrm{i}\rho_2)(\Delta x + \mathrm{i}\Delta y) \\
&= (a\Delta x - b\Delta y + \rho_1\Delta x - \rho_2\Delta y) + \mathrm{i}(b\Delta x + a\Delta y + \rho_2\Delta x + \rho_1\Delta y),
\end{aligned}$$

从而有

$$\Delta u = a\Delta x - b\Delta y + \rho_1\Delta x - \rho_2\Delta y,$$
$$\Delta v = b\Delta x + a\Delta y + \rho_2\Delta x + \rho_1\Delta y,$$

由于 $\lim_{\Delta z \to 0} \rho(\Delta z) = 0$, 所以 $\lim_{\substack{\Delta x \to 0 \\ \Delta y \to 0}} \rho_1 = 0$, $\lim_{\substack{\Delta x \to 0 \\ \Delta y \to 0}} \rho_2 = 0$, 因此, $u(x, y)$ 与 $v(x, y)$ 在点 (x, y) 处可微, 并且满足柯西–黎曼方程

$$a = \frac{\partial u}{\partial x} = \frac{\partial v}{\partial y}, \quad -b = \frac{\partial u}{\partial y} = -\frac{\partial v}{\partial x}.$$

充分性. 因为 $u(x, y)$ 与 $v(x, y)$ 在点 (x, y) 处可微, 则

$$\Delta u = \frac{\partial u}{\partial x}\Delta x + \frac{\partial u}{\partial y}\Delta y + \varepsilon_1\Delta x + \varepsilon_2\Delta y,$$
$$\Delta v = \frac{\partial v}{\partial x}\Delta x + \frac{\partial v}{\partial y}\Delta y + \varepsilon_3\Delta x + \varepsilon_4\Delta y,$$

这里 $\lim_{\substack{\Delta x \to 0 \\ \Delta y \to 0}} \varepsilon_k = 0 \ (k = 1, 2, 3, 4)$.

由柯西–黎曼方程, 可设

$$\frac{\partial u}{\partial x} = \frac{\partial v}{\partial y} = a, \quad \frac{\partial u}{\partial y} = -\frac{\partial v}{\partial x} = -b,$$

则有

$$\begin{aligned}
f(z + \Delta z) - f(z) &= \Delta u + \mathrm{i}\Delta v \\
&= (a\Delta x - b\Delta y + \varepsilon_1\Delta x + \varepsilon_2\Delta y) + \mathrm{i}(b\Delta x + a\Delta y + \varepsilon_3\Delta x + \varepsilon_4\Delta y) \\
&= (a + \mathrm{i}b)\Delta x + (-b + \mathrm{i}a)\Delta y + (\varepsilon_1 + \mathrm{i}\varepsilon_3)\Delta x + (\varepsilon_2 + \mathrm{i}\varepsilon_4)\Delta y \\
&= (a + \mathrm{i}b)(\Delta x + \mathrm{i}\Delta y) + (\varepsilon_1 + \mathrm{i}\varepsilon_3)\Delta x + (\varepsilon_2 + \mathrm{i}\varepsilon_4)\Delta y,
\end{aligned}$$

于是

$$\frac{f(z + \Delta z) - f(z)}{\Delta z} = (a + \mathrm{i}b) + (\varepsilon_1 + \mathrm{i}\varepsilon_3)\frac{\Delta x}{\Delta z} + (\varepsilon_2 + \mathrm{i}\varepsilon_4)\frac{\Delta y}{\Delta z}.$$

因为 $\left|\dfrac{\Delta x}{\Delta z}\right| \leqslant 1$，$\left|\dfrac{\Delta y}{\Delta z}\right| \leqslant 1$，故当 $\Delta z \to 0$ 时，上式右端的最后两项都趋于 0，因此

$$f'(z) = \lim_{\Delta z \to 0} \frac{f(z + \Delta z) - f(z)}{\Delta z} = a + \mathrm{i}b,$$

即 $f(z)$ 在点 $z = x + \mathrm{i}y$ 处可导.

由定理 1-8 的证明过程，可以得到函数 $f(z) = u(x, y) + \mathrm{i}v(x, y)$ 在点 $z = x + \mathrm{i}y$ 处的**导数公式**：

$$f'(z) = \frac{\partial u}{\partial x} + \mathrm{i}\frac{\partial v}{\partial x} = \frac{\partial v}{\partial y} + \mathrm{i}\frac{\partial v}{\partial x} = \frac{\partial u}{\partial x} - \mathrm{i}\frac{\partial u}{\partial y} = \frac{\partial v}{\partial y} - \mathrm{i}\frac{\partial u}{\partial y}. \tag{1-18}$$

注意　柯西-黎曼方程只是函数可导的必要条件而非充分条件. 因为一个二元函数在某一点存在偏导数并不能保证函数在该点处连续，更无论在该点处可微了.

例如，令两个二元函数

$$u(x, y) = v(x, y) = \begin{cases} \dfrac{xy}{x^2 + y^2}, & x^2 + y^2 \neq 0 \\[2mm] 0, & x^2 + y^2 = 0 \end{cases}.$$

取 $f(z) = u(x, y) + \mathrm{i}v(x, y)$，则函数 $f(z)$ 在 $z = 0$ 处满足柯西-黎曼方程：

$$\frac{\partial u}{\partial x} = \frac{\partial v}{\partial y} = 0, \quad \frac{\partial u}{\partial y} = -\frac{\partial v}{\partial x} = 0,$$

但 $f(z)$ 在 $z = 0$ 处是不连续的，从而也不可导.

推论 1-3　设函数 $f(z) = u(x, y) + \mathrm{i}v(x, y)$，如果 $u(x, y)$ 与 $v(x, y)$ 的四个一阶偏导数 $\dfrac{\partial u}{\partial x}, \dfrac{\partial u}{\partial y}, \dfrac{\partial v}{\partial x}, \dfrac{\partial v}{\partial y}$ 在点 (x, y) 处连续，并且在该点处满足柯西-黎曼方程，则函数 $f(z)$ 在点 $z = x + \mathrm{i}y$ 处可导.

根据函数在区域内解析的定义及定理 1-8，可以得到下面判断函数在区域 D 内解析的一个充要条件.

定理 1-9　函数 $f(z) = u(x, y) + \mathrm{i}v(x, y)$ 在区域 D 内解析（D 内可导）的充要条件是 $u(x, y)$ 与 $v(x, y)$ 在区域 D 内处处可微，并且满足柯西-黎曼方程.

如果 $u(x, y)$ 与 $v(x, y)$ 在区域 D 内具有一阶连续偏导数，则 $u(x, y)$ 与 $v(x, y)$ 在区域 D 内可微，从而得到如下推论.

推论 1-4　设函数 $f(z) = u(x, y) + \mathrm{i}v(x, y)$ 在区域 D 内有定义，若 $u(x, y)$ 与 $v(x, y)$ 的四个偏导数 $\dfrac{\partial u}{\partial x}, \dfrac{\partial u}{\partial y}, \dfrac{\partial v}{\partial x}, \dfrac{\partial v}{\partial y}$ 在区域 D 内连续，并且满足柯西-黎曼方程，则函数 $f(z)$ 在区域 D 内解析.

定理 1-8 与定理 1-9 是本章的主要定理，其实用价值在于仅仅利用 $u(x, y)$ 与 $v(x, y)$ 的性质，就能够很容易地判定函数 $f(z) = u(x, y) + \mathrm{i}v(x, y)$ 的可导性与解析性，并提供了一个简洁的求导公式(1-18).

例 1-11　证明函数 $f(z) = z\operatorname{Re}z$ 仅在点 $z = 0$ 处可导，并求 $f'(0)$.

证明　因为 $f(z) = z\operatorname{Re}z = (x + \mathrm{i}y)x = x^2 + \mathrm{i}xy$，即 $u(x, y) = x^2$，$v(x, y) = xy$.

故

$$\frac{\partial u}{\partial x} = 2x , \quad \frac{\partial u}{\partial y} = 0 , \quad \frac{\partial v}{\partial x} = y , \quad \frac{\partial v}{\partial y} = x .$$

显然，四个一阶偏导数在复平面内处处连续，而 C-R 方程当且仅当 $x = y = 0$ 时成立，即函数 $f(z)$ 仅在点 $z = 0$ 处可导，且有

$$f'(0) = \frac{\partial u}{\partial x}\bigg|_{(0,0)} + \mathrm{i}\frac{\partial v}{\partial x}\bigg|_{(0,0)} = 0 .$$

例 1-12 证明函数 $f(z) = \mathrm{e}^x(\cos y + \mathrm{i}\sin y)$ 在复平面内解析，且 $f'(z) = f(z)$.

证明 因为 $u(x,y) = \mathrm{e}^x \cos y$, $v(x,y) = \mathrm{e}^x \sin y$, 故

$$\frac{\partial u}{\partial x} = \mathrm{e}^x \cos y , \quad \frac{\partial u}{\partial y} = -\mathrm{e}^x \sin y , \quad \frac{\partial v}{\partial x} = \mathrm{e}^x \sin y , \quad \frac{\partial v}{\partial y} = \mathrm{e}^x \cos y .$$

显然，四个一阶偏导数在复平面内处处连续，且满足 C-R 方程，所以

$$f(z) = \mathrm{e}^x(\cos y + \mathrm{i}\sin y)$$

在复平面内处处可导，处处解析，且

$$f'(z) = \frac{\partial u}{\partial x} + \mathrm{i}\frac{\partial v}{\partial x} = \mathrm{e}^x(\cos y + \mathrm{i}\sin y) = f(z) .$$

该函数的特点是在整个复平面内解析且导数等于它本身．事实上这个函数就是 1.4 节要介绍的复变函数的指数函数．

例 1-13 判定下列函数在何处可导，在何处解析．

(1) $f(z) = x^2 - \mathrm{i}y$;　　　　　　　(2) $f(z) = \bar{z}$.

可导性与解析性判定的
典型例题.mp4

解 (1) 因为 $u = x^2$, $v = -y$, 从而有

$$\frac{\partial u}{\partial x} = 2x , \quad \frac{\partial u}{\partial y} = 0 , \quad \frac{\partial v}{\partial x} = 0 , \quad \frac{\partial v}{\partial y} = -1 .$$

显然，四个一阶偏导数在复平面内处处连续，但当且仅当 $2x = -1$, 即 $x = -\frac{1}{2}$ 时，才满足 C-R 方程，故 $f(z) = x^2 - \mathrm{i}y$ 仅在直线 $x = -\frac{1}{2}$ 上可导，在整个复平面内处处不解析．

(2) 设 $z = x + \mathrm{i}y$, 则 $\bar{z} = x - \mathrm{i}y$, 可得 $u = x$, $v = -y$, 从而有

$$\frac{\partial u}{\partial x} = 1 , \quad \frac{\partial u}{\partial y} = 0 , \quad \frac{\partial v}{\partial x} = 0 , \quad \frac{\partial v}{\partial y} = -1 .$$

显然不满足 C-R 方程，所以 $f(z) = \bar{z}$ 在整个复平面内处处不可导，且处处不解析．

例 1-14 如果函数 $f(z)$ 在区域 D 内解析，且满足下列条件之一，则 $f(z)$ 在区域 D 内为常数．

(1) $f'(z) = 0$;　　　　　　　　(2) $|f(z)|$ 为常数．

证 (1) 因为

$$f'(z) = \frac{\partial u}{\partial x} + \mathrm{i}\frac{\partial v}{\partial x} = \frac{\partial v}{\partial y} - \mathrm{i}\frac{\partial u}{\partial y} = 0 ,$$

故

$$\frac{\partial u}{\partial x}=\frac{\partial u}{\partial y}=\frac{\partial v}{\partial x}=\frac{\partial v}{\partial y}=0 ,$$

所以 u 为常数，v 为常数，从而 $f(z)$ 在区域 D 内为常数.

(2) 因为 $|f(z)|=\sqrt{u^2+v^2}$ 为常数，从而 u^2+v^2 为常数，上式两端分别对 x 及 y 求偏导，得

$$2u\frac{\partial u}{\partial x}+2v\frac{\partial v}{\partial x}=0 , \quad 2u\frac{\partial u}{\partial y}+2v\frac{\partial v}{\partial y}=0 ,$$

结合 C-R 方程

$$\frac{\partial u}{\partial x}=\frac{\partial v}{\partial y} , \quad \frac{\partial u}{\partial y}=-\frac{\partial v}{\partial x} ,$$

有

$$2u\frac{\partial u}{\partial x}+2v\frac{\partial v}{\partial x}=0 , \quad 2v\frac{\partial u}{\partial x}-2u\frac{\partial v}{\partial x}=0 ,$$

整理得

$$2(u^2+v^2)\frac{\partial v}{\partial x}=0 .$$

因为 u^2+v^2 为常数，若 $u^2+v^2=0$，则 $u=0$，$v=0$，从而 $f(z)$ 在区域 D 内为常数. 若 $u^2+v^2\neq0$，得到 $\frac{\partial v}{\partial x}=0$，由 C-R 条件知，$\frac{\partial u}{\partial y}=-\frac{\partial v}{\partial x}=0 .$

同理可证，$\frac{\partial u}{\partial x}=\frac{\partial v}{\partial y}=0$，所以 u 为常数，v 为常数，从而 $f(z)$ 在区域 D 内为常数.

1.4 初 等 函 数

初等复变函数是一种最简单、最基本的常用函数类，在复变函数及其应用中非常重要，它是初等实变函数相应的推广．经过推广之后的初等函数，往往会获得一些新的性质．我们将阐述和揭示初等复变函数性质的"新貌"，如指数函数的周期性，对数函数的无穷多值性，正弦、余弦函数的无界性等.

1.4.1 指数函数

在一元实变函数中，我们已经知道，对任意实数 t，有

$$\mathrm{e}^t=\sum_{n=0}^{\infty}\frac{t^n}{n!} , \quad \cos t=\sum_{n=0}^{\infty}(-1)^n\frac{t^{2n}}{(2n)!} , \quad \sin t=\sum_{n=0}^{\infty}(-1)^n\frac{t^{2n+1}}{(2n+1)!} ,$$

将 $t=\mathrm{i}y$ 代入 e^t 的展开式中，得

$$\mathrm{e}^{\mathrm{i}y}=\sum_{n=0}^{\infty}\frac{(\mathrm{i}y)^n}{n!}=\sum_{k=0}^{\infty}\frac{(\mathrm{i}y)^{2k}}{(2k)!}+\sum_{k=0}^{\infty}\frac{(\mathrm{i}y)^{2k+1}}{(2k+1)!}$$

$$=\sum_{k=0}^{\infty}(-1)^k\frac{y^{2k}}{(2k)!}+\mathrm{i}\sum_{k=0}^{\infty}(-1)^k\frac{y^{2k+1}}{(2k+1)!}$$

指数函数.mp4

$$= \cos y + \mathrm{i}\sin y \, .$$

这个等式通常称为**欧拉公式**，由此可得如下定义．

定义 1-14 对于任意复数 $z = x + \mathrm{i}y$，称函数

$$f(z) = \mathrm{e}^x(\cos y + \mathrm{i}\sin y)$$

为 z 的**指数函数**，记为 $\exp z$，或记为 e^z，即

$$f(z) = \exp z = \mathrm{e}^z = \mathrm{e}^{x+\mathrm{i}y} = \mathrm{e}^x(\cos y + \mathrm{i}\sin y) \, . \tag{1-19}$$

显然，$|\mathrm{e}^z| = \mathrm{e}^x$，$\mathrm{Arg}(\mathrm{e}^z) = y + 2k\pi$，其中 k 为整数．

注意 (1) 当 $\mathrm{Im}\,z = y = 0$ 时得到 $f(z) = \mathrm{e}^x$，故实指数函数是复指数函数的特殊情况．

(2) 当 $\mathrm{Re}\,z = x = 0$ 时得到 $f(z) = \mathrm{e}^{\mathrm{i}y} = \cos y + \mathrm{i}\sin y$，即为欧拉公式．

(3) e^z 仅仅是一个记号，它没有幂的意义，其意义同式(1-19)．

由指数函数的定义，容易验证指数函数具有以下性质．

(1) 非零性．对任意复数 $z = x + \mathrm{i}y$，$\mathrm{e}^z \neq 0$．

(2) 运算性质．对任意复数 z_1, z_2，有 $\mathrm{e}^{z_1} \cdot \mathrm{e}^{z_2} = \mathrm{e}^{z_1+z_2}$，$\dfrac{\mathrm{e}^{z_1}}{\mathrm{e}^{z_2}} = \mathrm{e}^{z_1-z_2}$．但 $(\mathrm{e}^{z_1})^{z_2} = \mathrm{e}^{z_1 z_2}$ 一般不成立．

(3) 解析性．e^z 在复平面内处处解析，且 $(\mathrm{e}^z)' = \mathrm{e}^z$．

(4) 周期性．e^z 是以 $2k\pi\mathrm{i}$ 为周期的周期函数，其中 k 为整数．

因为 $\mathrm{e}^{z+2k\pi\mathrm{i}} = \mathrm{e}^z \cdot \mathrm{e}^{2k\pi\mathrm{i}} = \mathrm{e}^z(\cos 2k\pi + \mathrm{i}\sin 2k\pi) = \mathrm{e}^z$．这个性质是实指数函数 e^x 所不具备的．

(5) 极限 $\lim\limits_{z\to\infty} \mathrm{e}^z$ 不存在，即 e^∞ 无意义．

例 1-15 设 $z = x + \mathrm{i}y$，求：

(1) $|\mathrm{e}^{1-2z}|$；(2) $\mathrm{Re}\left(\mathrm{e}^{\frac{1}{z}}\right)$．

解 (1) 因为

$$\mathrm{e}^{1-2z} = \mathrm{e} \cdot \mathrm{e}^{-2z} = \mathrm{e} \cdot \mathrm{e}^{-2x}(\cos 2y - \mathrm{i}\sin 2y) \, ,$$

所以

$$\left|\mathrm{e}^{1-2z}\right| = \mathrm{e}^{1-2x} \, .$$

(2) 因为

$$\mathrm{e}^{\frac{1}{z}} = \mathrm{e}^{\frac{1}{x+\mathrm{i}y}} = \mathrm{e}^{\frac{x-\mathrm{i}y}{x^2+y^2}} = \mathrm{e}^{\frac{x}{x^2+y^2}}\left(\cos\frac{y}{x^2+y^2} - \mathrm{i}\sin\frac{y}{x^2+y^2}\right) \, ,$$

所以

$$\mathrm{Re}\left(\mathrm{e}^{\frac{1}{z}}\right) = \mathrm{e}^{\frac{x}{x^2+y^2}}\cos\frac{y}{x^2+y^2} \, .$$

1.4.2 对数函数

与实变函数一样，我们利用指数函数的反函数来定义对数函数．

定义 1-15 若 $\mathrm{e}^w = z\,(z \neq 0)$，则称复数 w 为复数 z 的**对数函数**，

对数函数.mp4

记作 $w = \mathrm{Ln}\, z$.

为推导出对数函数的计算公式，令 $w = u + \mathrm{i}v$, $z = r\mathrm{e}^{\mathrm{i}\theta}$, 则 $\mathrm{e}^{u+\mathrm{i}v} = r\mathrm{e}^{\mathrm{i}\theta}$, 所以
$$u = \ln r , \quad v = \theta ,$$
因此
$$\mathrm{Ln}\, z = \ln|z| + \mathrm{i}\,\mathrm{Arg}\, z . \tag{1-20}$$

由于 $\mathrm{Arg}\, z$ 为多值函数，故对数函数 $w = \mathrm{Ln}\, z$ 是多值函数，并且每两个值相差 $2\pi\mathrm{i}$ 的整数倍. 当 $\mathrm{Arg}\, z$ 取某个特定的辐角时，式(1-20)是一个单值函数，称其为 $\mathrm{Ln}\, z$ 的一个分支.

特别地，当 $\mathrm{Arg}\, z$ 取辐角主值 $\arg z$ 时，$w = \mathrm{Ln}\, z$ 是一个单值函数，称其为 $\mathrm{Ln}\, z$ 的主值，记作 $\ln z$. 即
$$\ln z = \ln|z| + \mathrm{i}\arg z . \tag{1-21}$$

而 $\mathrm{Ln}\, z$ 的其他值可由主值表示为
$$\mathrm{Ln}\, z = \ln z + 2k\pi\mathrm{i} \quad (k = \pm 1, \pm 2, \cdots) . \tag{1-22}$$

注意 当 $z = x > 0$ 时，$\mathrm{Ln}\, z$ 的主值 $\ln z = \ln x$ ，就是实变函数中的对数函数.

例 1-16 求 $\mathrm{Ln}\, 2$, $\mathrm{Ln}\,(-1)$, $\mathrm{Ln}\,(2-3\mathrm{i})$ 及它们的主值.

解 $\mathrm{Ln}\, 2 = \ln 2 + 2k\pi\mathrm{i}$ ，所以其主值是 $\ln 2$.
$$\mathrm{Ln}\,(-1) = \ln 1 + \mathrm{i}\,\mathrm{Arg}\,(-1) = (2k+1)\pi\mathrm{i} \quad (k \text{ 为整数}),$$
所以其主值是 $\ln(-1) = \pi\mathrm{i}$.
$$\mathrm{Ln}\,(2-3\mathrm{i}) = \ln|2-3\mathrm{i}| + \mathrm{i}\,\mathrm{Arg}\,(2-3\mathrm{i}) = \ln\sqrt{13} + \mathrm{i}\,(\arg(2-3\mathrm{i}) + 2k\pi)$$
$$= \frac{1}{2}\ln 13 + \mathrm{i}\left(-\arctan\frac{3}{2} + 2k\pi\right) \quad (k \text{ 为整数}),$$
所以其主值是 $\ln(2-3\mathrm{i}) = \frac{1}{2}\ln 13 - \mathrm{i}\arctan\frac{3}{2}$.

此例说明，复对数是实对数的推广. 在实数域内"负数无对数"，但在复数域内"负数可以取对数"，且"正实数的复对数也是无穷多值的".

利用辐角的性质，容易验证对数函数具有以下性质.

(1) 运算性质. 有与实对数函数相同的运算法则
$$\mathrm{Ln}\,(z_1 z_2) = \mathrm{Ln}\, z_1 + \mathrm{Ln}\, z_2 , \tag{1-23}$$
$$\mathrm{Ln}\,\frac{z_1}{z_2} = \mathrm{Ln}\, z_1 - \mathrm{Ln}\, z_2 . \tag{1-24}$$

事实上，
$$\mathrm{Ln}\,(z_1 z_2) = \ln|z_1 z_2| + \mathrm{i}\,\mathrm{Arg}\,(z_1 z_2) = \ln|z_1| + \ln|z_2| + \mathrm{i}\,(\mathrm{Arg}\, z_1 + \mathrm{Arg}\, z_2)$$
$$= (\ln|z_1| + \mathrm{i}\,\mathrm{Arg}\, z_1) + (\ln|z_2| + \mathrm{i}\,\mathrm{Arg}\, z_2) = \mathrm{Ln}\, z_1 + \mathrm{Ln}\, z_2 .$$

由于对数函数为无穷多值函数，所以式(1-23)和式(1-24)的左右两端都是无穷多个函数构成的两个函数集，等式成立应理解为左右两端可能取的函数值的全体是相同的.

值得注意的是，等式 $\mathrm{Ln}\, z^n = n\,\mathrm{Ln}\, z$ ，$\mathrm{Ln}\,\sqrt[n]{z} = \dfrac{1}{n}\mathrm{Ln}\, z$ 不再成立，其中 n 为大于1的正整数. 例如，当 $z = \mathrm{i}$ 时，$\mathrm{Ln}\,\mathrm{i}^2 \neq 2\,\mathrm{Ln}\,\mathrm{i}$. 事实上，

$$\text{Ln i}^2 = \text{Ln}(-1) = (2k+1)\pi\text{i}, \quad k = 0, \pm 1, \pm 2, \cdots$$

而

$$2\text{Ln i} = 2\left(\frac{\pi}{2} + 2k\pi\right)\text{i} = (4k+1)\pi\text{i}, \quad k = 0, \pm 1, \pm 2, \cdots$$

(2) 解析性. 对数函数 $w = \text{Ln}\, z$ 的各个分支在除去原点和负实轴的复平面内处处解析，且有

$$(\text{Ln}\, z)' = \frac{1}{z}.$$

事实上，对数主值 $\ln z = \ln|z| + \text{i}\arg z$，当 $z = 0$ 时，$\ln|z|$ 与 $\arg z$ 均无定义，故 $\ln z$ 在原点不连续. 当 z 为负实轴上的点时，$\lim\limits_{y\to 0^+}\arg z = \pi$，$\lim\limits_{y\to 0^-}\arg z = -\pi$，由此可见对数主值 $\ln z$ 在原点和负实轴上不连续，因而不可导.

由反函数求导法则，有

$$\frac{\text{d}\ln z}{\text{d}z} = \frac{1}{\dfrac{\text{d}e^w}{\text{d}w}} = \frac{1}{e^w} = \frac{1}{z}.$$

所以，对数主值 $\ln z$ 在除去原点和负实轴的复平面内处处解析，且 $(\ln z)' = \dfrac{1}{z}$.

由于 $\text{Ln}\, z$ 的其他值可由主值表示为 $\text{Ln}\, z = \ln z + 2k\pi\text{i}$ （$k = \pm 1, \pm 2, \cdots$），因此 $\text{Ln}\, z$ 的各个分支在除去原点和负实轴的复平面内也处处解析，且 $(\text{Ln}\, z)' = \dfrac{1}{z}$.

今后，应用对数函数 $\text{Ln}\, z$ 时，指的都是它的解析区域内的某一单值分支.

1.4.3　乘幂和幂函数

乘幂与幂函数.mp4

在高等数学里，当 a 为正数，b 为实数时，乘幂 $a^b = e^{b\ln a}$，现在将这一结果推广到复数的情形.

定义 1-16　设 a 是不为 0 的复数，b 是任意复数，定义**乘幂** a^b 为

$$a^b = e^{b\text{Ln}\, a}. \tag{1-25}$$

由于

$$\text{Ln}\, a = \ln|a| + \text{i}(\arg a + 2k\pi) \quad (k = 0, \pm 1, \pm 2, \cdots)$$

是多值的，所以 a^b 一般也是多值的. 根据式(1-25)，针对 b 作如下三种情形的讨论.

(1) b 为整数，此时

$$a^b = e^{b\text{Ln}\, a} = e^{b\,[\ln|a| + \text{i}(\arg a + 2k\pi)]} = e^{b\,(\ln|a| + \text{i}\arg a) + 2kb\pi\text{i}} = e^{b\ln a},$$

可见 a^b 是单值的.

(2) b 为有理数 $\dfrac{p}{q}$（p、q 为互质的整数，且 $q > 0$），此时

$$a^{\frac{p}{q}} = e^{\frac{p}{q}[\ln|a| + \text{i}(\arg a + 2k\pi)]}$$

$$= e^{\frac{p}{q}\ln|a|}\left[\cos\frac{p}{q}(\arg a + 2k\pi) + \text{i}\sin\frac{p}{q}(\arg a + 2k\pi)\right],$$

可见，当 $k = 0, 1, 2, \cdots, q-1$ 时，得到 a^b 的 q 个不同的值.

(3) 除了上述两种情形外，a^b 一般具有无穷多个值.

例 1-17 计算下列乘幂的值和其相应的主值.

(1) $1^{\sqrt{2}}$；　　　　(2) i^{i}；　　　　(3) $\mathrm{e}^{1-\pi\mathrm{i}}$.

解 (1) $1^{\sqrt{2}} = \mathrm{e}^{\sqrt{2}\mathrm{Ln}1} = \mathrm{e}^{\sqrt{2}(\ln 1 + 2k\pi\mathrm{i})} = \cos 2\sqrt{2}k\pi + \mathrm{i}\sin 2\sqrt{2}k\pi$　$(k = 0, \pm1, \pm2, \cdots)$,

当 $k = 0$ 时，其主值为 1.

(2) $\mathrm{i}^{\mathrm{i}} = \mathrm{e}^{\mathrm{i}\mathrm{Ln}\,\mathrm{i}} = \mathrm{e}^{\mathrm{i}\left[\ln|\mathrm{i}| + \left(\frac{\pi}{2} + 2k\pi\right)\mathrm{i}\right]} = \mathrm{e}^{-\left(\frac{\pi}{2} + 2k\pi\right)}$　$(k = 0, \pm1, \pm2, \cdots)$,

当 $k = 0$ 时，其主值为 $\mathrm{e}^{-\frac{\pi}{2}}$.

(3) $\mathrm{e}^{1-\pi\mathrm{i}} = \mathrm{e}^{(1-\pi\mathrm{i})\mathrm{Ln}\,\mathrm{e}} = \mathrm{e}^{(1-\pi\mathrm{i})(\ln \mathrm{e} + 2k\pi\mathrm{i})} = \mathrm{e}^{(1-\pi\mathrm{i})(1+2k\pi\mathrm{i})} = \mathrm{e}^{1+2k\pi^2 + \mathrm{i}(2k\pi - \pi)}$　$(k = 0, \pm1, \pm2, \cdots)$,

当 $k = 0$ 时，其主值为 $\mathrm{e}[\cos(-\pi) + \mathrm{i}\sin(-\pi)] = -\mathrm{e}$.

由此例可以看出，实数的无理数次幂可能是复数，i^{i} 的值是正实数. 由此可见，复数乘幂是实数乘幂在复数域上的推广，通过它还可计算指数和底数为无理数的乘幂.

注意　e^b 作为指数函数和作为乘幂是不一样的. 前者是单值的，而后者是多值的，这和实变函数的情况不同. 有些书为了区别两者的不同，将指数函数记作 $\exp z$.

如果在乘幂 a^b 中，取 $a = z$ 为一复变量时，可得到如下定义.

定义 1-17　称 $w = z^b = \mathrm{e}^{b\mathrm{Ln}\,z}$ 为一般的**幂函数**，其中 $z \neq 0$，b 为任意复数. 当 $b = n$ 与 $b = \frac{1}{n}$ 时，分别得到通常的幂函数 $w = z^n$ 及根式函数 $w = z^{\frac{1}{n}} = \sqrt[n]{z}$.

由幂函数的定义不难得到幂函数的如下性质.

(1) $w = z^n$ 在复平面内是单值解析函数. 由本章 1.1 节，有 $(z^n)' = nz^{n-1}$.

(2) $w = z^{\frac{1}{n}}$ 为多值函数，具有 n 个分支. 由于对数函数 $\mathrm{Ln}\,z$ 的各个分支在除去原点和负实轴的平面内是解析的，因而 $w = z^{\frac{1}{n}}$ 的各个分支在除去原点和负实轴的平面内也是解析的，且有

$$\left(z^{\frac{1}{n}}\right)' = \left(\mathrm{e}^{\frac{1}{n}\mathrm{Ln}\,z}\right)' = \mathrm{e}^{\frac{1}{n}\mathrm{Ln}\,z}\left(\frac{1}{n}\mathrm{Ln}\,z\right)' = z^{\frac{1}{n}} \cdot \frac{1}{n} \cdot \frac{1}{z} = \frac{1}{n}z^{\frac{1}{n}-1}.$$

(3) $w = z^b \left(b \neq n \text{ 且 } b \neq \frac{1}{n}\right)$ 也是一个多值函数，当 b 为无理数或复数时，是无穷多值的. 它的各个分支在除去原点和负实轴的平面内也是解析的，且有

$$(z^b)' = (\mathrm{e}^{b\mathrm{Ln}\,z})' = \mathrm{e}^{b\mathrm{Ln}\,z}(b\mathrm{Ln}\,z)' = z^b \cdot b \cdot \frac{1}{z} = bz^{b-1}.$$

1.4.4　三角函数

对任意实数 y，由欧拉公式 $\mathrm{e}^{\mathrm{i}y} = \cos y + \mathrm{i}\sin y$，得 $\mathrm{e}^{-\mathrm{i}y} = \cos y - \mathrm{i}\sin y$，将两式分别相加、相减，得到

三角函数与反三角函数.mp4

$$\cos y = \frac{\mathrm{e}^{\mathrm{i}y} + \mathrm{e}^{-\mathrm{i}y}}{2}, \quad \sin y = \frac{\mathrm{e}^{\mathrm{i}y} - \mathrm{e}^{-\mathrm{i}y}}{2\mathrm{i}}. \tag{1-26}$$

式(1-26)给出了实变量的三角函数与复变量的指数函数之间的关系. 现在把式(1-26)中的实变量 y 推广到复变量 z ，得到复数域内正弦函数与余弦函数的定义.

定义 1-18　称

$$\cos z = \frac{e^{iz} + e^{-iz}}{2} , \quad \sin z = \frac{e^{iz} - e^{-iz}}{2i} \tag{1-27}$$

分别为 z 的**余弦函数**和**正弦函数**.

当 z 为实数时，即得式(1-26)，由式(1-27)容易得到 $e^{iz} = \cos z + i \sin z$. 可见，欧拉公式对于复数仍然成立.

余弦函数和正弦函数具有如下性质：

(1) $\cos z$ 与 $\sin z$ 均为单值函数；

(2) $\cos z$ 为偶函数，$\sin z$ 为奇函数；

(3) $\cos z$ 和 $\sin z$ 都是以 2π 为周期的周期函数；

(4) $\cos z$ 和 $\sin z$ 都是复平面内的解析函数，且 $(\cos z)' = -\sin z$ ，$(\sin z)' = \cos z$ ，可见，导数公式与实变量的情形完全相同；

(5) $\sin z$ 的零点(即 $\sin z = 0$ 的根)为

$$z = k\pi \quad (k = 0, \pm 1, \pm 2, \cdots).$$

而 $\cos z$ 的零点为

$$z = \left(k + \frac{1}{2} \right)\pi \quad (k = 0, \pm 1, \pm 2, \cdots).$$

事实上，由 $\sin z = 0$ 可得 $e^{2iz} = 0$ ，所以 $z = k\pi (k = 0, \pm 1, \pm 2, \cdots)$ 是 $\sin z$ 的零点，同理可得 $\cos z$ 的零点.

(6) 三角函数中很多公式仍然有效，例如

$$\sin^2 z + \cos^2 z = 1 ,$$
$$\cos(z_1 \pm z_2) = \cos z_1 \cos z_2 \mp \sin z_1 \sin z_2 ,$$
$$\sin(z_1 \pm z_2) = \sin z_1 \cos z_2 \pm \cos z_1 \sin z_2 ,$$

它们都可以直接从定义来加以证明.

注意　(1) 在复数域内不能确定 $|\sin z| \leqslant 1$ 和 $|\cos z| \leqslant 1$. 例如，取 $z = i$ ，得

$$|\sin i| = \frac{e - e^{-1}}{2} = \frac{e^2 - 1}{2e} > 1 .$$

(2) 在复数域内 $\cos^2 z$ 与 $\sin^2 z$ 并不总是非负的. 例如，取 $z = i$ ，得

$$\sin^2 i = \left(\frac{e^{-1} - e}{2i} \right)^2 = -\frac{(e^{-1} - e)^2}{4} .$$

上述两个结论与实变量三角函数是截然不同的.

例 1-18　求 $\sin(1 + 2i)$ 的值.

解　$\sin(1 + 2i) = \dfrac{e^{i(1+2i)} - e^{-i(1+2i)}}{2i} = \dfrac{e^{-2+i} - e^{2-i}}{2i} = \dfrac{e^2 + e^{-2}}{2} \sin 1 + i \dfrac{e^2 - e^{-2}}{2} \cos 1 .$

与实变量三角函数的定义类似，也可得到其他复变量的三角函数定义.

定义 1-19 规定

$$\tan z = \frac{\sin z}{\cos z}, \quad \cot z = \frac{\cos z}{\sin z}, \quad \sec z = \frac{1}{\cos z}, \quad \csc z = \frac{1}{\sin z}$$

分别称为 z 的**正切、余切、正割及余割函数**.

同学们可仿照 $\cos z$ 和 $\sin z$ 讨论它们的周期性、奇偶性与解析性等.

1.4.5 反三角函数

将反三角函数定义为三角函数的反函数.

定义 1-20 若 $z = \sin w$，则称 w 为 z 的**反正弦函数**，记作 $w = \mathrm{Arcsin}\, z$.

由

$$z = \sin w = \frac{e^{iw} - e^{-iw}}{2i}$$

得到关于 e^{iw} 的二次方程 $(e^{iw})^2 - 2iz\, e^{iw} - 1 = 0$，解得

$$e^{iw} = iz + \sqrt{1 - z^2},$$

其中 $\sqrt{1 - z^2}$ 应理解为双值函数. 上式两端取对数，得

$$\mathrm{Arcsin}\, z = -i\mathrm{Ln}(iz + \sqrt{1 - z^2}).$$

类似地可以定义**反余弦函数**和**反正切函数**，并得到它们的表达式：

$$\mathrm{Arccos}\, z = -i\mathrm{Ln}(z + \sqrt{z^2 - 1}),$$

$$\mathrm{Arc}\tan z = -\frac{i}{2}\mathrm{Ln}\frac{1 + iz}{1 - iz}.$$

由 $\mathrm{Ln}\, z$ 的多值性可知反三角函数都是多值的.

1.4.6 双曲函数与反双曲函数

双曲函数的定义与一元实变函数的情形相同.

定义 1-21 称 $\mathrm{ch}\, z = \dfrac{e^z + e^{-z}}{2}$，$\mathrm{sh}\, z = \dfrac{e^z - e^{-z}}{2}$，$\mathrm{th}\, z = \dfrac{\mathrm{sh}\, z}{\mathrm{ch}\, z}$，$\mathrm{coth}\, z = \dfrac{\mathrm{ch}\, z}{\mathrm{sh}\, z}$ 分别为**双曲余弦、双曲正弦、双曲正切和双曲余切函数**.

当 z 为实数 x 时，该定义与高等数学中实双曲函数的定义是一致的.

双曲函数具有如下性质：

(1) $\mathrm{ch}\, z$ 和 $\mathrm{sh}\, z$ 在整个复平面内解析，且 $(\mathrm{ch}\, z)' = \mathrm{sh}\, z$，$(\mathrm{sh}\, z)' = \mathrm{ch}\, z$；

(2) $\mathrm{ch}\, z$ 和 $\mathrm{sh}\, z$ 都是以 $2\pi i$ 为周期的周期函数；

(3) $\mathrm{ch}\, z$ 为偶函数，$\mathrm{sh}\, z$ 为奇函数；

(4) 三角函数与双曲函数有如下关系：

$$\cos z = \mathrm{ch}(iz), \quad \cos(iz) = \mathrm{ch}\, z, \quad \sin(iz) = i\mathrm{sh}\, z, \quad \mathrm{ch}^2 z - \mathrm{sh}^2 z = 1.$$

双曲函数的反函数为反双曲函数. 用推导反三角函数表达式类似的方法，可以得到各反双曲函数的表达式：

反双曲正弦　$\mathrm{Arsh}\,z = \mathrm{Ln}\left(z + \sqrt{z^2+1}\right)$，

反双曲余弦　$\mathrm{Arch}\,z = \mathrm{Ln}\left(z + \sqrt{z^2-1}\right)$，

反双曲正切　$\mathrm{Arth}\,z = \dfrac{1}{2}\mathrm{Ln}\dfrac{1+z}{1-z}$，

它们都是多值函数.

1.5　MATLAB 实验

MATLAB 是 Matlab Laboratory 的缩写，是矩阵实验室的意思，是当今使用最广泛的科学计算软件之一，具有优异的数值计算功能和强大的数据可视化能力. 它为人们提供了一个方便的数值计算平台，并且在控制论、时间序列分析、系统仿真、图像信号处理等领域有着广泛的应用. 本节主要介绍 MATLAB 在复数生成、复数计算等方面的应用.

1.5.1　复数与复矩阵的生成

1. 复数的生成

(1) 复数可以通过直接输入语句 $z = a + b*\mathrm{i}$ 生成.

(2) 复数还可以由语句 $z = r*\exp(\mathrm{i}*\mathrm{theta})$ 生成，其中 theta 为复数辐角的弧度数，r 为复数的模.

(3) 复数还可以通过使用函数 complex 定义，调用形式为：

```
>> complex(Re,Im)
```

其中 Re, Im 分别为复数的实部和虚部.

2. 复数矩阵的创建

(1) 可通过枚举法来定义复数矩阵，即将复数矩阵中的每个复数逐一列举出来.

(2) 还可将实部矩阵 Re 和虚部矩阵 Im 分开创建，再利用函数 complex(Re,Im) 或命令 Re+i*Im 创建复数矩阵.

例 1-19　在 MATLAB 中输入复数 $z = -1 + \sqrt{3}\,\mathrm{i}$.

解　在 MATLAB 命令窗口中输入：

```
>> z=complex(-1,sqrt(3))
z =
 -1. 0000 + 1. 7321i
```

或

```
>> z=2*exp(i*2*pi/3)
z =
-1. 0000 + 1. 7321i
```

或

```
>> z=complex(-1,sqrt(3))
z =
-1. 0000 + 1. 7321i
```

例 1-20 在 MATLAB 中输入复数矩阵 $\begin{pmatrix} 1+5i & 2+6i \\ 3+7i & 4+8i \end{pmatrix}$.

解 在 MATLAB 命令窗口中输入：

```
>> A=[1+5*i,2+6*i;3+7i,4+8i]
A =
   1. 0000 + 5. 0000i   2. 0000 + 6. 0000i
   3. 0000 + 7. 0000i   4. 0000 + 8. 0000i
```

或

```
>> Re=[1,2;3,4];Im=[5,6;7,8];
>> A=complex(Re,Im)
A =
   1. 0000 + 5. 0000i   2. 0000 + 6. 0000i
   3. 0000 + 7. 0000i   4. 0000 + 8. 0000i
```

或

```
>> Re=[1,2;3,4];Im=[5,6;7,8];
>> A=Re+Im*i
A =
   1. 0000 + 5. 0000i   2. 0000 + 6. 0000i
   3. 0000 + 7. 0000i   4. 0000 + 8. 0000i
```

1.5.2 复数的运算

1. 复数的实部、虚部、模、辐角主值、共轭复数

复数的实部、虚部、模、辐角主值和共轭复数分别可由函数 real，imag，abs，angle 和 conj 实现.

例 1-21 求复数 $z = 3 + 4i$ 的实部、虚部、模、辐角和共轭复数.

解 建立 M 文件，MATLAB 程序如下：

```
z=3+4*i;
Re=real(z)
Im=imag(z)
r=abs(z)
theta=angle(z)
co=conj(z)
```

运行结果如下：

```
Re =
     3
Im =
     4
```

```
r =
     5
theta =
   0. 9273
co =
  3. 0000 - 4. 0000i
```

2. 复数的加、减、乘、除、乘方

复数的加、减、乘、除、乘方分别可由"+""-""*""/""^"实现.

3. 复数的平方根

复数的平方根运算可由函数 sqrt 实现.

4. 复数的三角函数运算

复数的三角函数运算可由与其函数名相类似的函数进行运算.

5. 复数的指数运算和对数运算

复数的指数和对数运算分别由函数 exp 和 log 实现.

例 1-22 求 $\sqrt{-1}$, $\sin(1+2i)$, e^{1+i}, $\ln(-3+4i)$ 的值.

解 在 MATLAB 命令窗口中输入:

```
>> clc        %清除显示的内容
>> clear      %清除工作空间中的变量
>> (-1)^(1/2)
ans =
 0. 0000 + 1. 0000i
```

或

```
>> sqrt(-1)
ans =
      0 + 1. 0000i
>> sin(1+2*i)
ans =
  3. 1658 + 1. 9596i
>> exp(1+i)
ans =
  1. 4687 + 2. 2874i
>> log(-3+4*i)
ans =
  1. 6094 + 2. 2143i
```

6. 复数方程求根

复数方程求根或实方程的复数根求解都由函数 solve 实现.

例 1-23 求方程 $z^3 + 8 = 0$ 的所有根.

解 在 MATLAB 命令窗口中输入:

```
>> solve('x^3+8=0')
ans =
              -2
 1 - 3^(1/2)*i
 3^(1/2)*i + 1
```

1.5.3 复变函数的极限和导数

1. 复变函数的极限

复变函数的极限可由函数 limit 实现，其调用形式如下：

```
>> limit(function,variable,a)
```

该命令是求复变函数表达式 function 当变量 variable 趋向于 a 时的极限.

例 1-24 求极限：(1) $\lim\limits_{z \to 4}\dfrac{z}{z+1}$；　(2) $\lim\limits_{z \to 3-2i}\dfrac{z}{z+1}$.

解 (1) 当计算复变函数在一个实数处的极限时，可直接调用 limit 函数. 在 MATLAB 命令窗口中输入：

```
>> syms z
>> f=z/(z+1);
>> limit(f,z,4)
 ans =
 4/5
```

(2) 当计算复变函数在一个复数处的极限时，仍然可使用 limit 函数，但是要通过连续两次调用来实现. 在 MATLAB 命令窗口中输入：

```
>> syms x y
>> f=(x+i*y)/(1+x+i*y);
>> limit(limit(f,x,3),y,-2)
 ans =
 4/5 - 1i/10
```

2. 复变函数的导数

复变函数的导数可由函数 diff 实现，其调用形式如下：

```
>> diff(function,variable,n)
```

该命令是复变函数表达式 function 对变量 variable 进行 n 阶求导运算. 若要计算函数 function 对变量 variable 的一阶导数，则可省略参数 n.

```
>> subs(function,variable,z)
```

该命令是求复变函数表达式 function 当变量 variable 取 z 值时的函数值. 两个命令结合使用即可求得函数表达式 function 对变量 variable 在 z 的 n 阶导数值.

例 1-25 求函数 $f(z) = \log(1+\sin z)$ 在点 $z = 2-i$ 处的导数值.

解 建立 M 文件，MATLAB 程序如下：

```
syms z
f = log(1+sin(z))
df=diff(f,z)
vdf=subs(df,z,2-i)
```

运行结果如下：

```
df =
cos(z)/(sin(z) + 1)
vdf =
cos(2 - 1i)/(sin(2 - 1i) + 1)
```

　　复数系是实数系的扩充，关于复数的运算类似于"符号计算"的方法，复数的引入为人们解决实数域和物理科学等相关问题提供了许多新的途径．从几何上看，复数可用平面上的点或向量表示．有几何背景的某些定理，诸如三角不等式等，都能转换成复数语言．借助于复数的点、向量等几何形式表示，将复数域与平面点集建立一一对应关系，抽象的复数被赋予了模和辐角等几何解释，在此基础上，可以更好地理解复数的乘积、乘幂、除法、方根等运算．借助于复数的几何表示，可以用复数形式的方程表示平面图形，以此解决有关难以理解的几何问题．比如向量的旋转可以用该向量所表示的复数乘以一个模为 1 的复数来实现．

　　复数域建立了复数与复球面的一一对应关系，北极点可以看作是平面上的无穷远点在球面上的图形，从而在复数域内引入无穷远点．无穷远点的引入为后面更完整地研究留数理论奠定了基础．

　　复变函数是以复数为自变量的函数，与之相关的理论就是复变函数论．解析函数是复变函数中一类具有解析性质的函数，复变函数论主要研究复数域上的解析函数，因此通常也称复变函数论为解析函数论，简称函数论．

　　一元复变函数与一元实变函数的定义在形式上相似，但实质上有较大差异．一个复变函数 $f(z) = u(x,y) + v(x,y)\mathrm{i}$；反映了两对变量 x,y 和 u,v 之间的对应关系，对复变函数的研究可以转化为对两个二元实变函数 $u(x,y),v(x,y)$ 的研究，并利用高等数学中的结论．几何上，将一个复变函数看作是一个映射或变换，能够更好地理解一个复变函数与两个复平面上的点集之间的对应关系．借助这种对应关系，可以将复变函数的极限、连续问题转化为二元函数的极限与连续问题．

　　复变函数的导数定义从形式上看与一元实变函数定义完全一致，因而一些求导公式与求导法则可以直接推广到复变函数中．但解析函数有许多一元实变函数不具备的性质．解析函数定义中要求的极限存在这一限制条件比一元实变函数更严格．解析函数的各阶导数仍为解析函数，并可以展开成幂级数；解析函数的虚部为实部的共轭调和函数等．解析函数导数的极限定义蕴含着函数 $u(x,y)$ 和 $v(x,y)$ 一个很重要的关系，即柯西-黎曼方程．柯西-黎曼条件是判断复变函数在某一点处是否可导或者在某一区域内是否解析的充要条件．

复习思考题

1. 判断题

(1) 若 c 为实常数，则 $c = \bar{c}$；

(2) 若 z 为纯虚数，则 $z \neq \bar{z}$；

(3) $3 + 2i > -1 + 3i$；

(4) $\mathrm{Re}(3 + 2i) > \mathrm{Im}(-1 + 3i)$；

(5) $\arg(3 + 2i) > \arg(-1 + 3i)$；

(6) 0 的辐角为 0；

(7) 仅存在一个数 z，使得 $\dfrac{1}{z} = -z$；

(8) $|z_1 - z_2| = |z_1| - |z_2|$；

(9) $\mathrm{i}z = \dfrac{1}{\mathrm{i}}\bar{z}$．

(10) 若 $f(z)$ 在点 z_0 处连续，则 $f'(z_0)$ 存在；

(11) 若 $f'(z_0)$ 存在，则 $f(z)$ 在点 z_0 处解析；

(12) 若点 z_0 为 $f(z)$ 的奇点，则 $f(z)$ 在点 z_0 处不可导；

(13) 若点 z_0 为 $f(z)$ 和 $g(z)$ 的奇点，则点 z_0 也为 $f(z) \pm g(z)$ 和 $\dfrac{f(z)}{g(z)}$ 的奇点；

(14) 若 $u(x,y)$ 和 $v(x,y)$ 可微，则 $f(z) = u + \mathrm{i}v$ 也可微．

2. 综合题

(1) 计算下列各式．

① $\dfrac{2\mathrm{i}}{-1+\mathrm{i}}$；　　② $\dfrac{\mathrm{i}}{1-\mathrm{i}} + \dfrac{1-\mathrm{i}}{\mathrm{i}}$；　　③ $\dfrac{(1+4\mathrm{i})(2-5\mathrm{i})}{\mathrm{i}}$；　　④ $\mathrm{i}^{10} - 6\mathrm{i}^{15} + \mathrm{i}$．

(2) 解方程组 $\begin{cases} 2z_1 - z_2 = \mathrm{i} \\ (1+\mathrm{i})z_1 + \mathrm{i}z_2 = 4 - 3\mathrm{i} \end{cases}$．

(3) 当 x, y 等于什么实数时，等式 $\dfrac{x+1+\mathrm{i}(y-3)}{5+3\mathrm{i}} = 1 + \mathrm{i}$ 成立？

(4) 求下列复数 z 的模与辐角主值．

① $5\mathrm{i}$；　　② -3；　　③ $1 + \sqrt{3}\mathrm{i}$；　　④ $-2 + \mathrm{i}$．

(5) 证明：$|z_1 + z_2|^2 + |z_1 - z_2|^2 = 2(|z_1|^2 + |z_2|^2)$，并说明其几何意义．

(6) 将下列复数转化为三角表达式和指数表达式．

① i；　　　　　　　　② -1；　　　　　　　　③ $-1 + \sqrt{3}\mathrm{i}$；

④ $-\sin\dfrac{\pi}{3}-\mathrm{i}\cos\dfrac{\pi}{3}$; ⑤ $\dfrac{(\cos\varphi+\mathrm{i}\sin\varphi)^3}{(\cos 2\varphi-\mathrm{i}\sin 2\varphi)^2}$.

(7) 如果复数 z_1,z_2,z_3 满足等式 $\dfrac{z_2-z_1}{z_3-z_1}=\dfrac{z_1-z_3}{z_2-z_3}$，证明 $|z_2-z_1|=|z_3-z_1|=|z_2-z_3|$，并说明这些等式的几何意义.

(8) 一个复数乘以 $-\mathrm{i}$，它的模与辐角有何改变？

(9) 在平面上任意选一点 z，然后在复平面上画出下列各点的位置.

$$-z,\quad \overline{z},\quad -\overline{z},\quad \dfrac{1}{z},\quad -\dfrac{1}{z}.$$

(10) 求下列各式的值.

① $(-\sqrt{3}+\mathrm{i})^5$; ② $(-1+\mathrm{i})^4$; ③ $\sqrt[6]{-1}$; ④ $(1-\mathrm{i})^{\frac{1}{3}}$.

(11) 求方程 $z^3+8=0$ 的所有根.

(12) 指出下列方程所表示的曲线，并作图.

① $|z-\mathrm{i}|=2$; ② $\mathrm{Re}(z+2)=-1$; ③ $|z+2\mathrm{i}|=|z-1|$;

④ $\mathrm{Im}(\mathrm{i}\overline{z})=3$; ⑤ $|z+2|+|z-2|=6$; ⑥ $\mathrm{Re}\,z^2=1$;

⑦ $\arg(z-\mathrm{i})=\dfrac{\pi}{4}$.

(13) 画出下列不等式所确定的区域或闭区域，并指出是有界的还是无界的，单连通的还是多连通的.

① $|z|\leqslant|z-4|$; ② $2\leqslant|z+\mathrm{i}|<3$;

③ $\mathrm{Im}\,z>\dfrac{1}{2}$; ④ $0\leqslant\arg(z-1)\leqslant\dfrac{\pi}{4}$;

⑤ $-\dfrac{\pi}{2}<\arg z<0,\ |z|>2$; ⑥ $|z-2|+|z+2|\leqslant 6$;

⑦ $z\overline{z}-(2+\mathrm{i})z-(2-\mathrm{i})\overline{z}\leqslant 4$.

(14) 用复数方程表示下列各曲线.

① 连接 $1+\mathrm{i}$ 与 $-1-4\mathrm{i}$ 的直线段;

② 圆周 $(x-2)^2+(y-1)^2=1$;

③ 椭圆 $\dfrac{x^2}{9}+\dfrac{y^2}{4}=1$;

④ 双曲线 $xy=1$.

(15) 已知映射 $w=z^3$，求:

① 点 $z_1=2\mathrm{i}$，点 $z_2=1-\mathrm{i}$ 在 w 平面上的象;

② 区域 $\dfrac{\pi}{6}<\arg z<\dfrac{\pi}{4}$ 在 w 平面上的象.

(16) 试证当 $z\to 0$ 时，下列函数 $f(z)$ 的极限不存在.

① $\dfrac{\mathrm{Re}\,z}{z}$; ② $\dfrac{1}{2\mathrm{i}}\left(\dfrac{z}{\overline{z}}-\dfrac{\overline{z}}{z}\right)\ (z\neq 0)$.

(17) 求下列极限.

① $\lim\limits_{z \to i} \dfrac{\overline{z}-1}{z+2}$； ② $\lim\limits_{z \to 1} \dfrac{z\overline{z}+2z-\overline{z}-2}{z^2-1}$.

(18) 设函数 $f(z)$ 在点 z_0 处连续且 $f(z_0) \neq 0$，证明可找到点 z_0 的小邻域，且在该邻域内 $f(z) \neq 0$.

(19) 设 $\lim\limits_{z \to z_0} f(z) = A$，证明函数 $f(z)$ 在 z_0 的某一邻域内是有界的，即存在一个实数 $M > 0$，使在 z_0 的某一去心邻域内有 $|f(z)| \leqslant M$.

(20) 计算下列函数的导数.

① $f(z) = (3z^4 - 6z^2 + iz + 1)^{10}$； ② $f(z) = \dfrac{z+3i}{z-4i}$.

(21) 判定下列函数的可导性与解析性.

① $f(z) = x^2 + i y^2$； ② $f(z) = |z|^2 + z$；

③ $f(z) = (3x^2 y - y^3) + i(x^3 - 3xy^2)$； ④ $f(z) = 2\overline{z} + 5i$.

(22) 设 $f(z) = my^3 + nx^2 y + i(x^3 + lxy^2)$ 为解析函数，试确定 l，m，n 的值.

(23) 证明：如果函数 $f(z) = u + iv$ 在区域 D 内解析，并满足下列条件之一，那么 $f(z)$ 是常数.

① $f(z)$ 恒取实值；

② $\overline{f(z)}$ 在 D 内解析；

③ $\arg f(z)$ 在 D 内为常数；

④ $\operatorname{Im} f(z)$ 在 D 内为常数；

⑤ 存在不全为零的实常数 a,b 和 c，使 $au + bv = c$；

⑥ u 为常数或者 v 为常数；

⑦ $v = u^2$.

(24) 设 $z = x + iy$，求：

① $|\exp(1-3z)|$； ② $\arg \exp(3-4i)$.

(25) 求 $\operatorname{Ln}(-i)$；$\operatorname{Ln}(3-4i)$ 和它们的主值.

(26) 求下列各式的值.

① 1^{-i}； ② $(-2)^{\sqrt{2}}$； ③ 3^i；

④ $(1-i)^{1+i}$； ⑤ $\sin(1+i)$； ⑥ $\cos i$.

(27) 证明.

① $\overline{\operatorname{Ln} z} = \operatorname{Ln} \overline{z}$； ② $\sin(-z) = -\sin z$.

第2章　复变函数的积分

学习要点及目标

- 掌握利用曲线的复数方程计算复积分的方法.
- 理解并掌握柯西–古萨基本定理.
- 掌握闭路变形原理及复合闭路定理.
- 掌握柯西积分公式与高阶导数公式.
- 熟悉解析函数与调和函数的关系及解析函数的构造法.

核心概念

复积分　原函数　不定积分　调和函数　共轭调和函数

复变函数的积分(简称复积分)是研究解析函数的一个重要工具,解析函数的许多重要性质需要利用复积分来证明,例如解析函数的导函数连续、解析函数的各阶导数存在等. 本章首先介绍复积分的概念、性质和计算方法,在此基础上介绍柯西–古萨基本定理及复合闭路定理,建立柯西积分公式,从而得到解析函数的高阶导数公式,讨论解析函数与调和函数的关系. 本章所介绍的柯西–古萨基本定理及柯西积分公式尤为重要,是复变函数论的基本定理和基本公式.

2.1　复变函数积分的概念

2.1.1　有向曲线

讨论复变函数积分将要用到有向曲线的概念.

设 C 为平面上给定的一条光滑或逐段光滑曲线. 如果选定曲线 C 的两个可能方向中的一个作为正方向,那么就把 C 理解为带有方向的曲线,称为**有向曲线**.

曲线的方向规定如下.

(1) 如果曲线 C 是开口弧段,设它的两个端点为 A 和 B,如果把从 A 到 B 的方向作为 C 的正方向,那么从 B 到 A 的方向就是 C 的负方向,记为 C^-.

(2) 如果曲线 C 是简单闭曲线,通常规定正向取逆时针,负向取顺时针.

(3) 如果闭曲线作为某区域的边界,其正向规定为:当观察者沿该曲线前进时,区域总保持在观察者的左侧. 特别地,单连通区域的边界曲线正向是逆时针;多连通区域的外边界取逆时针为正向,而内边界取顺时针为正向.

(4) 多连通区域的外边界和内边界一起构成了多连通区域的边界,称为**复合闭路**. 其中外边界取逆时针，内边界取顺时针.

2.1.2 复积分的定义

复积分的定义.mp4

一元实变函数的定积分是某种形式的积分和 $\sum\limits_{i=1}^{n} f(\xi_i) \Delta x_i$ 的极限. 把这种积分和的极限推广到定义在复平面内的一条有向曲线上的复变函数，便得到复变函数积分的概念.

定义 2-1 设 C 为复平面内一条光滑(或逐段光滑)的有向简单曲线，起点为 A，终点为 B. 函数 $f(z)$ 在曲线 C 上有定义，把曲线 C 任意分成 n 个小弧段，设分点为

$$A = z_0, z_1 \ldots, z_{n-1}, z_n = B,$$

在每个弧段 $\overset{\frown}{z_{k-1}z_k}$ ($k = 1, 2, \cdots, n$)上任取一点 ζ_k (见图 2-1)，并作和式 $S_n = \sum\limits_{k=1}^{n} f(\zeta_k) \Delta z_k$，这里 $\Delta z_k = z_k - z_{k-1}$. 记弧段 $\overset{\frown}{z_{k-1}z_k}$ 的长度为 Δs_k，$\lambda = \max\limits_{1 \leqslant k \leqslant n} \{\Delta s_k\}$. 若极限

$$\lim_{\lambda \to 0} \sum_{k=1}^{n} f(\zeta_k) \Delta z_k$$

存在，则称此极限值为函数 $f(z)$ 沿曲线 C 自 A 到 B 的积分，记作

$$\int_{C} f(z)\mathrm{d}z = \lim_{\lambda \to 0} \sum_{k=1}^{n} f(\zeta_k) \Delta z_k,$$

其中 C 称为积分曲线或积分路径，$f(z)$ 为被积函数，z 为积分变量.

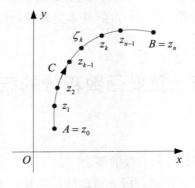

图 2-1

注意 (1) 对曲线 C 的分法与 ζ_k 的取法是任意的. 即唯一存在的极限值与曲线 C 的分法与 ζ_k 的取法无关.

(2) 沿曲线 C 的负方向(自 B 到 A)的积分记作 $\int_{C^-} f(z)\mathrm{d}z$.

(3) 当 C 为闭曲线时，则沿此闭曲线的积分记作 $\oint_C f(z)\mathrm{d}z$.

(4) 当曲线 C 是实数轴上的区间如 $[a, b]$，被积函数 $f(z) = g(x)$ 时，复积分的定义就是一元实变函数定积分的定义.

2.1.3　复积分的性质

由于复积分与定积分有类似的定义，因此，复积分的性质与一元实变函数中定积分的性质类似.

(1) $\int_C k f(z)\,\mathrm{d}z = k\int_C f(z)\,\mathrm{d}z$，其中 k 为复常数.

(2) $\int_C f(z)\,\mathrm{d}z = -\int_{C^-} f(z)\,\mathrm{d}z$.

(3) $\int_C [f(z)\pm g(z)]\,\mathrm{d}z = \int_C f(z)\,\mathrm{d}z \pm \int_C g(z)\,\mathrm{d}z$.

(4) 设 C_1 和 C_2 是首尾相接的两段光滑曲线，则

$$\int_{C_1+C_2} f(z)\,\mathrm{d}z = \int_{C_1} f(z)\,\mathrm{d}z + \int_{C_2} f(z)\,\mathrm{d}z,$$

该性质称为积分路径的可加性.

(5) 设曲线 C 长度为 L，函数 $f(z)$ 在 C 上满足 $|f(z)|\leqslant M$，则有

$$\left|\int_C f(z)\,\mathrm{d}z\right| \leqslant \int_C |f(z)|\,\mathrm{d}s \leqslant ML, \tag{2-1}$$

其中 $\mathrm{d}s = \sqrt{(\mathrm{d}x)^2+(\mathrm{d}y)^2}$，表示弧长的微分，该性质称为积分估值不等式.

利用复积分的定义或定积分的有关性质很容易证明性质(1)～(4)，下面证明性质 (5). 因为

$$\left|\sum_{k=1}^n f(\zeta_k)\Delta z_k\right| \leqslant \sum_{k=1}^n |f(\zeta_k)|\cdot|\Delta z_k| \leqslant \sum_{k=1}^n |f(\zeta_k)|\Delta s_k,$$

其中，$|\Delta z_k|, \Delta s_k$ 分别表示曲线 C 上弧段 $\widehat{z_{k-1}z_k}$ 对应的弦长和弧长. 两端取极限，得

$$\left|\int_C f(z)\,\mathrm{d}z\right| \leqslant \int_C |f(z)|\,\mathrm{d}s \leqslant M\int_C \mathrm{d}s = ML.$$

2.1.4　复积分存在的条件与基本计算方法

定理 2-1　设 $f(z)=u(x,y)+\mathrm{i}v(x,y)$ 在光滑曲线 C 上连续，则复积

分 $\int_C f(z)\,\mathrm{d}z$ 存在，且可以表示为

复积分的计算.mp4

$$\int_C f(z)\,\mathrm{d}z = \int_C u(x,y)\,\mathrm{d}x - v(x,y)\,\mathrm{d}y + \mathrm{i}\int_C v(x,y)\,\mathrm{d}x + u(x,y)\,\mathrm{d}y. \tag{2-2}$$

证　设 $z_k = x_k + \mathrm{i}y_k$，$\zeta_k = \xi_k + \mathrm{i}\eta_k$，则

$$\Delta z_k = z_k - z_{k-1} = (x_k - x_{k-1}) + \mathrm{i}(y_k - y_{k-1}) = \Delta x_k + \mathrm{i}\Delta y_k,$$

所以

$$\sum_{k=1}^n f(\zeta_k)\Delta z_k = \sum_{k=1}^n [u(\xi_k,\eta_k)+\mathrm{i}v(\xi_k,\eta_k)](\Delta x_k + \mathrm{i}\Delta y_k)$$

$$= \sum_{k=1}^n [u(\xi_k,\eta_k)\Delta x_k - v(\xi_k,\eta_k)\Delta y_k] + \mathrm{i}\sum_{k=1}^n [v(\xi_k,\eta_k)\Delta x_k + u(\xi_k,\eta_k)\Delta y_k].$$

因为 $\lambda = \max\limits_{1 \leq k \leq n}\{\Delta s_k\} \to 0$，故 $\Delta z_k \to 0$，从而 $\Delta x_k \to 0$，$\Delta y_k \to 0$，又 $f(z)$ 在 C 上连续，从而 u, v 在 C 上连续．根据曲线积分存在定理，上式右端两个和式的极限都存在．因此有

$$\int_C f(z)\mathrm{d}z = \int_C u\,\mathrm{d}x - v\,\mathrm{d}y + \mathrm{i}\int_C v\,\mathrm{d}x + u\,\mathrm{d}y .$$

定理 2-1 说明了以下两个问题．

(1) 当 $f(z)$ 是连续函数而 C 是光滑曲线时，复积分 $\int_C f(z)\mathrm{d}z$ 一定存在．

(2) 复积分 $\int_C f(z)\mathrm{d}z$ 可以通过二元实变函数的第二类曲线积分来计算．

如果积分曲线 C 是由 C_1，$C_2 \cdots C_n$ 等光滑曲线段依次相互连接所构成的按段光滑曲线，则

$$\int_C f(z)\mathrm{d}z = \int_{C_1} f(z)\mathrm{d}z + \int_{C_2} f(z)\mathrm{d}z + \cdots + \int_{C_n} f(z)\mathrm{d}z .$$

如无特殊说明，今后我们所讨论的积分总假定被积函数是连续的，曲线是按段光滑的．为了便于记忆，令 $f(z) = u + \mathrm{i}v$，$\mathrm{d}z = \mathrm{d}x + \mathrm{i}\,\mathrm{d}y$，则上式可以改写为

$$\int_C f(z)\mathrm{d}z = \int_C (u + \mathrm{i}v)(\mathrm{d}x + \mathrm{i}\,\mathrm{d}y) = \int_C u\,\mathrm{d}x - v\,\mathrm{d}y + \mathrm{i}\int_C v\,\mathrm{d}x + u\,\mathrm{d}y .$$

利用式(2-2)可将复积分转化为二元实变函数的第二类曲线积分，而第二类曲线积分可以进一步转化为定积分来计算．而当复积分的积分路径 C 由参数方程给出时，得到复积分的基本计算方法——参数方程法．

设曲线 C 的参数方程为

$$z = z(t) = x(t) + \mathrm{i}y(t)，\quad \alpha \leq t \leq \beta ，$$

正方向为参数 t 增加的方向，参数 α 及 β 分别对应于曲线的起点和终点，且 $z'(t) \neq 0$，$\alpha \leq t \leq \beta$．

根据第二类曲线积分的计算方法，有

$$\int_C f(z)\mathrm{d}z = \int_\alpha^\beta \{u[x(t), y(t)]x'(t) - v[x(t), y(t)]y'(t)\}\mathrm{d}t$$

$$+ \mathrm{i}\int_\alpha^\beta \{v[x(t), y(t)]x'(t) + u[x(t), y(t)]y'(t)\}\mathrm{d}t .$$

上式右端可以写成

$$\int_\alpha^\beta \{u[x(t), y(t)] + \mathrm{i}v[x(t), y(t)]\}[x'(t) + \mathrm{i}y'(t)]\mathrm{d}t .$$

所以

$$\int_C f(z)\mathrm{d}z = \int_\alpha^\beta f[z(t)]z'(t)\mathrm{d}t . \tag{2-3}$$

式(2-3)是计算复积分的常用方法，关键在于正确表示出曲线 C 的参数方程，注意曲线的正方向是参数增加的方向，此时曲线 C 的起点和终点分别对应定积分的下限和上限．

例 2-1 计算积分 $\int_C \bar{z}\,\mathrm{d}z$．其中 C（见图 2-2）是：

(1) 从原点到点 $1+\mathrm{i}$ 的直线段 C_1；

(2) 从原点沿抛物线 $y = x^2$ 到点 $1+\mathrm{i}$ 的曲线段 C_2．

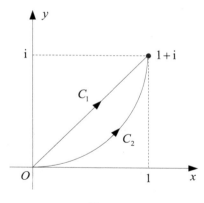

图 2-2

解 (1) 直线段 C_1 的参数方程为

$$z = (1+\mathrm{i})t, \quad 0 \leqslant t \leqslant 1,$$

则

$$\overline{z} = (1-\mathrm{i})t, \quad \mathrm{d}z = (1+\mathrm{i})\mathrm{d}t.$$

于是

$$\int_{C_1} \overline{z}\,\mathrm{d}z = \int_0^1 (1-\mathrm{i}t)(1+\mathrm{i})\mathrm{d}t = 2\int_0^1 t\,\mathrm{d}t = 1.$$

(2) 曲线段 C_2 的参数方程为

$$z = t + \mathrm{i}t^2, \quad 0 \leqslant t \leqslant 1,$$

则

$$\overline{z} = t - \mathrm{i}t^2, \quad \mathrm{d}z = (1+2t\mathrm{i})\mathrm{d}t.$$

于是

$$\int_{C_2} \overline{z}\,\mathrm{d}z = \int_0^1 (t-\mathrm{i}t^2)(1+2t\mathrm{i})\mathrm{d}t = \int_0^1 [(t+2t^3\mathrm{i}) + \mathrm{i}t^2]\mathrm{d}t = 1 + \frac{\mathrm{i}}{3}.$$

例 2-2 计算积分 $\int_C z\,\mathrm{d}z$,其中 C(见图 2-3)是:

(1) 从原点到点 3+4i 的直线段 C_1;

(2) 从原点到点 4i 的直线段 C_2 与从点 4i 到点 3+4i 的直线段 C_3 连接而成的折线段.

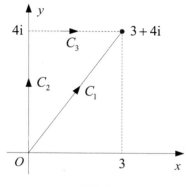

图 2-3

解 (1) 直线段 C_1 的参数方程为

$$z = (3+4i)t, \quad 0 \leqslant t \leqslant 1,$$

则

$$dz = (3+4i)dt.$$

于是

$$\int_C z\,dz = \int_{C_1} z\,dz = \int_0^1 (3+4i)^2 t\,dt = (3+4i)^2 \int_0^1 t\,dt = -\frac{7}{2} + 12i.$$

(2) 直线段 C_2 的参数方程为

$$z = 4it, \quad 0 \leqslant t \leqslant 1, \quad dz = 4i\,dt.$$

直线段 C_3 的参数方程为

$$z = 4i + 3t, \quad 0 \leqslant t \leqslant 1, \quad dz = 3\,dt.$$

于是

$$\int_C z\,dz = \int_{C_2} z\,dz + \int_{C_3} z\,dz = \int_0^1 4it \cdot 4i\,dt + \int_0^1 (3t+4i) \cdot 3\,dt = -\frac{7}{2} + 12i.$$

例 2-3 计算积分 $\oint_C \dfrac{dz}{(z-z_0)^n}$，其中 n 为整数，C 是以点 z_0 为圆心、r 为半径的正向圆周，如图 2-4 所示.

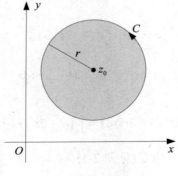

图 2-4

解 曲线 C 的参数方程为

$$z = z_0 + re^{i\theta} (0 \leqslant \theta \leqslant 2\pi), \quad dz = ire^{i\theta}\,d\theta.$$

所以

$$\oint_C \frac{dz}{(z-z_0)^n} = \int_0^{2\pi} \frac{ire^{i\theta}}{r^n e^{in\theta}}\,d\theta = \frac{i}{r^{n-1}} \int_0^{2\pi} e^{-i(n-1)\theta}\,d\theta$$

$$= \frac{i}{r^{n-1}} \int_0^{2\pi} [\cos(n-1)\theta - i\sin(n-1)\theta]\,d\theta$$

$$= \begin{cases} 2\pi i, & n=1 \\ 0, & n \neq 1 \end{cases}.$$

这个积分结果非常重要，在计算复变函数沿闭曲线的积分时经常会用到，可作为一个公式应用. 它的特点是圆周上的积分结果与圆心 z_0 的位置和半径 r 的大小无关.

2.2　复变函数积分的基本定理

从 2.1 节的例题可以看出，复积分的值有时与路径有关，有时与路径无关．什么条件下复积分的值与路径无关呢？例 2-1 中被积函数 $f(z) = \bar{z}$ 在复平面内处处不解析，而积分值与路径有关；例 2-2 中被积函数 $f(z) = z$ 在复平面内处处解析，它沿连接起点和终点的任何路径的积分值都相同，即积分值与路径无关．例 2-3 中被积函数 $f(z) = \dfrac{1}{z - z_0}$ 只有 $z = z_0$ 为奇点，因此在以 $z = z_0$ 为圆心、r 为半径的圆周 C 内不是处处解析，而此时 $\oint_C \dfrac{\mathrm{d}z}{z - z_0} = 2\pi \mathrm{i} \neq 0$．如果把 $z = z_0$ 除去，虽然在除去 z_0 的圆周 C 的内部函数处处解析，但是这个区域已经不是单连通区域了．

复积分的值与路径无关的条件与沿任一简单闭曲线的积分值为 0 的条件相同．关于这个问题，法国数学家柯西于 1825 年给出了柯西积分定理，又称柯西-古萨基本定理．

2.2.1　柯西-古萨基本定理

定理 2-2　如果函数 $f(z)$ 在单连通区域 D 内解析，C 为 D 内任意一条简单闭曲线，则

柯西-古萨基本定理.mp4

$$\oint_C f(z)\,\mathrm{d}z = 0.$$

1851 年，德国数学家黎曼(Riemann)在附加假设"$f'(z)$ 在区域 D 内连续"的条件下，利用格林(Green)公式得到了如下简单证明．

证　设 $z = x + \mathrm{i}y$，$f(z) = u + \mathrm{i}v$，因为 $f'(z) = u_x + \mathrm{i}v_x = v_y - \mathrm{i}u_y$ 是连续的，所以 u_x, u_y, v_x, v_y 都是连续的，且满足柯西-黎曼方程：$u_x = v_y$，$v_x = -u_y$．

设 D' 是 C 所围成的闭区域，由式(2-2)及格林公式，得

$$\oint_C f(z)\,\mathrm{d}z = \oint_C u\,\mathrm{d}x - v\,\mathrm{d}y + \mathrm{i}\oint_C v\,\mathrm{d}x + u\,\mathrm{d}y$$
$$= \iint_{D'} (-v_x - u_y)\,\mathrm{d}x\,\mathrm{d}y + \mathrm{i}\iint_{D'} (u_x - v_y)\,\mathrm{d}x\,\mathrm{d}y = 0.$$

显然利用格林公式证明是很简便的，但必须加上"$f'(z)$ 在区域 D 内连续"这一条件．以后将证明，只要 $f(z)$ 解析，$f'(z)$ 一定连续，即 $f'(z)$ 的连续性已包含在解析的假设中．1900 年，法国数学家古萨(Goursat)免去了这一假设，给出了严格的证明，由于证明过程比较复杂，这里不作介绍，这也是柯西积分定理又被称为柯西-古萨基本定理的原因．

对于该定理，作以下两点补充说明．

(1) 若曲线 C 是区域 D 的边界，函数 $f(z)$ 在 D 内与 C 上解析，结论仍成立．

(2) 若函数 $f(z)$ 在 D 内解析，在 D 的边界曲线 C 上连续，结论仍成立．

2.2.2 基本定理的推广——复合闭路定理

复合闭路定理.mp4

柯西-古萨基本定理可以推广到多连通区域的情形,为了便于理解,先引入闭路变形原理.

定理 2-3 **(闭路变形原理)** 设 $f(z)$ 在多连通区域 D 内解析,C 与 C_1 是 D 内任意两条简单闭曲线,C_1 在 C 的内部,且以 C 及 C_1 为边界的区域 D_1 全包含于 D,则

$$\oint_C f(z)\mathrm{d}z = \oint_{C_1} f(z)\mathrm{d}z.$$

证 在 D 内作两条不相交的割线 AA' 及 BB',它们依次连接 C 上某点 A 到 C_1 上的点 A',以及 C_1 上某点 B'(异于 A')到 C 上的点 B,这样就使得 $AEBB'E'A'A$ 及 $AA'F'B'BFA$ 形成两条简单闭曲线,它们所围成的区域是单连通的,并且它们的内部全包含于 D,如图 2-5 所示.

由柯西-古萨基本定理可知,

$$\oint_{AEBB'E'A'A} f(z)\mathrm{d}z = 0, \qquad \oint_{AA'F'B'BFA} f(z)\mathrm{d}z = 0.$$

将上面两式相加,得

$$\oint_C f(z)\mathrm{d}z + \oint_{C_1^-} f(z)\mathrm{d}z + \int_{AA'} f(z)\mathrm{d}z + \int_{A'A} f(z)\mathrm{d}z + \int_{B'B} f(z)\mathrm{d}z + \int_{BB'} f(z)\mathrm{d}z = 0,$$

即

$$\oint_C f(z)\mathrm{d}z - \oint_{C_1} f(z)\mathrm{d}z = 0 \quad \text{或} \quad \oint_C f(z)\mathrm{d}z = \oint_{C_1} f(z)\mathrm{d}z.$$

闭路变形原理表明,区域内的解析函数沿闭曲线的积分,不因闭曲线在区域内做连续变形而改变它的值,只要在变形过程中曲线不经过函数的奇点. 由此可见,利用闭路变形原理可以把函数沿各种不规则简单闭曲线的积分化简为沿特殊圆周上的积分来计算,这种方法今后会经常用到.

定理 2-4 **(复合闭路定理)** 设 C 为多连通区域 D 内的一条简单闭曲线,$C_1, C_2 \dots C_n$ 是在 C 内部的简单闭曲线,它们互不相交也互不包含,并且以 C 及 $C_1, C_2 \dots C_n$ 为边界的区域全包含于 D(见图 2-6). 如果 $f(z)$ 在 D 内解析,则有:

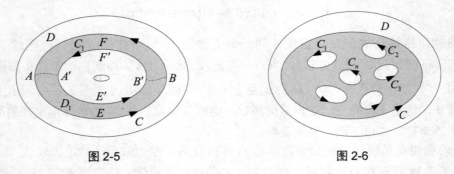

图 2-5 图 2-6

(1) $\displaystyle\oint_C f(z)\mathrm{d}z = \sum_{k=1}^{n} \oint_{C_k} f(z)\mathrm{d}z$,其中 $C, C_1, C_2 \dots C_n$ 均取正向;

(2) $\oint_{\Gamma} f(z)\mathrm{d}z = 0$ ，这里曲线 Γ 为由 C , C_1 , $C_2 \ldots C_n$ 所组成的复合闭路(其中 C 为逆时针方向， $C_1, C_2 \ldots C_n$ 为顺时针方向).

例 2-4 计算积分 $\oint_C \dfrac{\mathrm{e}^{\sin(z-1)}}{z^2+4}\mathrm{d}z$ ，其中 C 为正向圆周 $|z-5|=1$.

解 显然被积函数的奇点为 $z = \pm 2\mathrm{i}$ ，它们在圆周 $|z-5|=1$ 的外部，于是被积函数在 $|z-5|=1$ 内解析，由柯西-古萨基本定理，可得

$$\oint_C \frac{\mathrm{e}^{\sin(z-1)}}{z^2+4}\mathrm{d}z = 0 .$$

例 2-5 计算积分 $\oint_C \dfrac{\mathrm{d}z}{(z-z_0)^n}$ ，其中 n 为整数， C 为包含 z_0 的任意正向简单闭曲线.

解 以 z_0 点为圆心、 r 为半径，在 C 的内部作正向圆周 $C_1 : |z-z_0| = r$ (见图 2-7). 由闭路变形原理，可得

$$\oint_C \frac{\mathrm{d}z}{(z-z_0)^n} = \oint_{C_1} \frac{\mathrm{d}z}{(z-z_0)^n} = \begin{cases} 2\pi\mathrm{i}, & n=1 \\ 0, & n \neq 1 \end{cases} .$$

这里 C 不必是圆， z_0 也不必是圆心，只要 z_0 在简单闭曲线 C 内即可.

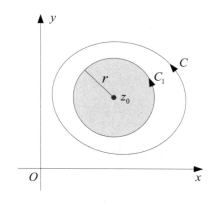

图 2-7

例 2-6 计算积分 $\oint_{C_1+C_2} \dfrac{\mathrm{e}^z}{z^3}\mathrm{d}z$ ，其中 $C_1 : |z| = R$ ，方向取逆时针； $C_2 : |z| = r$ ，方向取顺时针， $0 < r < R$.

解 被积函数在 C_1, C_2 所围的圆环内解析，由复合闭路定理，可得

$$\oint_{C_1+C_2} \frac{\mathrm{e}^z}{z^3}\mathrm{d}z = 0 .$$

例 2-7 计算积分 $\oint_C \dfrac{2z-1}{z^2-z}\mathrm{d}z$ ，其中 C 是包含 0 与 1 的正向简单闭曲线.

解 方法一：
因为

$$\frac{2z-1}{z^2-z} = \frac{1}{z-1} + \frac{1}{z} ,$$

故

$$\oint_C \frac{2z-1}{z^2-z} \mathrm{d}z = \oint_C \left(\frac{1}{z-1} + \frac{1}{z}\right)\mathrm{d}z = \oint_C \frac{1}{z-1}\mathrm{d}z + \oint_C \frac{1}{z}\mathrm{d}z = 2\pi\mathrm{i} + 2\pi\mathrm{i} = 4\pi\mathrm{i}.$$

方法二：因被积函数在 C 内有两个奇点：$z=0$ 和 $z=1$，故在 C 内作两个互不相交也互不包含的正向圆周 C_1 与 C_2，C_1 只包含奇点 $z=0$，C_2 只包含奇点 $z=1$（见图 2-8），由复合闭路定理，可得

$$\oint_C \frac{2z-1}{z^2-z}\mathrm{d}z = \oint_{C_1} \frac{2z-1}{z^2-z}\mathrm{d}z + \oint_{C_2} \frac{2z-1}{z^2-z}\mathrm{d}z$$

$$= \oint_{C_1}\frac{1}{z-1}\mathrm{d}z + \oint_{C_1}\frac{1}{z}\mathrm{d}z + \oint_{C_2}\frac{1}{z-1}\mathrm{d}z + \oint_{C_2}\frac{1}{z}\mathrm{d}z$$

$$= 0 + 2\pi\mathrm{i} + 2\pi\mathrm{i} + 0 = 4\pi\mathrm{i}.$$

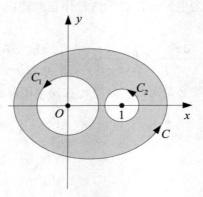

图 2-8

2.3 原函数与不定积分

原函数与不定积分.mp4

2.3.1 变上限积分

因为在单连通区域 D 内曲线积分与路径无关和沿 D 内的任意简单闭曲线积分为 0 是两个等价的命题，所以根据柯西-古萨基本定理，下面的定理显然成立.

定理 2-5　如果函数 $f(z)$ 在单连通区域 D 内处处解析，z_0 与 z_1 为 D 内任意两点，C_1 与 C_2 为 D 内连接 z_0 与 z_1 的任意两条曲线，则

$$\int_{C_1} f(z)\mathrm{d}z = \int_{C_2} f(z)\mathrm{d}z.$$

即当函数 $f(z)$ 为单连通区域 D 内的解析函数时，积分与路径无关，而仅与积分路径的起点 z_0 和终点 z_1 有关.

证　如图 2-9 所示，根据柯西-古萨基本定理，有

$$\int_{C_1} f(z)\mathrm{d}z - \int_{C_2} f(z)\mathrm{d}z = \oint_{C_1+C_2^-} f(z)\mathrm{d}z = 0.$$

故

$$\int_{C_1} f(z)\mathrm{d}z = \int_{C_2} f(z)\mathrm{d}z.$$

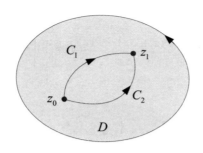

图 2-9

此时积分可以记作：$\int\limits_{C_1} f(z)\mathrm{d}z = \int\limits_{C_2} f(z)\mathrm{d}z = \int_{z_0}^{z_1} f(z)\mathrm{d}z$，$z_0$ 与 z_1 分别称为积分下限与

上限. 如果固定 z_0，让 $z_1 = z$ 在 D 内变动，则积分 $\int_{z_0}^{z} f(\zeta)\mathrm{d}\zeta$ 在 D 内确定了 z 的一个单值

函数 $\Phi(z)$，即

$$\Phi(z) = \int_{z_0}^{z} f(\zeta)\mathrm{d}\zeta，\tag{2-4}$$

称 $\Phi(z)$ 为变上限积分或积分上限函数.

定理 2-6　如果函数 $f(z)$ 是单连通区域 D 内的解析函数，则变上限积分所确定的函数 $\Phi(z)$ 在 D 内解析，且 $\Phi'(z) = f(z)$.

证　利用导数的定义证明. 设 z 为 D 内任一点，以 z 为圆心作一包含于 D 内的小圆 K. 取 $|\Delta z|$ 充分小，使 $z + \Delta z$ 在 K 内(见图 2-10). 于是由式(2-4)，得

$$\Phi(z + \Delta z) - \Phi(z) = \int_{z_0}^{z+\Delta z} f(\zeta)\mathrm{d}\zeta - \int_{z_0}^{z} f(\zeta)\mathrm{d}\zeta .$$

由于积分与路径无关，因此积分 $\int_{z_0}^{z+\Delta z} f(\zeta)\mathrm{d}\zeta$ 的积分路径先取从 z_0 到 z，然后再取从 z 到 $z + \Delta z$ 的直线段，于是有

$$\Phi(z + \Delta z) - \Phi(z) = \int_{z}^{z+\Delta z} f(\zeta)\mathrm{d}\zeta .$$

又因为 $f(z)$ 是一个与积分变量 ζ 无关的定值，所以

$$\int_{z}^{z+\Delta z} f(z)\mathrm{d}\zeta = f(z)\int_{z}^{z+\Delta z}\mathrm{d}\zeta = f(z)\Delta z，$$

从而

$$\frac{\Phi(z + \Delta z) - \Phi(z)}{\Delta z} - f(z) = \frac{1}{\Delta z}\int_{z}^{z+\Delta z} f(\zeta)\mathrm{d}\zeta - f(z)$$

$$= \frac{1}{\Delta z}\int_{z}^{z+\Delta z} [f(\zeta) - f(z)]\mathrm{d}\zeta .$$

由于 $f(z)$ 在 D 内解析，所以 $f(z)$ 在 D 内连续，因此对于任意给定的正数 $\varepsilon > 0$，总可以找到一个 $\delta > 0$，使得对满足 $|\zeta - z| < \delta$ 的一切 ζ 都在 K 内，也就是当 $|\Delta z| < \delta$ 时，总有 $|f(\zeta) - f(z)| < \varepsilon$. 根据积分估值不等式(2-1)，有

$$\left|\frac{\Phi(z + \Delta z) - \Phi(z)}{\Delta z} - f(z)\right|$$

$$= \frac{1}{|\Delta z|}\left|\int_{z}^{z+\Delta z} [f(\zeta) - f(z)]\mathrm{d}\zeta\right| \leqslant \frac{1}{|\Delta z|}\cdot\varepsilon\cdot|\Delta z| = \varepsilon .$$

则

$$\lim_{\Delta z \to 0} \left| \frac{\varPhi(z + \Delta z) - \varPhi(z)}{\Delta z} - f(z) \right| = 0 \,,$$

即 $\varPhi'(z) = f(z)$.

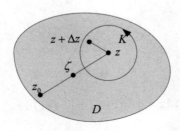

图 2-10

在此基础上，我们引入复数域中原函数的概念，得出类似于高等数学中的牛顿-莱布尼兹公式.

2.3.2 不定积分

定义 2-2 设在单连通区域 D 内，函数 $F(z)$ 恒满足条件 $F'(z) = f(z)$ ，则称 $F(z)$ 是 $f(z)$ 在区域 D 内的**原函数**.

关于原函数，需要注意以下几点.

(1) 变上限积分 $\varPhi(z) = \int_{z_0}^{z} f(\zeta) \mathrm{d}\zeta$ 是 $f(z)$ 的一个原函数.

(2) 如果 $f(z)$ 有一个原函数 $F(z)$ ，则对任意常数 C ，$F(z) + C$ 都是 $f(z)$ 的原函数，因此 $f(z)$ 有无穷多个原函数，且 $f(z)$ 的任意两个原函数相差一个常数.

(3) 如果 $F(z)$ 是 $f(z)$ 的一个原函数，则 $f(z)$ 的全体原函数可表示为 $F(z) + C$ ，其中 C 为任意常数.

定义 2-3 $f(z)$ 的全体原函数 $F(z) + C$ 称为 $f(z)$ 的**不定积分**，记作

$$\int f(z) \mathrm{d}z = F(z) + C \,,$$

其中 C 为任意常数.

定义了原函数后，可以利用原函数来求复变函数积分，即在复数域内，牛顿-莱布尼兹公式仍然成立，此时可将高等数学中求解积分的方法套用过来.

定理 2-7 如果函数 $f(z)$ 在单连通区域 D 内处处解析，$F(z)$ 是 $f(z)$ 的一个原函数，则

$$\int_{z_0}^{z_1} f(z) \mathrm{d}z = F(z_1) - F(z_0) \,,$$

其中 z_0 与 z_1 为 D 内两点.

证 因为 $\varPhi(z) = \int_{z_0}^{z} f(z) \mathrm{d}z$ 也是 $f(z)$ 的一个原函数，所以

$$\int_{z_0}^{z} f(z) \mathrm{d}z = F(z) + C \,.$$

当 $z = z_0$ 时，得到 $C = -F(z_0)$ ，因此

$$\int_{z_0}^{z} f(z) \mathrm{d}z = F(z) - F(z_0) \,.$$

令 $z = z_1$，得

$$\int_{z_0}^{z_1} f(z) \mathrm{d} z = F(z_1) - F(z_0).$$

例 2-8 计算下列积分：

(1) $\int_0^{3+4\mathrm{i}} z \mathrm{d} z$；   (2) $\int_0^{\mathrm{i}} z \sin z \mathrm{d} z$.

解 (1) 函数 $f(z) = z$ 在复平面内处处解析，所以积分与路径无关，则

$$\int_0^{3+4\mathrm{i}} z \mathrm{d} z = \frac{z^2}{2}\Big|_0^{3+4\mathrm{i}} = \frac{(3+4\mathrm{i})^2}{2} = -\frac{7}{2} + 12\mathrm{i}.$$

与例 2-2 比较可以看出，当积分与路径无关时，用牛顿-莱布尼兹公式比用参数方程要简单.

(2) 函数 $f(z) = z \sin z$ 在复平面内解析，所以积分与路径无关，则

$$\int_0^{\mathrm{i}} z \sin z \mathrm{d} z = -\int_0^{\mathrm{i}} z \mathrm{d} \cos z = -z \cos z\Big|_0^{\mathrm{i}} + \int_0^{\mathrm{i}} \cos z \mathrm{d} z$$

$$= -z \cos z\Big|_0^{\mathrm{i}} + \sin z\Big|_0^{\mathrm{i}} = -\mathrm{i} \cos \mathrm{i} + \sin \mathrm{i}$$

$$= -\mathrm{i} \frac{\mathrm{e}^{-1} + \mathrm{e}}{2} + \frac{\mathrm{e}^{-1} - \mathrm{e}}{2\mathrm{i}} = -\mathrm{e}^{-1}\mathrm{i}.$$

例 2-9 计算积分 $\int_C \ln(1+z) \mathrm{d} z$，其中 C 是从 $-\mathrm{i}$ 到 i 的直线段.

解 函数 $f(z) = \ln(1+z)$ 在复平面上除去负实轴上部分 $z \leqslant -1$ 的区域内解析，又所考虑的区域是单连通区域，所以

$$\int_C \ln(1+z) \mathrm{d} z = \int_{-\mathrm{i}}^{\mathrm{i}} \ln(1+z) \mathrm{d} z = z \ln(1+z)\Big|_{-\mathrm{i}}^{\mathrm{i}} - \int_{-\mathrm{i}}^{\mathrm{i}} \frac{z}{1+z} \mathrm{d} z$$

$$= \mathrm{i} \ln(1+\mathrm{i}) + \mathrm{i} \ln(1-\mathrm{i}) - \int_{-\mathrm{i}}^{\mathrm{i}} \left(1 - \frac{1}{1+z}\right) \mathrm{d} z$$

$$= \mathrm{i} \ln(1+\mathrm{i}) + \mathrm{i} \ln(1-\mathrm{i}) - [z - \ln(1+z)]_{-\mathrm{i}}^{\mathrm{i}}$$

$$= \mathrm{i} \ln(1+\mathrm{i}) + \mathrm{i} \ln(1-\mathrm{i}) - 2\mathrm{i} + \ln(1+\mathrm{i}) - \ln(1-\mathrm{i})$$

$$= \left(-2 + \ln 2 + \frac{\pi}{2}\right)\mathrm{i}.$$

2.4 复变函数积分的基本公式

2.4.1 柯西积分公式

设 z_0 为单连通区域 D 内的一点，如果函数 $f(z)$ 在 D 内解析，显然函数 $\dfrac{f(z)}{z - z_0}$ 在点 z_0 处不解析. 所以对于在 D 内围绕 z_0 点的任意一条简单闭曲线 C，积分 $\oint_C \dfrac{f(z)}{z - z_0} \mathrm{d} z$ 一般不为 0. 根据闭路变形原理可知，沿围绕 z_0 点的任意一条简单闭曲线 C 的积分值都相同. 那么就取以点 z_0 为中心、半径

柯西积分公式.mp4

为 δ 的正向圆周 $|z - z_0| = \delta$ 作为积分曲线 C_δ，则有

$$\oint_C \frac{f(z)}{z - z_0} \mathrm{d}z = \oint_{C_\delta} \frac{f(z)}{z - z_0} \mathrm{d}z.$$

由 $f(z)$ 的连续性，在曲线 C_δ 上，函数 $f(z)$ 的值将随着半径 δ 的缩小而逐渐接近于它在圆心 z_0 处的值 $f(z_0)$．从而猜测积分 $\oint_{C_\delta} \dfrac{f(z)}{z - z_0} \mathrm{d}z$ 的值也与函数 $f(z)$ 在圆心处的函数值 $f(z_0)$ 有关．事实上，有下面定理．

定理 2-8　**(柯西积分公式)**　如果函数 $f(z)$ 在区域 D 内处处解析，C 为 D 内任意一条正向简单闭曲线，它的内部完全包含于 D，z_0 为 C 内任一点，则

$$f(z_0) = \frac{1}{2\pi \mathrm{i}} \oint_C \frac{f(z)}{z - z_0} \mathrm{d}z. \tag{2-5}$$

证　因为 $f(z)$ 在点 z_0 处解析，故 $f(z)$ 在 z_0 点连续．于是，对任意的 $\varepsilon > 0$，存在 $\delta > 0$，当 $|z - z_0| < \delta$ 时，有

$$|f(z) - f(z_0)| < \frac{\varepsilon}{2\pi}.$$

以点 z_0 为中心、R 为半径在 C 的内部作圆周 $K: |z - z_0| = R$，取 $R < \delta$（见图 2-11）．

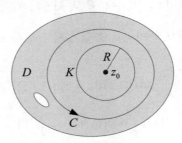

图 2-11

由闭路变形原理，有

$$\begin{aligned}
\oint_C \frac{f(z)}{z - z_0} \mathrm{d}z &= \oint_K \frac{f(z)}{z - z_0} \mathrm{d}z = \oint_K \frac{f(z_0) + f(z) - f(z_0)}{z - z_0} \mathrm{d}z \\
&= \oint_K \frac{f(z_0)}{z - z_0} \mathrm{d}z + \oint_K \frac{f(z) - f(z_0)}{z - z_0} \mathrm{d}z \\
&= 2\pi \mathrm{i} f(z_0) + \oint_K \frac{f(z) - f(z_0)}{z - z_0} \mathrm{d}z.
\end{aligned}$$

由积分估值不等式(2-1)，可得

$$\left| \oint_K \frac{f(z) - f(z_0)}{z - z_0} \mathrm{d}z \right| \leqslant \oint_K \frac{|f(z) - f(z_0)|}{|z - z_0|} \mathrm{d}s < \frac{\varepsilon}{2\pi R} \oint_K \mathrm{d}s = \varepsilon.$$

由 ε 的任意性可知

$$\oint_K \frac{f(z) - f(z_0)}{z - z_0} \mathrm{d}z = 0,$$

得

$$f(z_0) = \frac{1}{2\pi i} \oint_C \frac{f(z)}{z - z_0} dz .$$

柯西积分公式表明：解析函数在解析区域内任意一点的函数值可以用它在边界上的函数值表示. 换句话说，解析函数在边界上的值一旦确定，那么解析函数在区域内部任意一点的函数值也就确定了. 这是解析函数的一大重要特征.

下面对该定理作几点说明.

(1) 定理中的区域 D 无论是单连通区域还是多连通区域，结论都成立.

(2) 如果 $f(z)$ 在正向简单闭曲线 C 所围的区域内及 C 上解析，式(2-5)仍然成立.

(3) 如果 $f(z)$ 在正向简单闭曲线 C 所围的区域内解析，在 C 上连续，式(2-5)仍然成立.

(4) 对曲线 C 内部的任意一点 z ，柯西积分公式的等价形式为

$$f(z) = \frac{1}{2\pi i} \oint_C \frac{f(\zeta)}{\zeta - z} d\zeta .$$

(5) 柯西积分公式提供了计算一类复变函数沿简单闭曲线积分的一种简便方法，也是一个重要的方法，即

$$\oint_C \frac{f(z)}{z - z_0} dz = 2\pi i f(z_0) .$$

推论 2-1　**(平均值公式)**　一个解析函数在圆心处的函数值等于它在圆周上的平均值. 如果 C 是圆周 $z = z_0 + Re^{i\theta}$ ，则式(2-5)可以表示为

$$f(z_0) = \frac{1}{2\pi} \int_0^{2\pi} f(z_0 + Re^{i\theta}) d\theta .$$

例 2-10　计算下列积分(沿圆周正向)的值：

(1) $\oint\limits_{|z|=2} \frac{\sin z}{z-1} dz$ ；(2) $\oint\limits_{|z|=3} \frac{3z}{(z-2)(z+1)} dz$ ；(3) $\oint\limits_{|z-i|=\frac{1}{2}} \frac{1}{z(z^2+1)} dz$

解　(1) 因为 $f(z) = \sin z$ 在复平面内处处解析，而 $z = 1$ 在圆 $|z| = 2$ 内，由柯西积分公式，可得

$$\oint\limits_{|z|=2} \frac{\sin z}{z-1} dz = 2\pi i \sin z \big|_{z=1} = 2\pi i \sin 1 .$$

(2) 因为

$$\frac{3z}{(z-2)(z+1)} = \frac{1}{z+1} + \frac{2}{z-2} ,$$

又函数 $f(z) = 1$ 与 $g(z) = 2$ 在复平面内处处解析，而 $z = -1$ 和 $z = 2$ 在圆 $|z| = 3$ 内，由柯西积分公式，可得

$$\oint\limits_{|z|=3} \frac{3z}{(z-2)(z+1)} dz = \oint\limits_{|z|=3} \frac{1}{z+1} dz + \oint\limits_{|z|=3} \frac{2}{z-2} dz = 2\pi i + 2\pi i \cdot 2 = 6\pi i .$$

当被积函数是有理分式函数时，可先化为部分分式的和，再用柯西积分公式计算. 当然，因为被积函数在圆 $|z| = 3$ 内有两个奇点，本题也可利用复合闭路定理计算，但较麻烦.

(3) 因为

$$\frac{1}{z(z^2+1)} = \frac{1}{z(z+i)(z-i)} = \frac{\dfrac{1}{z(z+i)}}{z-i},$$

又 $f(z) = \dfrac{1}{z(z+i)}$ 在 $|z-i| \leqslant \dfrac{1}{2}$ 内解析，而 $z=i$ 在圆 $|z-i| = \dfrac{1}{2}$ 内，由柯西积分公式，得

$$\oint_{|z-i|=\frac{1}{2}} \frac{1}{z(z^2+1)} dz = \oint_{|z-i|=\frac{1}{2}} \frac{\dfrac{1}{z(z+i)}}{z-i} dz = 2\pi i \cdot \frac{1}{z(z+i)}\Big|_{z=i} = -\pi i \cdot$$

2.4.2 解析函数的高阶导数

解析函数的高阶导数.mp4

解析函数是否有高阶导数？若有，其高阶导数的提法和求法与一元微积分相应内容是否一致？我们知道，一元微积分中，一阶导数的存在并不能保证高阶导数的存在。而复变函数只要在区域内可导，其解析函数的导数仍然是解析的，即解析函数的任意阶导数都存在。先考查解析函数的导数公式的可能形式，然后再加以证明。

从柯西积分公式出发，假设积分运算与求导运算可以交换。

$$f(z) = \frac{1}{2\pi i} \oint_C \frac{f(\zeta)}{\zeta - z} d\zeta,$$

上式两端对 z 求导，得 $f(z)$ 的一阶导数的可能形式为

$$f'(z) = \frac{1}{2\pi i} \oint_C \frac{d}{dz}\left[\frac{f(\zeta)}{\zeta - z}\right] d\zeta = \frac{1}{2\pi i} \oint_C \frac{f(\zeta)}{(\zeta - z)^2} d\zeta,$$

上式两端继续对 z 求导，得 $f(z)$ 的二阶导数的可能形式为

$$f''(z) = \frac{1}{2\pi i} \oint_C \frac{d}{dz}\left[\frac{f(\zeta)}{(\zeta - z)^2}\right] d\zeta = \frac{2!}{2\pi i} \oint_C \frac{f(\zeta)}{(\zeta - z)^3} d\zeta.$$

依次类推，n 阶导数 $f^{(n)}(z)$ 的可能形式为

$$f^{(n)}(z) = \frac{n!}{2\pi i} \oint_C \frac{f(\zeta)}{(\zeta - z)^{n+1}} d\zeta.$$

以上结果是在积分运算与求导运算允许交换的条件下推出的，要证明这种运算的交换性比较困难。下面我们从另一个角度，应用导数的定义证明上面的等式。

定理 2-9 设函数 $f(z)$ 在区域 D 内解析，z_0 是 D 内任意一点，C 为 D 内围绕 z_0 点的任意一条正向简单闭曲线，且它的内部全包含于 D，则 $f(z)$ 在区域 D 内有任意阶导数，且

$$f^{(n)}(z_0) = \frac{n!}{2\pi i} \oint_C \frac{f(z)}{(z - z_0)^{n+1}} dz \qquad (n = 1, 2, 3, \cdots). \tag{2-6}$$

证 设 z_0 为 D 内任意一点，先证 $n=1$ 的情形，即

$$f'(z_0) = \frac{1}{2\pi i} \oint_C \frac{f(z)}{(z - z_0)^2} dz.$$

根据导数定义

$$f'(z_0) = \lim_{\Delta z \to 0} \frac{f(z_0 + \Delta z) - f(z_0)}{\Delta z},$$

由柯西积分公式(2-5)，得

$$f(z_0) = \frac{1}{2\pi i} \oint_C \frac{f(z)}{z - z_0} \mathrm{d}z,$$

$$f(z_0 + \Delta z) = \frac{1}{2\pi i} \oint_C \frac{f(z)}{z - z_0 - \Delta z} \mathrm{d}z,$$

从而有

$$\frac{f(z_0 + \Delta z) - f(z_0)}{\Delta z} = \frac{1}{2\pi i \Delta z} \left[\oint_C \frac{f(z)}{z - z_0 - \Delta z} \mathrm{d}z - \oint_C \frac{f(z)}{z - z_0} \mathrm{d}z \right]$$

$$= \frac{1}{2\pi i} \oint_C \frac{f(z)}{(z - z_0)(z - z_0 - \Delta z)} \mathrm{d}z.$$

因此，

$$\frac{f(z_0 + \Delta z) - f(z_0)}{\Delta z} - \frac{1}{2\pi i} \oint_C \frac{f(z)}{(z - z_0)^2} \mathrm{d}z$$

$$= \frac{1}{2\pi i} \oint_C \frac{f(z)}{(z - z_0)(z - z_0 - \Delta z)} \mathrm{d}z - \frac{1}{2\pi i} \oint_C \frac{f(z)}{(z - z_0)^2} \mathrm{d}z$$

$$= \frac{1}{2\pi i} \oint_C \frac{\Delta z f(z)}{(z - z_0)^2 (z - z_0 - \Delta z)} \mathrm{d}z = I.$$

接下来证明当 $\Delta z \to 0$ 时 $I \to 0$. 由积分估值不等式(2-1)，有

$$|I| = \frac{1}{2\pi} \left| \oint_C \frac{\Delta z f(z)}{(z - z_0)^2 (z - z_0 - \Delta z)} \mathrm{d}z \right| \leqslant \frac{1}{2\pi} \oint_C \frac{|\Delta z| \cdot |f(z)|}{|z - z_0|^2 |z - z_0 - \Delta z|} \mathrm{d}s.$$

由于 $f(z)$ 在 C 上解析，因而在 C 上连续，由第 1.2 节知，$f(z)$ 在 C 上有界. 故存在正数 M，使得在 C 上有 $|f(z)| \leqslant M$. 设 d 为 z_0 到 C 上各点的最短距离，取 $|\Delta z|$ 适当小，使其满足 $|\Delta z| < \dfrac{d}{2}$，因此有

$$|z - z_0| \geqslant d, \quad \frac{1}{|z - z_0|} \leqslant \frac{1}{d},$$

$$|z - z_0 - \Delta z| \geqslant |z - z_0| - |\Delta z| > \frac{d}{2},$$

$$\frac{1}{|z - z_0 - \Delta z|} < \frac{2}{d}.$$

所以 $|I| < |\Delta z| \dfrac{ML}{\pi d^3}$，其中 L 为 C 的长度. 这就证明了当 $\Delta z \to 0$ 时，$I \to 0$，从而

$$f'(z_0) = \lim_{\Delta z \to 0} \frac{f(z_0 + \Delta z) - f(z_0)}{\Delta z} = \frac{1}{2\pi i} \oint_C \frac{f(z)}{(z - z_0)^2} \mathrm{d}z.$$

再利用同样的方法求极限

$$\lim_{\Delta z \to 0} \frac{f'(z_0 + \Delta z) - f'(z_0)}{\Delta z},$$

可以得到

$$f''(z_0) = \frac{2!}{2\pi i} \oint_C \frac{f(z)}{(z - z_0)^3} dz.$$

依次类推，用数学归纳法可以证明

$$f^{(n)}(z_0) = \frac{n!}{2\pi i} \oint_C \frac{f(z)}{(z - z_0)^{n+1}} dz.$$

上述定理表明解析函数的导数仍是解析函数，因而解析函数有任意阶导数，这是一元微积分函数所不具备的。解析函数的高阶导数可以用函数在边界上的值通过积分的形式表示。

下面对该定理作几点说明。

(1) 定理中的区域 D 无论是单连通区域还是多连通区域，结论都成立。

(2) 柯西积分公式可以看做是高阶导数公式的特殊情况。

(3) 如果 $f(z)$ 在正向简单闭曲线 C 所围的区域内及 C 上解析，z_0 为 C 内任意一点，结论仍成立。

(4) 如果 $f(z)$ 在正向简单闭曲线 C 所围的区域内解析，在 C 上连续，z_0 为 C 内任意一点，结论仍成立。

(5) 高阶导数公式提供了计算一类复变函数沿简单闭曲线积分的简便方法，即

$$\oint_C \frac{f(z)}{(z - z_0)^{n+1}} dz = \frac{2\pi i}{n!} f^{(n)}(z_0).$$

例 2-11 计算下列积分(沿圆周正向)的值。

(1) $\oint_{|z|=2} \frac{z^5}{(z-i)^4} dz$； (2) $\oint_{|z-i|=2} \frac{e^z \cos z}{z^2} dz$； (3) $\oint_{|z|=2} \frac{5z-2}{z(z-1)^2} dz$.

解 (1) 因为 $f(z) = z^5$ 在圆 $|z| = 2$ 内解析，$z_0 = i$ 为其内部一点，由高阶导数公式，得

$$\oint_{|z|=2} \frac{z^5}{(z-i)^4} dz = \frac{2\pi i}{(4-1)!} (z^5)'''\big|_{z=i} = \frac{2\pi i}{3!} \cdot 60z^2 \big|_{z=i} = -20\pi i.$$

(2) 因为 $f(z) = e^z \cos z$ 在圆 $|z-i| = 2$ 内解析，$z_0 = 0$ 为其内部一点，由高阶导数公式，可得

$$\oint_{|z-i|=2} \frac{e^z \cos z}{z^2} dz = \frac{2\pi i}{(2-1)!} (e^z \cos z)'\big|_{z=0} = 2\pi i.$$

(3) 因为被积函数 $\frac{5z-2}{z(z-1)^2}$ 在圆 $|z| = 2$ 内有两个奇点 0 和 1，分别以这两个奇点为圆心，在圆 $|z| = 2$ 内作两个互不相交互不包含的正向圆周 C_1 和 C_2 (见图 2-12)，则由复合闭路定理，可得

$$\oint_{|z|=2} \frac{5z-2}{z(z-1)^2} dz = \oint_{C_1} \frac{5z-2}{z(z-1)^2} dz + \oint_{C_2} \frac{5z-2}{z(z-1)^2} dz$$

$$= \oint_{C_1} \frac{\dfrac{5z-2}{(z-1)^2}}{z} \, \mathrm{d}z + \oint_{C_2} \frac{\dfrac{5z-2}{z}}{(z-1)^2} \, \mathrm{d}z$$

$$= 2\pi \mathrm{i} \cdot \left. \frac{5z-2}{(z-1)^2} \right|_{z=0} + \frac{2\pi \mathrm{i}}{1!} \left. \left(\frac{5z-2}{z} \right)' \right|_{z=1}$$

$$= -4\pi \mathrm{i} + 4\pi \mathrm{i} = 0 .$$

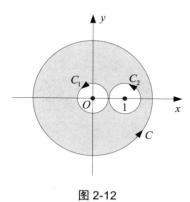

图 2-12

2.5　解析函数与调和函数的关系

2.4 节我们证明了函数 $f(z) = u + \mathrm{i}v$ 在区域 D 内解析时，它的导数仍然是解析函数，因而具有任意阶导数，从而 u 与 v 具有任意阶连续偏导数．下面将研究如何选择 u 与 v，使得 $u + \mathrm{i}v$ 在区域 D 内解析．

2.5.1　调和函数与共轭调和函数的概念

定义 2-4　如果二元实变函数 $\varphi(x, y)$ 在区域 D 内具有二阶连续偏导数，且满足拉普拉斯(Laplace)方程

$$\frac{\partial^2 \varphi}{\partial x^2} + \frac{\partial^2 \varphi}{\partial y^2} = 0 ,$$

则称 $\varphi(x, y)$ 为区域 D 内的**调和函数**．

调和函数在实际问题中有着重要的应用．例如，在 xOy 平面中薄圆盘上的温度函数 $H(x, y)$ 就经常是调和函数．当函数 $U(x, y)$ 表示在与电荷无关的三维空间内部变化的静电势能时，它是调和的．

定理 2-10　设函数 $f(z) = u(x, y) + \mathrm{i}v(x, y)$ 是区域 D 内的解析函数，则它的实部 $u(x, y)$ 和虚部 $v(x, y)$ 都是 D 内的调和函数．

证　因为 $f(z)$ 是 D 内的解析函数，由 C-R 方程，有

$$\frac{\partial u}{\partial x} = \frac{\partial v}{\partial y} , \quad \frac{\partial u}{\partial y} = -\frac{\partial v}{\partial x} ,$$

从而

$$\frac{\partial^2 u}{\partial x^2} = \frac{\partial^2 v}{\partial y \partial x} , \quad \frac{\partial^2 u}{\partial y^2} = -\frac{\partial^2 v}{\partial x \partial y} .$$

根据解析函数高阶导数定理，u 与 v 具有任意阶的连续偏导数，所以 $\dfrac{\partial^2 v}{\partial y \partial x} = \dfrac{\partial^2 v}{\partial x \partial y}$，

从而 $\dfrac{\partial^2 u}{\partial x^2} + \dfrac{\partial^2 u}{\partial y^2} = 0$．同理可证 $\dfrac{\partial^2 v}{\partial x^2} + \dfrac{\partial^2 v}{\partial y^2} = 0$，因此，$u$ 与 v 都是调和函数．

定理说明，解析函数 $f(z) = u(x, y) + \mathrm{i} v(x, y)$ 的实部与虚部都是调和函数．但是反过来，任意两个调和函数 u 与 v 构成的函数 $f(z) = u(x, y) + \mathrm{i} v(x, y)$ 不一定是解析函数．

例如，令 $u = 2xy$，$v = x^2 - y^2$，显然 u 与 v 均为调和函数．但 $u_x = 2y$，$u_y = 2x$，$v_x = 2x$，$v_y = -2y$，u 与 v 仅在点 $(0,0)$ 满足 C-R 方程，故 $2xy + \mathrm{i}(x^2 - y^2)$ 不是解析函数．

定义 2-5 设 $\varphi(x, y)$ 和 $\psi(x, y)$ 均为区域 D 内的调和函数，且满足 C-R 方程

$$\frac{\partial \varphi}{\partial x} = \frac{\partial \psi}{\partial y} , \quad \frac{\partial \varphi}{\partial y} = -\frac{\partial \psi}{\partial x} ,$$

则称 $\psi(x, y)$ 是 $\varphi(x, y)$ 的共轭调和函数．

注意 (1) 共轭调和函数既要满足拉普拉斯方程，又要满足 C-R 方程．

(2) 调和函数只针对一个函数而言，共轭调和函数针对两个调和函数的关系而言．

(3) 解析函数的虚部是实部的共轭调和函数．

(4) 共轭调和函数不具有对称性．即若 $\psi(x, y)$ 是 $\varphi(x, y)$ 的共轭调和函数，未必有 $\varphi(x, y)$ 是 $\psi(x, y)$ 的共轭调和函数．

定理 2-11 函数 $f(z) = u(x, y) + \mathrm{i} v(x, y)$ 在区域 D 内解析的充要条件是在区域 D 内，函数 $f(z)$ 的虚部 $v(x, y)$ 是实部 $u(x, y)$ 的共轭调和函数．

2.5.2 利用调和函数构造解析函数

利用解析函数与调和函数的上述关系，在已知解析函数的实部或虚部的情况下，利用 C-R 方程可以确定解析函数的虚部或实部，从而构造解析函数．构造解析函数的方法有两种，一种是偏积分法，另一种是不定积分法．

解析函数与调和函数的
关系.mp4

方法一：偏积分法．

如果已知一个调和函数 $u(x, y)$ 或 $v(x, y)$，利用 C-R 方程，通过偏积分 $v = \int v_y \mathrm{d} y$ 或 $u = \int u_x \mathrm{d} x$，求得它的共轭调和函数 $v(x, y)$ 或 $u(x, y)$，从而构造出一个解析函数 $f(z) = u(x, y) + \mathrm{i} v(x, y)$ 的方法称为偏积分法．

方法二：不定积分法．

由于解析函数 $f(z)$ 的导数 $f'(z)$ 仍然是解析函数，根据解析函数的导数公式，可知

$$f'(z) = \frac{\partial u}{\partial x} - \mathrm{i} \frac{\partial u}{\partial y} = \frac{\partial v}{\partial y} + \mathrm{i} \frac{\partial v}{\partial x} ,$$

把导数 $f'(z)$ 的表达式还原成关于 z 的函数(即用 z 来表示)，得

$$f'(z) = \frac{\partial u}{\partial x} - \mathrm{i}\frac{\partial u}{\partial y} = U(z)$$

或

$$f'(z) = \frac{\partial v}{\partial y} + \mathrm{i}\frac{\partial v}{\partial x} = V(z) .$$

将它们取不定积分，可得 $f(z) = \int U(z)\mathrm{d}z + C$ 与 $f(z) = \int V(z)\mathrm{d}z + C$，已知实部 $u(x,y)$ 求 $f(z)$，可用前一个式子；已知虚部 $v(x,y)$ 求 $f(z)$，可用后一个式子，这种方法称为不定积分法.

下面举例说明其求解过程.

例 2-12　验证 $v(x,y) = 2xy$ 是调和函数，并构造以 $u(x,y)$ 为实部的解析函数 $f(z)$，使其满足 $f(\mathrm{i}) = -1$.

解　方法一：偏积分法.

因为

$$\frac{\partial v}{\partial x} = 2y , \quad \frac{\partial v}{\partial y} = 2x , \quad \frac{\partial^2 v}{\partial x^2} = 0 , \quad \frac{\partial^2 v}{\partial y^2} = 0 .$$

所以 $\dfrac{\partial^2 v}{\partial x^2} + \dfrac{\partial^2 v}{\partial y^2} = 0$．这就证明了 $v(x,y)$ 是调和函数.

设 $f(z) = u(x,y) + \mathrm{i}v(x,y)$ 是解析函数，则 v 是 u 的共轭调和函数，由 C-R 方程，有

$$\frac{\partial u}{\partial x} = \frac{\partial v}{\partial y} = 2x ,$$

上式两边对变量 x 取积分(即把 y 看成常量)，得

$$u = \int u_x \, \mathrm{d}x = \int 2x \, \mathrm{d}x = x^2 + \varphi(y) .$$

于是，得到 $\dfrac{\partial u}{\partial y} = \varphi'(y)$，又因为 $\dfrac{\partial u}{\partial y} = -\dfrac{\partial v}{\partial x} = -2y$，所以

$$\varphi'(y) = -2y , \quad \varphi(y) = -y^2 + c ,$$

故 $u(x,y) = x^2 - y^2 + c$．从而

$$f(z) = (x^2 - y^2 + c) + 2xy\mathrm{i} = z^2 + c .$$

将 $f(\mathrm{i}) = -1$ 代入上式，得 $c = 0$，故所求解析函数为 $f(z) = z^2$.

如何将 $u(x,y) + \mathrm{i}v(x,y)$ 改写成 $f(z)$，有两种方法：凑元法与归零法. 凑元法就是将表达式中的 x 和 y 凑成 $z = x + \mathrm{i}y$；归零法就是令其中的 $y = 0$，得到表达式 $f(x)$，再用 z 替换 x 得到.

方法二：不定积分法.

因为

$$v(x,y) = 2xy ,$$

故

$$v_x = 2y , \quad v_y = 2x .$$

从而

$$f'(z) = v_y + \mathrm{i}v_x = 2x + 2y\mathrm{i} = 2z ,$$

积分，得

$$f(z) = \int 2z\,\mathrm{d}z = z^2 + c .$$

将 $f(\mathrm{i}) = -1$ 代入上式，得 $c = 0$，故所求解析函数为 $f(z) = z^2$．

2.6　MATLAB 实验

复变函数的积分可由函数 int 实现，其调用形式如下：

```
>> int(function,variable,a,b)
```

其中，参数 function 表示被积函数的表达式，参数 variable 表示积分变量，a 和 b 分别表示积分的上限和下限．具体调用方法可参考下面的例题.

例 2-13　计算积分 $\int_0^{\mathrm{i}} z\cos z\,\mathrm{d}z$．

解　在 MATLAB 命令窗口中输入：

```
>> syms z
>> f=z*cos(z);
>> intf=int(f,z,0,i)
intf =
exp(-1) - 1
```

例 2-14　计算积分 $\int_1^{\mathrm{i}} \dfrac{\ln(z+1)}{z+1}\,\mathrm{d}z$．

解　在 MATLAB 命令窗口中输入：

```
>> syms z
>> f=log(z+1)/(z+1);
>> int(f,z,1,i)
ans =
 - log(2)^2/2 + log(1 + 1i)^2/2
```

例 2-15　计算积分 $\int_C \bar{z}\,\mathrm{d}z$，其中 C 为从点 1 到 i 的直线段．

解　C 的参数方程为：

$$z = (1-t) + \mathrm{i}t \quad (0 \leqslant t \leqslant 1) ,$$

则有

$$\int_C \bar{z}\,\mathrm{d}z = \int_0^1 \overline{z(t)} \cdot z'(t)\,\mathrm{d}t .$$

在 MATLAB 命令窗口中输入：

```
>> syms t real
>> z=(1-t)+i*t;
>> int(conj(z)*diff(z),t,0,1)
 ans =
 1i
```

例 2-16 计算积分 $\oint_C \dfrac{z}{z^4-1}\mathrm{d}z$，其中 C 为正向圆周：$|z|=2$．

解 C 的参数方程为：

$$z=2\mathrm{e}^{\mathrm{i}\theta} \quad (0\leqslant\theta\leqslant 2\pi)，$$

则有

$$\oint_C \frac{z}{z^4-1}\mathrm{d}z=\int_0^{2\pi}\frac{z(\theta)}{[z(\theta)]^4-1}\cdot z'(\theta)\mathrm{d}\theta．$$

在 MATLAB 命令窗口中输入：

```
>> syms theta real
>> z=2*exp(i*theta);
>> int(z/(z^4-1)*diff(z),theta,0,2*pi)
 ans =
0
```

例 2-17 计算积分 $\oint_C \dfrac{\cos z}{z^3}\mathrm{d}z$，其中 C 为正向圆周：$|z|=1$．

解 C 的参数方程为：

$$z=\mathrm{e}^{\mathrm{i}\theta} \quad (0\leqslant\theta\leqslant 2\pi)，$$

则有

$$\oint_C \frac{\cos z}{z^3}\mathrm{d}z=\int_0^{2\pi}\frac{\cos[z(\theta)]}{[z(\theta)]^3}\cdot z'(\theta)\mathrm{d}\theta．$$

在 MATLAB 命令窗口中输入：

```
>> syms theta real
>> z=exp(i*theta);
>> int((cos(z)/z^3)*diff(z),theta,0,2*pi)
ans =
-pi*i
```

还可以利用留数计算上述类型的积分，具体方法可参照第 4 章的 4.4 节．

 本章小结

本章的重点是解析函数的积分理论．柯西-古萨基本定理揭示了解析函数沿任意闭曲线积分的特性．柯西积分公式与高阶导数公式阐述了闭区域上一点的函数值与其边界上的积分的联系，从而揭示了解析函数的内在联系．

复积分是定积分在复数域下的推广，虽然两者形式上相似，但本质含义不同，复积分实际上是复平面上的线积分．高等数学中对于初等函数的积分计算可以采用基本积分法、凑微分法、换元法和分部积分法等，但并不适用于被积函数的原函数不是初等函数的情形．例如，物理学中需要计算一些特殊的积分，有阻尼的震动时计算狄利克雷(Dirichlet)积分 $\int_0^{+\infty}\dfrac{\sin x}{x}\mathrm{d}x$；光发生衍射时计算菲涅耳(Fresnel)积分 $\int_0^{+\infty}\sin x^2\,\mathrm{d}x$ 和 $\int_0^{+\infty}\cos x^2\,\mathrm{d}x$；量子

力学中计算开普勒(Kepler)积分 $\dfrac{1}{2\pi}\displaystyle\int_0^{2\pi}\dfrac{\mathrm{d}\theta}{(1+\varepsilon\cos\theta)^2}$ $(0<\varepsilon<1)$；热传导时计算积分 $\displaystyle\int_0^{+\infty}\mathrm{e}^{-ax^2}\cos bx\,\mathrm{d}x$．基于复变函数理论将这些定积分转化为复积分可以得到事半功倍的效果．

柯西-古萨基本定理是解析函数理论中的重要基石，是连接解析函数与复积分的桥梁．基于柯西-古萨基本定理，推导出原函数与不定积分的概念，注意变上限积分函数与实数域下的原函数的形式是相同的，可以借助微积分的不定积分与原函数的运算关系进行解析函数的复积分计算．闭路变形原理表明复积分与函数在区域内的解析性有关，而与积分曲线的形状无关，计算复积分时可将复杂曲线转化为简单闭曲线进行分析．

柯西积分公式的证明基于柯西-古萨基本定理，一个解析函数在区域内部的值可以通过它在边界上的积分值来表示．从柯西积分公式还可以得出一系列推论，平均值公式、最大模原理等，每一个推论都有独立的应用和理论价值．高阶导数公式是柯西积分公式的发展，表明解析函数的导数仍然是解析函数，解析函数的导数可以通过函数本身的某种积分来表达，从函数的积分性质推导出导数的积分性质，这是解析函数与微积分中论述函数的本质区别．两个公式不仅在复变函数理论中具有重要的实际应用，也是计算复积分的重要工具．

除了将复积分转化为二元函数的曲线积分，或者利用积分曲线方程进行计算外，多数情况下，在计算沿封闭曲线的复积分时，都是应用柯西-古萨基本定理、复合闭路定理、闭路变形原理、柯西积分公式、高阶导数公式等为主要工具．由于被积函数往往形式多样、复杂，不能直接套用公式、定理，而需要将被积函数作适当的变形，联合使用定理、公式和积分性质解决积分计算问题．需要弄清楚积分的各种情况下，如何选择最方便的积分计算方法？何时使用单连通区域的柯西-古萨基本定理？何时使用多连通区域的复合闭路定理？柯西积分公式、高阶导数公式适用于怎样的积分？

单连通区域内，调和函数可以看作是一个解析函数的实部，因此调和函数的有些性质与解析函数类似，如无穷次可微性、最大值原理等．调和函数的性质可应用于具有有限可行域的二维优化问题，将其优化求解问题仅仅局限于可行域边界进行．

复习思考题

1. 判断下列命题的真假，并说明理由．

(1) 若 C 为 $f(z)$ 的解析区域 D 内的任意一条简单闭曲线，则 $\displaystyle\oint_C f(z)\mathrm{d}z=0$．

(2) 积分 $\displaystyle\oint_{|z-a|=r}\dfrac{\mathrm{d}z}{(z-a)^n}$ 的值与半径 r 的大小无关，但与 n 的取值有关．

(3) 若在区域 D 内有 $f'(z)=g(z)$，则在 D 内 $g'(z)$ 一定解析．

(4) 若 $f(z)=u+\mathrm{i}v$ 在区域 D 内解析，则 $\dfrac{\partial u}{\partial y}$ 一定为 D 内的调和函数．

2. 综合题.

(1) 沿下列路线计算积分 $\int_C z^3 \mathrm{d}z$.

① 其中 C 为从原点到点 $2+\mathrm{i}$ 的直线段.

② 其中 C 为从原点沿虚轴至 i，再由 i 沿水平方向向右至 $2+\mathrm{i}$ 的折线段.

③ 其中 C 为从原点沿实轴至 2，再由 2 沿竖直方向向上至 $2+\mathrm{i}$ 的折线段.

(2) 计算积分 $\int_C (x-y+\mathrm{i}x^2)\mathrm{d}z$ 的值.

① 其中 C 为沿 $y=x$ 从原点到点 $1+\mathrm{i}$ 的直线段.

② 其中 C 为沿 $y=x^2$ 从原点到点 $1+\mathrm{i}$ 的曲线段.

(3) 设 $f(z)$ 在单连通区域 D 内解析，C 为 D 内任意一条正向简单闭曲线，问

$$\oint_C \mathrm{Re}[f(z)]\mathrm{d}z = 0, \quad \oint_C \mathrm{Im}[f(z)]\mathrm{d}z = 0$$

是否成立？如果成立，给出证明；如果不成立，举例说明.

(4) 计算积分 $\oint_C \dfrac{z}{\bar{z}}\mathrm{d}z$ 的值，其中 C 为从点 1 到点 -1 的直线段及上半单位圆周组成的闭曲线.

(5) 利用观察法确定下列积分的值，其中 C 为正向圆周 $|z|=1$，并说明理由.

① $\oint_C z^3 \sin z\, \mathrm{d}z$；　　② $\oint_C \dfrac{\mathrm{d}z}{3z-2}$；　　③ $\oint_C \dfrac{\mathrm{e}^z}{\cos z}\mathrm{d}z$；　　④ $\oint_C \dfrac{\mathrm{d}z}{z+4\mathrm{i}}$.

(6) 计算下列积分.

① $\int_0^{\pi \mathrm{i}} \sin z\, \mathrm{d}z$；　　　　　　② $\int_1^{1+\mathrm{i}} z\,\mathrm{e}^z\mathrm{d}z$.

(7) 沿指定曲线的正向计算下列积分（C 为正向圆周）.

① $\oint_C \left[\dfrac{2}{z-1}+\dfrac{4}{(z-2)^2}\right]\mathrm{d}z$，$C: |z|=3$.

② $\oint_C \dfrac{1}{(z^2+1)(z^3-1)}\mathrm{d}z$，$C: |z|=r<1$.

③ $\oint_C \dfrac{\mathrm{e}^z}{z(z-2)}\mathrm{d}z$，$C: |z|=1$.

④ $\oint_C \dfrac{\mathrm{e}^{\mathrm{i}z}}{z^2+1}\mathrm{d}z$，$C: |z-2\mathrm{i}|=\dfrac{4}{3}$.

⑤ $\oint_C \dfrac{z^2-3z+4}{z(z-2)^2}\mathrm{d}z$，$C: |z|=1$.

⑥ $\oint_C \dfrac{1}{(z^2+1)(z^2-4)}\mathrm{d}z$，$C: |z|=\dfrac{3}{2}$.

⑦ $\oint_C \dfrac{1}{(z-\mathrm{i})(z+2)}\mathrm{d}z$，$C: |z|=3$.

⑧ $\oint_C \dfrac{1}{z(z^2+1)}\mathrm{d}z$，$C: |z+\mathrm{i}|=\dfrac{1}{2}$.

⑨ $\oint_C \dfrac{z}{(z-1)(z-2)^2}\mathrm{d}z$，$C:|z|=5$.

⑩ $\oint_{|z|=r} \dfrac{\mathrm{d}z}{(z-1)^n}$ $(r \neq 1)$.

(8) 计算下列积分.

① $\oint_C \dfrac{\cos z}{(z-\mathrm{i})^3}\mathrm{d}z$，其中 $C:|z-\mathrm{i}|=1$ 为正向.

② $\oint_C \dfrac{\mathrm{e}^z}{z^{100}}\mathrm{d}z$，其中 $C:|z|=1$ 为正向.

③ $\oint_C \dfrac{\sin z}{(z-a)^3}\mathrm{d}z$，其中 $C:|z|=1$ 为正向，且 $|a| \neq 1$.

④ $\oint_C \dfrac{\mathrm{e}^z}{z^2(z-1)^2}\mathrm{d}z$，其中 $C:|z|=4$ 为正向.

(9) 计算积分 $\oint_C \dfrac{z}{z^2-a^2}\mathrm{d}z$，其中 C 为不经过 a 与 $-a$ 的正向简单闭曲线，复常数 $a \neq 0$.

(10) 计算积分 $\oint_C \dfrac{z}{(2z+1)(z-2)}\mathrm{d}z$，其中 C 为下列曲线的正向.

① $|z|=1$；　　　② $|z-2|=1$；　　　③ $|z-1|=\dfrac{1}{2}$；　　　④ $|z|=3$.

(11) 设函数 $u=x^2-y^2$，$v=2xy$，证明：

① 函数 u 和 v 都是调和函数；

② v 是 u 的共轭调和函数；

③ $f(z)=v+\mathrm{i}u$ 不是解析函数.

(12) 由下列已知的调和函数求解析函数 $f(z)=u+\mathrm{i}v$.

① $u=x^2+2xy-y^2$.

② $u=\dfrac{1}{2}-\dfrac{x}{x^2+y^2}$，$f(2)=0$.

③ $v=2xy+3x$.

④ $v=\mathrm{e}^x(y\cos y+x\sin y)+x+y$，$f(0)=\mathrm{i}$.

(13) 设 $v=\mathrm{e}^{px}\sin y$，求 p，使 v 为调和函数，并构造解析函数 $f(z)=u+\mathrm{i}v$.

第3章 级 数

学习要点及目标

- 理解复数项级数收敛和发散的相关概念及性质.
- 掌握幂级数收敛半径的求法、运算和性质.
- 理解泰勒展开定理,掌握函数展开成泰勒级数的方法.
- 理解洛朗展开定理,掌握函数展开成洛朗级数的方法.

核心概念

收敛 绝对收敛 条件收敛 泰勒级数 洛朗级数

级数是研究解析函数的一个重要工具,在理论上和实际应用上都有着广泛的应用. 本章首先讨论复数项级数的概念、审敛法以及幂级数的概念和性质,从柯西积分公式这一解析函数的积分表达式出发,分别给出在圆域内解析函数的级数表示——泰勒(Taylor)展开式,以及在环域内解析函数的级数表示——洛朗(Laurent)展开式. 这两类展开式是下一章研究孤立奇点和留数的基础,级数也是求解数学物理方程的理论基础.

3.1 复变函数项级数

3.1.1 复数列的极限

定义 3-1 设复数列 $\{z_n = x_n + \mathrm{i}\, y_n\}$ $(n = 1, 2, 3, \cdots)$,如果存在确定的复数 $z_0 = x_0 + \mathrm{i}\, y_0$,对任意给定的正数 ε,总存在正整数 N,使得当 $n > N$ 时,总有

复数列.mp4

$$|z_n - z_0| < \varepsilon$$

成立,则称复数 z_0 为复数列 $\{z_n\}$ 当 $n \to \infty$ 时的**极限**,即复数列 $\{z_n\}$ **收敛**于 z_0,记作

$$\lim_{n \to \infty} z_n = z_0 \quad \text{或} \quad z_n \to z_0 \,(n \to \infty).$$

如果不存在这样的复数 z_0,则称复数列 $\{z_n\}$ 没有极限,即复数列 $\{z_n\}$ **发散**.

定理 3-1 设复数列 $\{z_n = x_n + \mathrm{i}\, y_n\}$,$z_0 = x_0 + \mathrm{i}\, y_0$,则 $\lim_{n \to \infty} z_n = z_0$ 的充要条件是 $\lim_{n \to \infty} x_n = x_0$,$\lim_{n \to \infty} y_n = y_0$.

证 必要性. 如果 $\lim_{n \to \infty} z_n = z_0$,那么对于任意给定的正数 ε,总存在正整数 N,当 $n > N$ 时,有

$$|z_n - z_0| = |(x_n - x_0) + \mathrm{i}(y_n - y_0)| < \varepsilon,$$

从而有

$$|x_n - x_0| \leqslant |z_n - z_0| < \varepsilon , \qquad |y_n - y_0| \leqslant |z_n - z_0| < \varepsilon ,$$

即

$$\lim_{n \to \infty} x_n = x_0 , \quad \lim_{n \to \infty} y_n = y_0 .$$

充分性. 如果 $\lim\limits_{n \to \infty} x_n = x_0$，$\lim\limits_{n \to \infty} y_n = y_0$，那么对于任意给定的正数 ε，总存在正整数 N_1，N_2，当 $n > N_1$ 时，有 $|x_n - x_0| < \dfrac{\varepsilon}{2}$；当 $n > N_2$ 时，有 $|y_n - y_0| < \dfrac{\varepsilon}{2}$，取 $N = \max\{N_1, N_2\}$，则当 $n > N$ 时，有

$$|z_n - z_0| \leqslant |x_n - x_0| + |y_n - y_0| < \frac{\varepsilon}{2} + \frac{\varepsilon}{2} = \varepsilon ,$$

即

$$\lim_{n \to \infty} z_n = z_0 .$$

例 3-1 判定复数列 $\left\{ z_n = \left(\dfrac{1+\mathrm{i}}{3} \right)^n \right\}$ 是否收敛？若收敛，求其极限.

解 因为

$$z_n = \left(\frac{1+\mathrm{i}}{3} \right)^n = \left(\frac{\sqrt{2}}{3} \right)^n \left(\cos \frac{n\pi}{4} + \mathrm{i} \sin \frac{n\pi}{4} \right) ,$$

所以

$$x_n = \left(\frac{\sqrt{2}}{3} \right)^n \cos \frac{n\pi}{4} , \quad y_n = \left(\frac{\sqrt{2}}{3} \right)^n \sin \frac{n\pi}{4} ,$$

而

$$\lim_{n \to \infty} x_n = 0 , \quad \lim_{n \to \infty} y_n = 0 ,$$

故数列 $\left\{ z_n = \left(\dfrac{1+\mathrm{i}}{3} \right)^n \right\}$ 收敛，且 $\lim\limits_{n \to \infty} z_n = 0$.

例 3-2 证明：

$$\lim_{n \to \infty} z^n = \begin{cases} 0 , & |z| < 1 \\ \infty , & |z| > 1 \\ 1 , & z = 1 \\ 不存在 , & |z| = 1 \text{ 且 } z \neq 1 \end{cases} .$$

证明 设 $z = r\mathrm{e}^{\mathrm{i}\theta}$，则 $z^n = r^n (\cos n\theta + \mathrm{i} \sin n\theta)$，于是

当 $|z| = r < 1$ 时，由于 $\lim\limits_{n \to \infty} r^n \cos n\theta = 0$，$\lim\limits_{n \to \infty} r^n \sin n\theta = 0$，所以 $\lim\limits_{n \to \infty} z^n = 0$；

当 $|z| = r > 1$ 时，由于 $\lim\limits_{n \to \infty} |z^n| = \lim\limits_{n \to \infty} r^n = +\infty$，所以 $\lim\limits_{n \to \infty} z^n = \infty$；

当 $z = 1$ 时，$\lim\limits_{n \to \infty} z^n = \lim\limits_{n \to \infty} 1^n = 1$；

当 $|z| = 1$ 且 $z \neq 1$ 时，$z^n = \cos n\theta + \mathrm{i} \sin n\theta$，由于 $\lim\limits_{n \to \infty} \cos n\theta$ 与 $\lim\limits_{n \to \infty} \sin n\theta$ 均不存在，所以 $\lim\limits_{n \to \infty} z^n$ 不存在.

3.1.2　复数项级数及其审敛法

复数项级数.mp4

定义 3-2　设复数列 $\{z_n\}$ $(n=1,2,3\cdots)$，则

(1) 称表达式 $\sum\limits_{n=1}^{\infty} z_n = z_1 + z_2 + z_3 + \cdots + z_n + \cdots$ 为**复数项无穷级数**，

简称**级数**；

(2) 称级数 $\sum\limits_{n=1}^{\infty} z_n$ 前 n 项的和 $s_n = z_1 + z_2 + z_3 + \cdots + z_n$ 为**级数的部分和**；

(3) 如果级数 $\sum\limits_{n=1}^{\infty} z_n$ 的部分和数列 $\{s_n\}$ 收敛，即 $\lim\limits_{n\to\infty} s_n = s$，则称级数 $\sum\limits_{n=1}^{\infty} z_n$ **收敛**，并称 s 为**级数的和**，记作 $s = \sum\limits_{n=1}^{\infty} z_n$.

(4) 如果级数 $\sum\limits_{n=1}^{\infty} z_n$ 的部分和数列 $\{s_n\}$ 发散，称**级数** $\sum\limits_{n=1}^{\infty} z_n$ **发散**.

定理 3-2　设 $z_n = x_n + \mathrm{i}\, y_n$ $(n=1,2,3\cdots)$，则级数 $\sum\limits_{n=1}^{\infty} z_n$ 收敛的充要条件是级数 $\sum\limits_{n=1}^{\infty} x_n$ 和级数 $\sum\limits_{n=1}^{\infty} y_n$ 都收敛.

证　因级数 $\sum\limits_{n=1}^{\infty} z_n$ 的部分和 $s_n = z_1 + z_2 + z_3 + \cdots + z_n$

$$= (x_1 + x_2 + x_3 + \cdots + x_n) + \mathrm{i}(y_1 + y_2 + y_3 + \cdots + y_n)$$
$$= \sigma_n + \mathrm{i}\,\tau_n,$$

这里 $\sigma_n = \sum\limits_{k=1}^{n} x_k$，$\tau_n = \sum\limits_{k=1}^{n} y_k$ 分别为级数 $\sum\limits_{n=1}^{\infty} x_n$ 和 $\sum\limits_{n=1}^{\infty} y_n$ 的部分和. 由定理 3-1 知，级数 $\sum\limits_{n=1}^{\infty} z_n$ 收敛，即部分和数列 $\{s_n\}$ 收敛的充要条件是 $\{\sigma_n\}$ 与 $\{\tau_n\}$ 都收敛，因此级数 $\sum\limits_{n=1}^{\infty} x_n$ 和 $\sum\limits_{n=1}^{\infty} y_n$ 都收敛.

该定理表明复数项级数敛散性的判定问题可以转化为实数项级数敛散性的判定问题. 例如，级数 $\sum\limits_{n=1}^{\infty}\left[(-1)^n \dfrac{1}{n} + \dfrac{1}{n^2}\mathrm{i}\right]$ 收敛；级数 $\sum\limits_{n=1}^{\infty}\left[\dfrac{1}{n} + \dfrac{1}{n^2}\mathrm{i}\right]$ 发散.

由实数项级数收敛的必要条件，可以得到复数项级数收敛的必要条件.

定理 3-3　如果复数项级数 $\sum\limits_{n=1}^{\infty} z_n$ 收敛，那么 $\lim\limits_{n\to\infty} z_n = 0$.

定义 3-3　设复数项级数 $\sum\limits_{n=1}^{\infty} z_n$，若正项级数 $\sum\limits_{n=1}^{\infty} |z_n|$ 收敛，则称级数 $\sum\limits_{n=1}^{\infty} z_n$ 为绝对收敛；若级数 $\sum\limits_{n=1}^{\infty} z_n$ 收敛，而正项级数 $\sum\limits_{n=1}^{\infty} |z_n|$ 发散，则称级数 $\sum\limits_{n=1}^{\infty} z_n$ 为条件收敛.

定理 3-4　如果级数 $\sum\limits_{n=1}^{\infty} z_n$ 绝对收敛，那么该级数必收敛.

证　设 $z_n = x_n + \mathrm{i}\, y_n$，则有

$$|z_n| = \sqrt{x_n^2 + y_n^2}，\text{ 且 } |x_n| \leqslant |z_n|，\ |y_n| \leqslant |z_n|,$$

因为级数 $\sum\limits_{n=1}^{\infty}|z_n|$ 收敛，根据实数项级数的比较审敛法可知，级数 $\sum\limits_{n=1}^{\infty}x_n$ 和 $\sum\limits_{n=1}^{\infty}y_n$ 都收敛，且为绝对收敛. 再由级数收敛的充要条件可知，级数 $\sum\limits_{n=1}^{\infty}z_n$ 收敛.

注意 定理 3-4 的逆命题不成立. 例如，交错级数 $\sum\limits_{n=1}^{\infty}(-1)^{n-1}\dfrac{\mathrm{i}}{n}$ 收敛，但正项级数

$\sum\limits_{n=1}^{\infty}\left|(-1)^{n-1}\dfrac{\mathrm{i}}{n}\right|=\sum\limits_{n=1}^{\infty}\dfrac{1}{n}$ 发散.

由于 $|z_n|=\sqrt{x_n^2+y_n^2}\leqslant|x_n|+|y_n|$，所以当级数 $\sum\limits_{n=1}^{\infty}x_n$ 和 $\sum\limits_{n=1}^{\infty}y_n$ 都是绝对收敛时，级数 $\sum\limits_{n=1}^{\infty}z_n$ 也绝对收敛. 结合定理的证明过程，可得如下结论.

级数 $\sum\limits_{n=1}^{\infty}z_n$ 绝对收敛的充要条件是级数 $\sum\limits_{n=1}^{\infty}x_n$ 和 $\sum\limits_{n=1}^{\infty}y_n$ 都绝对收敛.

例 3-3 判定下列级数是否收敛，若收敛，是绝对收敛还是条件收敛？

(1) $\sum\limits_{n=1}^{\infty}\left[\dfrac{1}{\sqrt{n}}-\dfrac{\mathrm{i}}{n^2}\right]$；

(2) $\sum\limits_{n=1}^{\infty}\dfrac{\mathrm{i}^n}{n}$；

(3) $\sum\limits_{n=1}^{\infty}\left[\dfrac{(-1)^n}{n}+\mathrm{i}\dfrac{n}{3^n}\right]$；

(4) $\sum\limits_{n=1}^{\infty}\dfrac{(4+3\mathrm{i})^n}{8^n}$.

解 (1) 因为 $\sum\limits_{n=1}^{\infty}\dfrac{1}{\sqrt{n}}$ 发散，所以原级数发散.

(2) 因为级数 $\sum\limits_{n=1}^{\infty}\dfrac{\mathrm{i}^n}{n}=-\left(\dfrac{1}{2}-\dfrac{1}{4}+\dfrac{1}{6}-\cdots\right)+\mathrm{i}\left(1-\dfrac{1}{3}+\dfrac{1}{5}-\cdots\right)$ 的实部和虚部都是收敛的交错级数，所以级数 $\sum\limits_{n=1}^{\infty}\dfrac{\mathrm{i}^n}{n}$ 收敛. 而级数 $\sum\limits_{n=1}^{\infty}\left|\dfrac{\mathrm{i}^n}{n}\right|=\sum\limits_{n=1}^{\infty}\dfrac{1}{n}$ 发散，故原级数为条件收敛.

(3) 因为 $\sum\limits_{n=1}^{\infty}\dfrac{(-1)^n}{n}$ 是收敛的交错级数. 由正项级数的比值审敛法可知，级数 $\sum\limits_{n=1}^{\infty}\dfrac{n}{3^n}$ 收敛. 所以 $\sum\limits_{n=1}^{\infty}\left[\dfrac{(-1)^n}{n}+\mathrm{i}\dfrac{n}{3^n}\right]$ 收敛. 而 $\sum\limits_{n=1}^{\infty}\dfrac{(-1)^n}{n}$ 为条件收敛，故原级数为条件收敛.

(4) 因为级数 $\sum\limits_{n=1}^{\infty}\left|\dfrac{(4+3\mathrm{i})^n}{8^n}\right|=\sum\limits_{n=1}^{\infty}\left(\dfrac{5}{8}\right)^n$ 是收敛的等比级数，所以原级数收敛，且为绝对收敛.

3.1.3 复变函数项级数的基本概念

定义 3-4 设 $\{f_n(z)\}$ $(n=1,2,3,\cdots)$ 是复变函数列，其中各项函数均定义在区域 D 内，则

(1) 称表达式 $\sum\limits_{n=1}^{\infty}f_n(z)=f_1(z)+f_2(z)+f_3(z)+\cdots+f_n(z)+\cdots$ 为区域 D 内的**复变函数项无穷级数**，简称**级数**；

(2) 称级数 $\sum\limits_{n=1}^{\infty}f_n(z)$ 的前 n 项和 $s_n(z)=f_1(z)+f_2(z)+f_3(z)+\cdots+f_n(z)$ 为**级数的部分和**；

(3) $\forall z_0 \in D$，若复数项级数 $\sum\limits_{n=1}^{\infty} f_n(z_0)$ 收敛，则称 z_0 为级数 $\sum\limits_{n=1}^{\infty} f_n(z)$ 的**收敛点**；若复数项级数 $\sum\limits_{n=1}^{\infty} f_n(z_0)$ 发散，则称 z_0 为级数 $\sum\limits_{n=1}^{\infty} f_n(z)$ 的**发散点**；

(4) 称级数 $\sum\limits_{n=1}^{\infty} f_n(z)$ 的全体收敛点所构成的集合为级数 $\sum\limits_{n=1}^{\infty} f_n(z)$ 的**收敛域**. 对收敛域内的任意一点 z，有 $\sum\limits_{n=1}^{\infty} f_n(z) = s(z)$，即 $\lim\limits_{n\to\infty} s_n(z) = s(z)$，称 $s(z)$ 为级数 $\sum\limits_{n=1}^{\infty} f_n(z)$ 的**和函数**.

(5) 称全体发散点所构成的集合为级数 $\sum\limits_{n=1}^{\infty} f_n(z)$ 的**发散域**.

例 3-4　求级数 $\sum\limits_{n=0}^{\infty} z^n = 1 + z + z^2 + \cdots + z^n + \cdots$ 的收敛范围与和函数.

解　当 $z \neq 1$ 时，级数 $\sum\limits_{n=0}^{\infty} z^n$ 的部分和为

$$s_n(z) = 1 + z + z^2 + \cdots + z^{n-1} = \frac{1-z^n}{1-z} \ (z \neq 1).$$

当 $|z| < 1$ 时，$\lim\limits_{n\to\infty} z^n = 0$，所以 $\lim\limits_{n\to\infty} s_n(z) = \frac{1}{1-z}$，即当 $|z| < 1$ 时，级数 $\sum\limits_{n=0}^{\infty} z^n$ 收敛，其和函数为 $s(z) = \frac{1}{1-z}$.

当 $|z| > 1$ 时，$\lim\limits_{n\to\infty} z^n = \infty$，所以级数 $\sum\limits_{n=0}^{\infty} z^n$ 发散.

当 $z = 1$ 时，由于 $\lim\limits_{n\to\infty} z^n = 1 \neq 0$，所以级数 $\sum\limits_{n=0}^{\infty} z^n$ 发散.

当 $|z| = 1$，且 $z \neq 1$ 时，$\lim\limits_{n\to\infty} z^n$ 不存在，所以级数 $\sum\limits_{n=0}^{\infty} z^n$ 发散.

故级数 $\sum\limits_{n=0}^{\infty} z^n$ 的收敛范围为 $|z| < 1$，其和函数为 $s(z) = \frac{1}{1-z}$，即

$$\frac{1}{1-z} = 1 + z + z^2 + \cdots + z^n + \cdots, \quad |z| < 1.$$

3.1.4　幂级数及其收敛性

在函数项级数 $\sum\limits_{n=1}^{\infty} f_n(z)$ 中，取 $f_n(z) = c_{n-1}(z-z_0)^{n-1}$，便得到各项都是幂函数所构成的级数

幂级数.mp4

$$\sum_{n=0}^{\infty} c_n(z-z_0)^n = c_0 + c_1(z-z_0) + c_2(z-z_0)^2 + \cdots + c_n(z-z_0)^n + \cdots, \tag{3-1}$$

称其为**幂级数**. 其中 z_0，$c_n \ (n = 0,1,2,\cdots)$ 均为复常数，c_n 为幂级数的系数.

特别地，当 $z_0 = 0$ 时，得到幂级数

$$\sum_{n=0}^{\infty} c_n z^n = c_0 + c_1 z + c_2 z^2 + \cdots + c_n z^n + \cdots. \tag{3-2}$$

如果令 $z - z_0 = \zeta$，则式(3-1)可化为式(3-2)的形式. 为了方便研究问题，今后对式(3-2)

进行讨论.

幂级数 $\sum\limits_{n=0}^{\infty} c_n z^n$ 显然在 $z=0$ 处收敛. 除 $z=0$ 外，其他点的收敛性如何呢？我们知道，

幂级数 $\sum\limits_{n=0}^{\infty} z^n = 1 + z + z^2 + \cdots + z^n + \cdots$ 的收敛范围是圆域 $|z| < 1$. 事实上，该结论具有一般

性. 我们有如下的阿贝尔(Abel)定理.

定理 3-5 若幂级数 $\sum\limits_{n=0}^{\infty} c_n z^n$ 在 $z = z_0 (z_0 \neq 0)$ 处收敛，则对满足 $|z| < |z_0|$ 的 z，级数一定

绝对收敛；若幂级数 $\sum\limits_{n=0}^{\infty} c_n z^n$ 在 $z = z_1$ 处发散，则对满足 $|z| > |z_1|$ 的 z，级数一定发散.

证 如果级数 $\sum\limits_{n=0}^{\infty} c_n z^n$ 在 $z = z_0 (z_0 \neq 0)$ 处收敛，即级数 $\sum\limits_{n=0}^{\infty} c_n z_0^n$ 收敛，则 $\lim\limits_{n\to\infty} c_n z_0^n = 0$. 于

是复数列 $\{c_n z_0^n\}$ 有界，即存在正数 M，对于所有的 n，都有 $|c_n z_0^n| \leqslant M$. 当 $|z| < |z_0|$ 时，

有 $\dfrac{|z|}{|z_0|} = q < 1$，所以 $|c_n z^n| = |c_n z_0^n| \cdot \dfrac{|z|^n}{|z_0|^n} \leqslant M q^n$. 而 $\sum\limits_{}^{\infty} M q^n$ 是收敛的等比级数，根据正项

级数的比较审敛法，得级数 $\sum\limits_{n=0}^{\infty} |c_n z^n|$ 收敛，故级数 $\sum\limits_{n=0}^{\infty} c_n z^n$ 绝对收敛.

如果级数 $\sum\limits_{n=0}^{\infty} c_n z^n$ 在 $z = z_1$ 处发散，可用反证法证明结论成立. 假设在 $|z| > |z_1|$ 内存在一

点 $z_2 (|z_2| > |z_1|)$，$\sum\limits_{n=0}^{\infty} c_n z^n$ 在 z_2 处收敛，则由上面的结论，可知该级数在 z_1 处也收敛，从而

与幂级数在 $z = z_1$ 处发散矛盾，故当 $|z| > |z_1|$ 时，级数 $\sum\limits_{n=0}^{\infty} c_n z^n$ 发散.

阿贝尔定理将幂级数的敛散性问题归结为幂级数在一个点的敛散性问题. 如果级数

$\sum\limits_{n=0}^{\infty} c_n z^n$ 在 $z = z_0 (z_0 \neq 0)$ 处收敛，则幂级数在圆域 $|z| = |z_0|$ 内的任意点 z 处都收敛，且为绝

对收敛；若级数 $\sum\limits_{n=0}^{\infty} c_n z^n$ 在 $z = z_1$ 处发散，则幂级数在圆域 $|z| > |z_0|$ 外的任意点 z 处都发散.

复变量幂级数的阿贝尔定理与实变量幂级数的阿贝尔定理的主要区别在于幂级数的收

敛范围不同. 实变量幂级数 $\sum\limits_{n=0}^{\infty} c_n x^n$ 的收敛范围是 x 轴上关于原点对称的区间，而复变量幂

级数 $\sum\limits_{n=0}^{\infty} c_n z^n$ 的收敛范围是复平面内以原点为中心的圆域.

因此，幂级数 $\sum\limits_{n=0}^{\infty} c_n z^n$ 的敛散性有以下三种情形.

(1) 对所有的正实数 $z = x \, (x > 0)$ 都是发散的，即幂级数在复平面内仅在 $z = x = 0$ 处收

敛，而在复平面内除原点外处处发散.

(2) 对所有的正实数 $z = x \, (x > 0)$ 都是收敛的，即幂级数在复平面内处处绝对收敛.

(3) 既存在使幂级数收敛的正实数 $z = R_1 \, (R_1 > 0)$，也存在使幂级数发散的正实数

$z = R_2 \, (R_2 > 0)$.

由阿贝尔定理，可知幂级数在圆周 $C_{R_1} : |z| = R_1$ 内绝对收敛；在圆周 $C_{R_2} : |z| = R_2$ 外发

散. 显然，$R_1 < R_2$. 否则级数在 $z = R_1$ 处发散，这与假设矛盾.

在这种情况下，可以证明，一定存在一个确定的正实数 R（$R_1 \leqslant R \leqslant R_2$），使级数在圆周 $C_R : |z| = R$ 内绝对收敛；在圆周 $C_R : |z| = R$ 外发散，如图 3-1 所示.

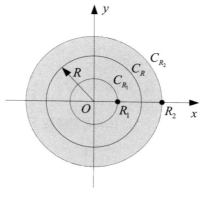

图 3-1

此时，圆周 C_R 称为幂级数的**收敛圆**，收敛圆的半径 R 称为幂级数的**收敛半径**. 幂级数的收敛域是收敛圆内的点和收敛圆上的收敛点. 幂级数在收敛圆上的敛散性是复杂的，可能在收敛圆上的每一点都收敛，也可能每一点都发散，不能得出肯定的结论，要具体问题具体分析. 一个幂级数在其收敛圆上的敛散性有下列三种情形：

(1) 幂级数在收敛圆上处处发散. 例如 $\sum\limits_{n=0}^{\infty} z^n$ 在收敛圆 $|z| = 1$ 上无收敛点；

(2) 幂级数在收敛圆上处处收敛. 例如 $\sum\limits_{n=1}^{\infty} \dfrac{z^n}{n^2}$ 在收敛圆 $|z| = 1$ 上处处收敛；

(3) 幂级数在收敛圆上既有收敛点，又有发散点. 例如级数 $\sum\limits_{n=1}^{\infty} \dfrac{z^n}{n}$，在收敛圆 $|z| = 1$ 上，当 $z = -1$ 时，$\sum\limits_{n=1}^{\infty} \dfrac{(-1)^n}{n}$ 收敛；当 $z = 1$ 时，$\sum\limits_{n=1}^{\infty} \dfrac{1}{n}$ 发散.

为了方便起见，规定幂级数 $\sum\limits_{n=0}^{\infty} c_n z^n$ 仅在复平面内 $z = 0$ 处收敛时，收敛半径 $R = 0$；在复平面内处处收敛时，收敛半径 $R = +\infty$.

根据前面的讨论可知，要求幂级数的收敛圆关键要先确定其收敛半径. 幂级数的收敛半径求法与实变量幂级数的收敛半径求法类似，有两个常用方法：比值法和根值法.

定理 3-6　**(比值法)**　设幂级数 $\sum\limits_{n=0}^{\infty} c_n z^n$，其中 $c_n \neq 0$ $(n = 0, 1, 2, \cdots)$，如果

$$\lim_{n \to \infty} \left| \frac{c_{n+1}}{c_n} \right| = \rho,$$

则幂级数的**收敛半径**为 $R = \dfrac{1}{\rho}$（$\rho \neq 0$，$\rho \neq +\infty$）. 特别地，当 $\rho = 0$ 时，$R = +\infty$；当 $\rho = +\infty$ 时，$R = 0$.

　　证　(1) 当 $0 < \rho < +\infty$ 时，由于

$$\lim_{n\to\infty}\left|\frac{c_{n+1}z^{n+1}}{c_n z^n}\right|=\lim_{n\to\infty}\left|\frac{c_{n+1}}{c_n}\right||z|=\rho|z|,$$

由正项级数的比值审敛法，当 $\rho|z|<1$ 时，级数 $\sum\limits_{n=0}^{\infty}|c_n z^n|$ 收敛. 即当 $|z|<\dfrac{1}{\rho}$ 时，幂级数

$\sum\limits_{n=0}^{\infty}c_n z^n$ 在圆 $|z|=\dfrac{1}{\rho}$ 内收敛.

再证当 $|z|>\dfrac{1}{\rho}$ 时，级数 $\sum\limits_{n=0}^{\infty}c_n z^n$ 发散. 假设在 $|z|>\dfrac{1}{\rho}$ 内有一点 z_1，使级数 $\sum\limits_{n=0}^{\infty}|c_n z_1^n|$ 收

敛. 在 $|z|>\dfrac{1}{\rho}$ 内再取一点 z_2，使 $|z_2|<|z_1|$，从而级数 $\sum\limits_{n=0}^{\infty}|c_n z_2^n|$ 收敛. 由 $|z_2|>\dfrac{1}{\rho}$，有

$$\lim_{n\to\infty}\left|\frac{c_{n+1}z_2^{n+1}}{c_n z_2^n}\right|=\lim_{n\to\infty}\left|\frac{c_{n+1}}{c_n}\right||z_2|=\rho|z_2|>1,$$

由正项级数的比值审敛法，可知级数 $\sum\limits_{n=0}^{\infty}|c_n z_2^n|$ 发散，这与它收敛相矛盾. 因而当 $|z_2|>\dfrac{1}{\rho}$

时，级数 $\sum\limits_{n=0}^{\infty}c_n z^n$ 发散. 故幂级数 $\sum\limits_{n=0}^{\infty}c_n z^n$ 的收敛半径 $R=\dfrac{1}{\rho}$.

(2) 当 $\rho=0$ 时，由于对任意的复数 z，都有

$$\lim_{n\to\infty}\left|\frac{c_{n+1}z^{n+1}}{c_n z^n}\right|=\lim_{n\to\infty}\left|\frac{c_{n+1}}{c_n}\right||z|=\rho|z|=0,$$

由正项级数的比值审敛法，可知级数 $\sum\limits_{n=0}^{\infty}|c_n z^n|$ 收敛，从而级数 $\sum\limits_{n=0}^{\infty}c_n z^n$ 在复平面内处处收

敛，故收敛半径 $R=+\infty$.

(3) 当 $\rho=+\infty$ 时，对于任何复数 $z\neq0$，由于

$$\lim_{n\to\infty}\left|\frac{c_{n+1}z^{n+1}}{c_n z^n}\right|=\lim_{n\to\infty}\left|\frac{c_{n+1}}{c_n}\right||z|=\rho|z|=+\infty,$$

所以有 $\lim\limits_{n\to\infty}c_n z^n\neq0$. 从而级数 $\sum\limits_{n=0}^{\infty}c_n z^n$ 发散，故收敛半径 $R=0$.

定理 3-7 **(根值法)** 设幂级数 $\sum\limits_{n=0}^{\infty}c_n z^n$，其中 $c_n\neq0(n=0,1,2,\cdots)$，如果

$$\lim_{n\to\infty}\sqrt[n]{|c_n|}=\rho,$$

则幂级数的收敛半径 $R=\dfrac{1}{\rho}$ ($\rho\neq0$，$\rho\neq+\infty$). 特别地，当 $\rho=0$ 时，$R=+\infty$；当 $\rho=+\infty$

时，$R=0$.

例 3-5 设幂级数 $\sum\limits_{n=0}^{\infty}c_n(z+\mathrm{i})^n$ 在 $z=\mathrm{i}$ 处发散，那么该级数在 $z=2$ 处是收敛还是发散？

解 设 $\zeta=z+\mathrm{i}$，原级数变为 $\sum\limits_{n=0}^{\infty}c_n\zeta^n$.

当 $z=\mathrm{i}$ 时，$\zeta=2\mathrm{i}$，即级数 $\sum\limits_{n=0}^{\infty}c_n\zeta^n$ 在 $\zeta=2\mathrm{i}$ 处发散，由阿贝尔定理，$\sum\limits_{n=0}^{\infty}c_n\zeta^n$ 在圆周

$|\zeta|=2$ 外发散.

当 $z=2$ 时，$\zeta=2+\mathrm{i}$，而 $|2+\mathrm{i}|=\sqrt{5}>2$，即 $\zeta=2+\mathrm{i}$ 在圆周 $|\zeta|=2$ 外，故原级数在 $z=2$ 处发散.

例 3-6　求下列幂级数的收敛半径及收敛圆.

(1) $\displaystyle\sum_{n=1}^{\infty}\frac{5^n}{n^2}z^n$；

(2) $\displaystyle\sum_{n=0}^{\infty}n!(z+\mathrm{i})^n$；

(3) $\displaystyle\sum_{n=1}^{\infty}\left(\frac{\mathrm{i}z}{n}\right)^n$；

(4) $\displaystyle\sum_{n=0}^{\infty}(2+\mathrm{i})^n(z-1)^n$.

解　(1) 因为 $c_n=\dfrac{5^n}{n^2}$，所以 $\displaystyle\lim_{n\to\infty}\left|\frac{c_{n+1}}{c_n}\right|=\lim_{n\to\infty}\left|\frac{5^{n+1}}{(n+1)^2}\cdot\frac{n^2}{5^n}\right|=5$，所以收敛半径 $R=\dfrac{1}{5}$，其收敛圆为 $|z|=\dfrac{1}{5}$.

(2) 设 $\zeta=z+\mathrm{i}$，则原级数可化为 $\displaystyle\sum_{n=0}^{\infty}n!\,\zeta^n$. 而 $\displaystyle\lim_{n\to\infty}\left|\frac{c_{n+1}}{c_n}\right|=\lim_{n\to\infty}\left|\frac{(n+1)!}{n!}\right|=+\infty$，所以收敛半径 $R=0$，即 $\displaystyle\sum_{n=0}^{\infty}n!\,\zeta^n$ 仅在 $\zeta=0$ 处收敛. 故原级数的收敛半径为 $R=0$，仅在 $z=-\mathrm{i}$ 处收敛.

(3) 因为 $c_n=\left(\dfrac{\mathrm{i}}{n}\right)^n$，所以 $\displaystyle\lim_{n\to\infty}\sqrt[n]{|c_n|}=\lim_{n\to\infty}\sqrt[n]{\left|\left(\frac{\mathrm{i}}{n}\right)^n\right|}=\lim_{n\to\infty}\frac{|\mathrm{i}|}{n}=0$，所以收敛半径 $R=+\infty$，该级数在复平面上处处收敛.

(4) 令 $\zeta=z-1$，则原级数可化为 $\displaystyle\sum_{n=0}^{\infty}(2+\mathrm{i})^n\zeta^n$. 而 $\displaystyle\lim_{n\to\infty}\sqrt[n]{|c_n|}=\lim_{n\to\infty}\sqrt[n]{|(2+\mathrm{i})^n|}=\sqrt{5}$，所以收敛半径 $R=\dfrac{1}{\sqrt{5}}=\dfrac{\sqrt{5}}{5}$，其收敛圆为 $|z-1|=\dfrac{\sqrt{5}}{5}$.

3.1.5　幂级数的运算性质

同实变幂级数一样，复变幂级数也能进行代数运算和复合运算，且有分析运算性质.

1. 幂级数的代数运算性质

幂级数的运算和性质.mp4

设当 $|z|<R_1$ 时，幂级数 $f(z)=\displaystyle\sum_{n=0}^{\infty}a_nz^n$；当 $|z|<R_2$ 时，幂级数 $g(z)=\displaystyle\sum_{n=0}^{\infty}b_nz^n$. 令 $R=\min\{R_1,R_2\}$，则当 $|z|<R$ 时，下列式子成立：

$$f(z)\pm g(z)=\sum_{n=0}^{\infty}a_nz^n\pm\sum_{n=0}^{\infty}b_nz^n=\sum_{n=0}^{\infty}(a_n\pm b_n)z^n,$$

$$\left(\sum_{n=0}^{\infty}a_nz^n\right)\cdot\left(\sum_{n=0}^{\infty}b_nz^n\right)=\sum_{n=0}^{\infty}(a_0b_n+a_1b_{n-1}+\cdots+a_nb_0)z^n.$$

即在收敛半径较小的圆内，两个幂级数可以像多项式一样作加减法和乘法.

2. 复合(代换)运算性质

设当 $|z|<r$ 时，$f(z)=\displaystyle\sum_{n=0}^{\infty}a_nz^n$. 当 $|z|<R$ 时，$g(z)$ 解析，且满足 $|g(z)|<r$，则当

$|z| < R$ 时， $f[g(z)] = \sum\limits_{n=0}^{\infty} a_n [g(z)]^n$.

复合运算在函数展开成幂级数时有着广泛的应用.

例 3-7 把函数 $\dfrac{1}{z-b}$ 写成形如 $\sum\limits_{n=0}^{\infty} c_n (z-a)^n$ 的幂级数，其中 a 与 b 是两个不相等的复常数.

解 因为

$$\frac{1}{z-b} = \frac{1}{(z-a)-(b-a)} = -\frac{1}{b-a} \cdot \frac{1}{1-\dfrac{z-a}{b-a}},$$

当 $|z| < 1$ 时，有

$$\frac{1}{1-z} = 1 + z + z^2 + \cdots + z^n + \cdots,$$

所以当 $\left| \dfrac{z-a}{b-a} \right| < 1$ 时，有

$$\frac{1}{1-\dfrac{z-a}{b-a}} = 1 + \frac{z-a}{b-a} + \left(\frac{z-a}{b-a} \right)^2 + \cdots + \left(\frac{z-a}{b-a} \right)^n + \cdots$$

故当 $|z-a| < |b-a|$ 时，可得

$$\frac{1}{z-b} = -\frac{1}{b-a} - \frac{1}{(b-a)^2}(z-a) - \cdots - \frac{1}{(b-a)^{n+1}}(z-a)^n + \cdots.$$

当 $z = b$ 时，上式右端的级数发散，由阿贝尔定理可知，当 $|z-a| > |b-a|$ 时，级数发散. 故上式右端级数的收敛半径 $R = |b-a|$.

注意 通过本题过程可知，可先把函数作恒等变形，使其分母中出现 $z-a$ ；然后把函数写成 $\dfrac{1}{1-g(z)}$ 的形式，其中 $g(z) = \dfrac{z-a}{b-a}$ ；最后利用 $\dfrac{1}{1-z}$ 的展开式，把展开式中的 z 代换成 $g(z)$.

3. 幂级数的分析运算性质

定理 3-8 设幂级数 $\sum\limits_{n=0}^{\infty} c_n (z-z_0)^n$ 的收敛半径为 R ，其和函数为 $f(z)$ ，则

(1) $f(z) = \sum\limits_{n=0}^{\infty} c_n (z-z_0)^n$ 在收敛圆 $|z-z_0| < R$ 内解析；

(2) $f(z)$ 在收敛圆 $|z-z_0| < R$ 内可导，且有逐项求导公式

$$f'(z) = \sum\limits_{n=1}^{\infty} n c_n (z-z_0)^{n-1} ;$$

(3) $f(z)$ 在收敛圆 $|z-z_0| < R$ 内可积，且有逐项积分公式

$$\int_C f(z) \mathrm{d}z = \sum\limits_{n=0}^{\infty} c_n \int_C (z-z_0)^n \mathrm{d}z \quad \text{或} \quad \int_{z_0}^{z} f(z) \mathrm{d}z = \sum\limits_{n=0}^{\infty} \frac{c_n}{n+1}(z-z_0)^{n+1},$$

其中 C 为收敛圆 $|z-z_0| < R$ 内连接点 z_0 和点 z 的任意一条光滑曲线.

上述定理表明，幂级数在收敛圆内绝对收敛，其和函数在收敛圆内解析，并且可以逐

项求导及逐项积分任意次，所得的每个新的幂级数与原幂级数具有相同的收敛半径.

3.2 泰 勒 级 数

我们知道幂级数的和函数在其收敛圆内是解析函数. 本节我们来研究与此相反的问题：任意一个圆内解析的函数是否都能用幂级数来表示呢? 答案是肯定的.

泰勒级数.mp4

3.2.1 泰勒展开定理

定理 3-9 设函数 $f(z)$ 在区域 D 内解析，z_0 为 D 内的一点，R 为 z_0 到 D 的边界上各点的最短距离，则当 $|z-z_0|<R$ 时，必有

$$f(z) = \sum_{n=0}^{\infty} \frac{f^{(n)}(z_0)}{n!}(z-z_0)^n . \tag{3-3}$$

称式(3-3)为 $f(z)$ 在点 z_0 的泰勒展开式，且展开式唯一. 其右端的级数称为 $f(z)$ 在点 z_0 的泰勒级数.

证 以 z_0 为中心、r（$r<R$）为半径作正向圆周 $C : |\zeta - z_0| = r$. 显然圆周 C 及其内部包含于 D 内. 设 z 为 C 内任意一点(见图 3-2)，由柯西积分公式，有

$$f(z) = \frac{1}{2\pi \mathrm{i}} \oint_C \frac{f(\zeta)}{\zeta - z} \mathrm{d}\zeta . \tag{3-4}$$

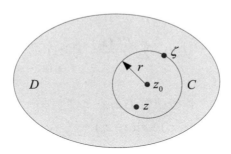

图 3-2

因为 $|\zeta - z_0| = r$，$|z - z_0| < r$，所以 $\left| \dfrac{z - z_0}{\zeta - z_0} \right| < 1$. 从而有

$$\frac{1}{\zeta - z} = \frac{1}{(\zeta - z_0) - (z - z_0)} = \frac{1}{\zeta - z_0} \cdot \frac{1}{1 - \dfrac{z - z_0}{\zeta - z_0}}$$

$$= \frac{1}{\zeta - z_0} \sum_{n=0}^{\infty} \left(\frac{z - z_0}{\zeta - z_0} \right)^n = \sum_{n=0}^{\infty} \frac{1}{(\zeta - z_0)^{n+1}} (z - z_0)^n .$$

将上式代入式(3-4)，并根据幂级数在收敛圆内可逐项积分的性质，把它写成

$$f(z) = \sum_{n=0}^{N-1}\left[\frac{1}{2\pi i}\oint_C \frac{f(\zeta)}{(\zeta-z_0)^{n+1}}\,d\zeta\right](z-z_0)^n + \frac{1}{2\pi i}\oint_C\left[\sum_{n=N}^{\infty}\frac{f(\zeta)}{(\zeta-z_0)^{n+1}}(z-z_0)^n\right]d\zeta.$$

再根据解析函数的高阶导数公式，上式又可写成

$$f(z) = \sum_{n=0}^{N-1}\frac{f^{(n)}(z_0)}{n!}(z-z_0)^n + R_N(z), \tag{3-5}$$

其中

$$R_N(z) = \frac{1}{2\pi i}\oint_C\left[\sum_{n=N}^{\infty}\frac{f(\zeta)}{(\zeta-z_0)^{n+1}}(z-z_0)^n\right]d\zeta. \tag{3-6}$$

接着证明 $\lim\limits_{N\to\infty}R_N(z)=0$ 在 C 内成立. 由于 $f(z)$ 在区域 D 内解析，所以 $f(\zeta)$ 在 C 上连续. 于是 $f(\zeta)$ 在 C 上有界，即存在一个正数 M，使得在 C 上，有 $|f(\zeta)|\leqslant M$. 又由于

$$\left|\frac{z-z_0}{\zeta-z_0}\right| = \frac{|z-z_0|}{r} = q < 1,$$

所以由式(3-6)，有

$$|R_N(z)| \leqslant \frac{1}{2\pi}\oint_C\left|\sum_{n=N}^{\infty}\frac{f(\zeta)}{(\zeta-z_0)^{n+1}}(z-z_0)^n\right|ds$$

$$\leqslant \frac{1}{2\pi}\oint_C\left[\sum_{n=N}^{\infty}\frac{|f(\zeta)|}{|\zeta-z_0|}\left|\frac{z-z_0}{\zeta-z_0}\right|^n\right]ds$$

$$\leqslant \frac{1}{2\pi}\cdot\sum_{n=N}^{\infty}\frac{M}{r}q^n\cdot 2\pi r = \frac{Mq^N}{1-q}.$$

因为 $\lim\limits_{N\to\infty}q^N = 0$，所以 $\lim\limits_{N\to\infty}R_N(z)=0$ 在 C 内成立. 因此由式(3-5)，有

$$f(z) = \sum_{n=0}^{\infty}\frac{f^{(n)}(z_0)}{n!}(z-z_0)^n$$

在 $|z-z_0|<R$ 内成立.

再证展开式(3-3)是唯一的. 假设函数 $f(z)$ 在 z_0 处有另一展开式

$$f(z) = a_0 + a_1(z-z_0) + a_2(z-z_0)^2 + \cdots + a_n(z-z_0)^n + \cdots,$$

由幂级数和函数的分析性质，可得

$$f'(z) = a_1 + 2a_2(z-z_0) + 3a_3(z-z_0)^2\cdots + na_n(z-z_0)^{n-1} + \cdots,$$

令 $z=z_0$，得 $f'(z_0)=a_1$，同理，得 $a_n = \dfrac{f^{(n)}(z_0)}{n!}$（$n=0,1,2,\cdots$），故展开式(3-3)是唯一的.

从泰勒展开定理可以得到以下几点.

(1) 如果函数 $f(z)$ 在某区域 D 内解析，则 $f(z)$ 在 D 内任意一点 z_0 处都能展开成泰勒级数，且其收敛半径为 z_0 到 D 的边界上各点的最短距离.

(2) 如果函数 $f(z)$ 在复平面内处处解析，则 $f(z)$ 可在复平面内的任意一点展开成泰勒级数，且其收敛半径为 $+\infty$.

(3) 如果函数 $f(z)$ 在复平面内除若干个奇点外处处解析，则 $f(z)$ 在任意一解析点 z_0 处都可展开成泰勒级数，且其收敛半径等于 z_0 到 $f(z)$ 的距离 z_0 处最近的一个奇点的距离. 这给我们提供了一个求幂级数收敛半径的方法.

例如，由于函数 $\dfrac{1}{1+x^2}$ 对任何实数 x 都是成立的，所以在实数域内很难理解 $\dfrac{1}{1+x^2}$ 的幂级数展开式

$$\frac{1}{1+x^2}=1-x^2+x^4-x^6+\cdots$$

在 $|x|<1$ 内成立．但从复数域来理解就很清楚，这是因为函数 $\dfrac{1}{1+z^2}$ 在复平面内有两个奇点 $z=\pm\mathrm{i}$，所以其收敛半径 $R=|\pm\mathrm{i}-0|=1$，于是它只能在 $|z|<1$ 内展开成 z 的幂级数．虽然我们关心的仅是 z 的实数值，但是在复平面内的这两个奇点却给级数 $1-x^2+x^4-x^6+\cdots$ 在 x 轴上的收敛区间设置了无法逾越的范围．

(4) 由于函数展开成幂级数的形式是唯一的，所以无论以何种方式将解析函数展开成幂级数的结果都是该函数的泰勒展开式．

(5) 如果函数 $f(z)$ 在点 z_0 处解析，则 $f(z)$ 在点 z_0 处的某一邻域内可以展开成幂级数．另外，幂级数的和函数在其收敛圆内是一个解析函数，因此可以得到一个重要结论：**函数在一点解析的充要条件是它在这点的邻域内可以展开成幂级数．**

3.2.2 函数的泰勒展开式

函数在解析点处的泰勒展开式是唯一的，通常采用两种方法：直接展开法和间接展开法．无论用什么方法，首先都要确定其展开中心 z_0，然后找出 $f(z)$ 距离 z_0 处最近的一个奇点，用来确定所得泰勒级数的收敛半径．

1. 直接展开法

(1) 计算函数 $f(z)$ 在解析点 z_0 处的各阶导数 $f^{(n)}(z_0)$ $(n=0,1,2,\cdots)$．

(2) 计算系数 $c_n=\dfrac{f^{(n)}(z_0)}{n!}$ $(n=0,1,2,\cdots)$，代入式(3-3)，便可得到函数 $f(z)$ 在 z_0 处的泰勒展开式．

例 3-8 求函数 $f(z)=\mathrm{e}^z$ 在 $z_0=0$ 处的泰勒展开式．

解 展开中心为 $z_0=0$，因为 $f(z)=\mathrm{e}^z$ 在复平面内处处解析，所以其收敛半径 $R=+\infty$，故它在复平面内可展开成泰勒级数．

由于 $f^{(n)}(z)=\mathrm{e}^z$ $(n=0,1,2,\cdots)$，所以

$$f^{(n)}(z_0)=f^{(n)}(0)=1 \quad (n=0,1,2,\cdots).$$

从而

$$c_n=\frac{f^{(n)}(z_0)}{n!}=\frac{f^{(n)}(0)}{n!}=\frac{1}{n!} \quad (n=0,1,2,\cdots).$$

于是函数 $f(z)=\mathrm{e}^z$ 在 $z_0=0$ 处的泰勒展开式为

$$\mathrm{e}^z=1+z+\frac{z^2}{2!}+\frac{z^3}{3!}+\cdots+\frac{z^n}{n!}+\cdots,\quad |z|<+\infty.$$

类似地，可以得到下列泰勒展开式：

$$\sin z = z - \frac{z^3}{3!} + \frac{z^5}{5!} - \cdots + (-1)^n \frac{z^{2n+1}}{(2n+1)!} + \cdots , \quad |z| < +\infty .$$

$$\cos z = 1 - \frac{z^2}{2!} + \frac{z^4}{4!} - \cdots + (-1)^n \frac{z^{2n}}{(2n)!} + \cdots , \quad |z| < +\infty .$$

例 3-9 将函数 $f(z) = e^{\frac{1}{1-z}}$ 展开成 z 的幂级数.

解 展开中心为 $z_0 = 0$，因为函数 $f(z) = e^{\frac{1}{1-z}}$ 在复平面内只有一个奇点 $z = 1$，所以收敛半径 $R = |1 - 0| = 1$，故它在 $|z| < 1$ 内可以展开成 z 的幂级数.

$f(z) = e^{\frac{1}{1-z}}$ 对 z 求导，可得

$$f'(z) = e^{\frac{1}{1-z}} \frac{1}{(1-z)^2} ,$$

即

$$(1-z)^2 f'(z) - f(z) = 0 .$$

将上式逐次求导，可得

$$(1-z)^2 f''(z) + (2z - 3) f'(z) = 0 ,$$

$$(1-z)^2 f'''(z) + (4z - 5) f''(z) + 2 f'(z) = 0 ,$$

$$\cdots$$

在上述方程中，令 $z = 0$，由 $f(0) = e$，可得

$$f'(0) = e , \quad f''(0) = 3e , \quad f'''(0) = 13e , \quad \cdots ,$$

从而有

$$f(z) = e^{\frac{1}{1-z}} = e \left(1 + z + \frac{3}{2!} z^2 + \frac{13}{3!} z^3 + \cdots \right) , \quad |z| < 1 .$$

2. 间接展开法

用直接展开法将函数展开成幂级数需要求出函数的任意阶导数，这对于比较复杂的函数是很困难的. 为避免直接计算泰勒系数带来的麻烦，可以根据幂级数展开式的唯一性，借助一些已知函数的泰勒展开式，利用幂级数的复合(代换)运算、逐项求导、逐项积分等方法将所给函数展开成幂级数.

前面我们已经求得的幂级数展开式有

$$\frac{1}{1-z} = \sum_{n=0}^{\infty} z^n , \quad |z| < 1 ; \quad e^z = \sum_{n=0}^{\infty} \frac{z^n}{n!} , \quad |z| < +\infty .$$

利用这两个展开式，可以求得许多函数的幂级数展开式. 例如，

$$\frac{1}{1+z} = \sum_{n=0}^{\infty} (-1)^n z^n , \quad |z| < 1 .$$

$$\sin z = \frac{1}{2i} (e^{iz} - e^{-iz}) = \frac{1}{2i} \left[\sum_{n=0}^{\infty} \frac{(iz)^n}{n!} - \sum_{n=0}^{\infty} \frac{(-iz)^n}{n!} \right]$$

$$= z - \frac{z^3}{3!} + \frac{z^5}{5!} - \cdots + (-1)^n \frac{z^{2n+1}}{(2n+1)!} + \cdots \quad |z| < +\infty .$$

$$\cos z = (\sin z)' = \sum_{n=0}^{\infty} \frac{(-1)^n}{(2n)!} z^{2n} , \quad |z| < +\infty .$$

例 3-10　求对数函数 $f(z) = \ln(1+z)$ 在 $z_0 = 0$ 处的泰勒展开式.

解　展开中心为 $z_0 = 0$，由于 $f(z) = \ln(1+z)$ 在从 -1 向左沿负实轴剪开的平面内是解析的，而离 $z_0 = 0$ 处最近的一个奇点是 -1，所以收敛半径 $R = |-1-0| = 1$，从而它在 $|z| < 1$ 内可以展开成 z 的幂级数.

因为

$$[\ln(1+z)]' = \frac{1}{1+z} = \sum_{n=0}^{\infty} (-1)^n z^n ,$$

将上式从 0 到 z 积分，可得

$$\int_0^z \frac{1}{1+z} \mathrm{d}z = \sum_{n=0}^{\infty} \int_0^z (-1)^n z^n \mathrm{d}z ,$$

即 $\ln(1+z)$ 在 $z_0 = 0$ 处的泰勒展开式为

$$\ln(1+z) = z - \frac{z^2}{2} + \frac{z^3}{3} - \cdots + (-1)^{n-1} \frac{z^n}{n} + \cdots , \quad |z| < 1 .$$

例 3-11　求函数 $f(z) = \dfrac{1}{1-z}$ 在 $z = 2\mathrm{i}$ 处的泰勒展开式.

解　展开中心为 $z = 2\mathrm{i}$，由于函数 $f(z) = \dfrac{1}{1-z}$ 在复平面内只有一个奇点 $z = 1$，所以收敛半径 $R = |1 - 2\mathrm{i}| = \sqrt{5}$，故它在 $|z - 2\mathrm{i}| < \sqrt{5}$ 内可以展开成 $z = 2\mathrm{i}$ 的泰勒级数.

$$\frac{1}{1-z} = \frac{1}{1 - 2\mathrm{i} - (z - 2\mathrm{i})} = \frac{1}{1 - 2\mathrm{i}} \cdot \frac{1}{1 - \dfrac{z - 2\mathrm{i}}{1 - 2\mathrm{i}}}$$

$$= \frac{1}{1 - 2\mathrm{i}} \cdot \left[1 + \frac{z - 2\mathrm{i}}{1 - 2\mathrm{i}} + \left(\frac{z - 2\mathrm{i}}{1 - 2\mathrm{i}} \right)^2 + \cdots + \left(\frac{z - 2\mathrm{i}}{1 - 2\mathrm{i}} \right)^n + \cdots \right]$$

$$= \sum_{n=0}^{\infty} \frac{1}{(1 - 2\mathrm{i})^{n+1}} (z - 2\mathrm{i})^n , \quad |z - 2\mathrm{i}| < \sqrt{5} .$$

3.3　洛 朗 级 数

3.2 节的泰勒展开定理告诉我们，函数 $f(z)$ 在点 z_0 处解析，则 $f(z)$ 总可以在点 z_0 的某一圆域 $|z - z_0| < R$ 内用 $(z - z_0)$ 的幂级数表示. 然而在实际问题中，我们还会遇到函数 $f(z)$ 在点 z_0 处不解析，但在以点 z_0 为中心的某个圆环域 $R_1 < |z - z_0| < R_2$ 内解析的情形. 对于这种情形，显然 $f(z)$ 不能仅用 $(z - z_0)$ 的幂级数，即只含有 $(z - z_0)$ 的正幂项的级数表示. 因此，本节将讨论在圆环域内解析的函数的级数表示法，即洛朗级数. 它是下一章研究解析函数在孤立奇点邻域内性质的重要工具，也为定义和计算留数奠定了必要的理论基础.

洛朗级数.mp4

3.3.1 双边幂级数

函数 $f(z) = \dfrac{1}{z(1-z)}$ 在 $z = 0$，$z = 1$ 处都不解析，但在圆环域 $0 < |z| < 1$ 内处处解析.

由于 $f(z) = \dfrac{1}{z(1-z)} = \dfrac{1}{z} + \dfrac{1}{1-z}$，当 $0 < |z| < 1$ 时，有

$$f(z) = \frac{1}{z(1-z)} = \frac{1}{z} + \frac{1}{1-z} = \frac{1}{z} + 1 + z + z^2 + \cdots + z^n + \cdots,$$

可以看出，在圆环域 $0 < |z| < 1$ 内可以将函数展开成级数，只是除了 z 的正幂项外还出现了 z 的负幂项.

定义 3-5 形如

$$\sum_{n=-\infty}^{\infty} c_n (z - z_0)^n = \cdots + c_{-n}(z - z_0)^{-n} + \cdots + c_{-1}(z - z_0)^{-1}$$
$$+ c_0 + c_1(z - z_0) + \cdots + c_n(z - z_0)^n + \cdots \tag{3-7}$$

的级数称为**双边幂级数**，其中 z_0 及 c_n $(n = 0, \pm 1, \pm 2, \cdots)$ 都是复常数，c_n 为系数.

把双边幂级数 $\displaystyle\sum_{n=-\infty}^{\infty} c_n(z - z_0)^n$ 分成两部分，即正幂项(包括常数项)部分 $\displaystyle\sum_{n=0}^{\infty} c_n(z - z_0)^n$ 和负幂项部分 $\displaystyle\sum_{n=1}^{\infty} c_{-n}(z - z_0)^{-n}$.

定义 3-6 如果正幂项部分 $\displaystyle\sum_{n=0}^{\infty} c_n(z - z_0)^n$ 与负幂项部分 $\displaystyle\sum_{n=1}^{\infty} c_{-n}(z - z_0)^{-n}$ 同时在点 z 处收敛，则称点 z 是双边幂级数 $\displaystyle\sum_{n=-\infty}^{\infty} c_n(z - z_0)^n$ 的**收敛点**. 否则，称点 z 是双边幂级数 $\displaystyle\sum_{n=-\infty}^{\infty} c_n(z - z_0)^n$ 的**发散点**.

正幂项部分 $\displaystyle\sum_{n=0}^{\infty} c_n(z - z_0)^n$ 显然是一个通常的幂级数，它的收敛范围是一个圆域. 设它的收敛半径为 R_2，则当 $|z - z_0| < R_2$ 时，级数收敛；当 $|z - z_0| > R_2$ 时，级数发散.

负幂项部分 $\displaystyle\sum_{n=1}^{\infty} c_{-n}(z - z_0)^{-n}$ 是一个新型的级数，所以我们不能像幂级数一样定义它的敛散性. 设 $\zeta = (z - z_0)^{-1}$，则 $\displaystyle\sum_{n=1}^{\infty} c_{-n}(z - z_0)^{-n}$ 可化为通常的幂级数 $\displaystyle\sum_{n=1}^{\infty} c_{-n}\zeta^n$，设它的收敛半径为 R，则当 $|\zeta| < R$ 时，级数收敛；当 $|\zeta| > R$ 时，级数发散. 因此，又设 $R_1 = \dfrac{1}{R}$，则当 $|(z - z_0)^{-1}| < R$，即 $|z - z_0| > R_1$ 时，级数收敛；当 $|(z - z_0)^{-1}| > R$，即 $|z - z_0| < R_1$ 时，级数发散.

当 $R_1 > R_2$ 时，正幂项部分 $\displaystyle\sum_{n=0}^{\infty} c_n(z - z_0)^n$ 与负幂项部分 $\displaystyle\sum_{n=1}^{\infty} c_{-n}(z - z_0)^{-n}$ 没有公共的收敛范围，所以双边幂级数 $\displaystyle\sum_{n=-\infty}^{\infty} c_n(z - z_0)^n$ 发散.

当 $R_1 < R_2$ 时，正幂项部分 $\displaystyle\sum_{n=0}^{\infty} c_n(z - z_0)^n$ 与负幂项部分 $\displaystyle\sum_{n=1}^{\infty} c_{-n}(z - z_0)^{-n}$ 有公共的收敛范

围，即圆环域 $R_1 < |z - z_0| < R_2$，所以双边幂级数 $\sum_{n=-\infty}^{\infty} c_n(z - z_0)^n$ 在圆环域内收敛，在圆环域外发散. 至于在圆环域的边界 $|z - z_0| = R_1$ 和 $|z - z_0| = R_2$ 上，双边幂级数 $\sum_{n=-\infty}^{\infty} c_n(z - z_0)^n$ 的敛散性不确定，要具体问题具体分析. 在特殊情况下，圆环域的内圆周的半径 R_1 可能等于 0，外圆周的半径 R_2 可能等于 $+\infty$.

从结构上看，双边幂级数是幂级数的推广，同时也是一种简单的函数项级数. 幂级数在收敛圆内所具有的性质，双边幂级数在收敛的圆环域内同样也具有. 可以证明在收敛的圆环域内，双边幂级数的和函数是解析函数，并且可以逐项求导和逐项积分.

现在我们来研究与此相反的问题：任意一个在圆环域内解析的函数能否用双边幂级数来表示？答案是肯定的.

洛朗级数展开.mp4

3.3.2 洛朗展开定理

定理 3-10 设函数 $f(z)$ 在圆环域 $R_1 < |z - z_0| < R_2$ 内解析，则在该圆环域内，必有

$$f(z) = \sum_{n=-\infty}^{\infty} c_n(z - z_0)^n, \tag{3-8}$$

我们称式(3-8)为函数 $f(z)$ 在以点 z_0 为中心的圆环域 $R_1 < |z - z_0| < R_2$ 内的**洛朗展开式**，且展开式唯一. c_n 为洛朗系数，可表示为

$$c_n = \frac{1}{2\pi i} \oint_C \frac{f(\zeta)}{(\zeta - z_0)^{n+1}} d\zeta \quad (n = 0, \pm 1, \pm 2, \cdots), \tag{3-9}$$

这里 C 为圆环域内绕点 z_0 的任意一条正向简单闭曲线. 式(3-8)右端的级数称为 $f(z)$ 在此圆环域内的洛朗级数，级数中非负整次幂部分和负整次幂部分分别称为洛朗级数的**解析部分**和**主要部分**.

证 在圆环域 $R_1 < |z - z_0| < R_2$ 内，作以点 z_0 为中心的正向圆周 $C_R : |\zeta - z_0| = R$ 与 $C_r : |\zeta - z_0| = r$，其中 $R_1 < r < R < R_2$.

设 z 是圆环域 $r < |\zeta - z_0| < R$ 内的任意一点(见图 3-3)，则根据柯西积分公式及复合闭路定理，有

$$f(z) = \frac{1}{2\pi i} \oint_{C_R} \frac{f(\zeta)}{\zeta - z} d\zeta - \frac{1}{2\pi i} \oint_{C_r} \frac{f(\zeta)}{\zeta - z} d\zeta,$$

上式右端的第一个积分 $\frac{1}{2\pi i} \oint_{C_R} \frac{f(\zeta)}{\zeta - z} d\zeta$ 中，由于 ζ 在圆周 C_R 上，点 z 在 C_R 的内部，所以 $\left| \dfrac{z - z_0}{\zeta - z_0} \right| < 1$. 与泰勒展开式的证明一样，同时，由于函数 $f(z)$ 在 C_R 的内部不是处处解析的，所以不能使用解析函数的高阶导数公式，因而只能推得

$$\frac{1}{2\pi i} \oint_{C_R} \frac{f(\zeta)}{\zeta - z} d\zeta = \sum_{n=0}^{\infty} \left[\frac{1}{2\pi i} \oint_{C_R} \frac{f(\zeta)}{(\zeta - z_0)^{n+1}} d\zeta \right] (z - z_0)^n.$$

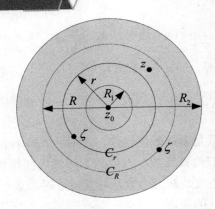

图 3-3

再计算第二个积分 $-\dfrac{1}{2\pi i}\displaystyle\oint_{C_r}\dfrac{f(\zeta)}{\zeta-z}\,\mathrm{d}\zeta$. 由于 ζ 在圆周 C_r 上, 点 z 在 C_r 的外部, 所以

$\left|\dfrac{\zeta-z_0}{z-z_0}\right|<1$. 于是有

$$\frac{1}{\zeta-z}=-\frac{1}{z-z_0}\cdot\frac{1}{1-\dfrac{\zeta-z_0}{z-z_0}}=-\frac{1}{z-z_0}\sum_{n=0}^{\infty}\left(\frac{\zeta-z_0}{z-z_0}\right)^n$$

$$=-\sum_{n=1}^{\infty}\frac{(\zeta-z_0)^{n-1}}{(z-z_0)^n}=-\sum_{n=1}^{\infty}\frac{1}{(\zeta-z_0)^{-n+1}}(z-z_0)^{-n}.$$

因此

$$-\frac{1}{2\pi i}\oint_{C_r}\frac{f(\zeta)}{\zeta-z}\,\mathrm{d}\zeta=\sum_{n=1}^{N-1}\left[\frac{1}{2\pi i}\oint_{C_r}\frac{f(\zeta)}{(\zeta-z_0)^{-n+1}}\,\mathrm{d}\zeta\right](z-z_0)^{-n}+R_N(z),$$

其中

$$R_N(z)=\frac{1}{2\pi i}\oint_{C_r}\left[\sum_{n=N}^{\infty}\frac{(\zeta-z_0)^{n-1}}{(z-z_0)^n}f(\zeta)\right]\mathrm{d}\zeta.$$

下面证明 $\lim\limits_{N\to\infty}R_N(z)=0$ 在 C_r 的外部成立.

令 $\left|\dfrac{\zeta-z_0}{z-z_0}\right|=\dfrac{r}{|z-z_0|}=q$, 显然 $0<q<1$. 由于 $f(z)$ 在圆环域 $R_1<|z-z_0|<R_2$ 内解析,

所以 $f(\zeta)$ 在 C_r 上连续. 于是 $f(\zeta)$ 在 C_r 上有界, 即存在一个正常数 M_1 , 使得在 C_r 上, $|f(\zeta)|\leqslant M_1$. 因而有

$$|R_N(z)|\leqslant\frac{1}{2\pi}\oint_{C_r}\left[\sum_{n=N}^{\infty}\frac{|f(\zeta)|}{|\zeta-z_0|}\left|\frac{\zeta-z_0}{z-z_0}\right|^n\right]\mathrm{d}s$$

$$\leqslant\frac{1}{2\pi}\sum_{n=N}^{\infty}\frac{M_1}{r}q^n\cdot 2\pi r=\frac{M_1 q^N}{1-q}.$$

因为 $\lim\limits_{N\to\infty}q^N=0$, 所以 $\lim\limits_{N\to\infty}R_N(z)=0$ 在 C_r 的外部成立. 于是有

$$-\frac{1}{2\pi i}\oint_{C_r}\frac{f(\zeta)}{\zeta-z}\,d\zeta = \sum_{n=1}^{\infty}\left[\frac{1}{2\pi i}\oint_{C_r}\frac{f(\zeta)}{(\zeta-z_0)^{-n+1}}\,d\zeta\right](z-z_0)^{-n}.$$

综上所述，我们有

$$f(z) = \sum_{n=0}^{\infty}c_n(z-z_0)^n + \sum_{n=1}^{\infty}c_{-n}(z-z_0)^{-n} = \sum_{n=-\infty}^{\infty}c_n(z-z_0)^n,$$

其中

$$c_n = \frac{1}{2\pi i}\oint_{C_R}\frac{f(\zeta)}{(\zeta-z_0)^{n+1}}\,d\zeta \quad (n=0,1,2,\cdots) \tag{3-10}$$

$$c_{-n} = \frac{1}{2\pi i}\oint_{C_r}\frac{f(\zeta)}{(\zeta-z_0)^{-n+1}}\,d\zeta \quad (n=1,2,\cdots) \tag{3-11}$$

如果在圆环域内任取一条绕点 z_0 的正向简单闭曲线 C，则根据闭路变形原理，式(3-10)与式(3-11)可用 $c_n = \frac{1}{2\pi i}\oint_C\frac{f(\zeta)}{(\zeta-z_0)^{n+1}}\,d\zeta$ $(n=0,\pm1,\pm2,\cdots)$ 来表示，于是式(3-8)在圆环域内成立.

再证展开式(3-8)是唯一的. 假设 $f(z)$ 在圆环域 $R_1 < |z-z_0| < R_2$ 内有另一展开式：

$$f(z) = \sum_{n=-\infty}^{\infty}a_n(z-z_0)^n,$$

令 $z=\zeta$，则有 $f(\zeta) = \sum_{n=-\infty}^{\infty}a_n(\zeta-z_0)^n$，用 $\frac{1}{(\zeta-z_0)^{m+1}}$ $(m=0,\pm1,\pm2,\cdots)$ 去乘上式两端，并沿简单闭曲线 C 积分，由柯西积分公式和高阶导数公式，可得

$$\oint_C\frac{f(\zeta)}{(\zeta-z_0)^{m+1}}\,d\zeta = \sum_{n=-\infty}^{\infty}a_n\oint_C(\zeta-z_0)^{n-m-1}\,d\zeta = 2\pi i a_m,$$

于是

$$a_m = \frac{1}{2\pi i}\oint_C\frac{f(\zeta)}{(\zeta-z_0)^{m+1}}\,d\zeta \quad (m=0,\pm1,\pm2,\cdots),$$

因此展开式(3-8)是唯一的.

从洛朗展开定理可以得到以下几点.

(1) 只要函数 $f(z)$ 在两个同心圆所围成的圆环域内处处解析，那么 $f(z)$ 的洛朗级数展开式在此圆环域内处处成立，可以逐项求导和逐项积分，并且展开式是唯一的.

注意 函数既可以在大圆外有奇点，也可以在小圆内有奇点.

例如，函数

$$f(z) = \frac{1}{(z-1)(z-2)(z-3)(z-4)}$$

有四个奇点 $z=1,2,3,4$，而该函数在圆 $|z|=2$ 和圆 $|z|=3$ 所围成的圆环域 $2 < |z| < 3$ 内处处解析，所以函数在该圆环域内可以展开成洛朗级数，此时，奇点 $z=1$ 在小圆 $|z|=2$ 内，奇点 $z=4$ 在大圆 $|z|=3$ 外.

此外，两个同心圆的共同圆心不一定是函数的奇点. 如上例中，$z=0$ 是圆 $|z|=2$ 和圆 $|z|=3$ 的共同圆心，但函数在该点处却是解析的.

(2) 由于在某一圆环域内解析的函数展开成洛朗级数的形式是唯一的，所以我们以任

何方式得到的含有非负正幂项和负幂项的级数就是此函数在该圆环域内的洛朗级数.

(3) 在洛朗展开式的系数公式(3-9)中，如果函数 $f(z)$ 在圆域 $|z-z_0|<R_2$ 内解析，则其系数

$$c_n = \frac{1}{2\pi i}\oint_C \frac{f(\zeta)}{(\zeta-z_0)^{n+1}}\mathrm{d}\zeta = \frac{1}{n!}f^{(n)}(z_0) \quad (n=0,1,2,\cdots),$$

$$c_{-n} = \frac{1}{2\pi i}\oint_C \frac{f(\zeta)}{(\zeta-z_0)^{-n+1}}\mathrm{d}\zeta = \frac{1}{2\pi i}\oint_C (\zeta-z_0)^{n-1}f(\zeta)\mathrm{d}\zeta = 0 \quad (n=1,2,\cdots),$$

就是泰勒展开式的系数，这时洛朗级数就成为泰勒级数，因此洛朗级数是泰勒级数的推广. 显然如果函数在小圆内有奇点，则其洛朗级数中一定出现负幂项.

3.3.3 函数的洛朗展开式

将一个在圆环域内解析的函数展开成洛朗级数也有直接展开法和间接展开法两种.

1. 直接展开法

(1) 计算系数 $c_n = \dfrac{1}{2\pi i}\oint_C \dfrac{f(\zeta)}{(\zeta-z_0)^{n+1}}\mathrm{d}\zeta \quad (n=0,\pm1,\pm2,\cdots)$.

(2) 将系数 c_n 代入式(3-8)，便可得到函数 $f(z)$ 在以 z_0 为中心的圆环域 $R_1<|z-z_0|<R_2$ 内的洛朗展开式.

2. 间接展开法

根据唯一性，从一些已知的基本初等函数的泰勒展开式出发，利用复合运算、级数的逐项求导和逐项积分等性质求出所给函数在圆环域内的洛朗展开式.

将函数 $f(z)$ 在以 z_0 为中心的圆环域内展开成洛朗级数时，确定圆环域的方法就是使 $f(z)$ 解析，即 $f(z)$ 在圆环域内没有奇点. 因此应选取 z_0 到奇点的距离为圆环域的半径.

确定圆环域的具体步骤：①找出 $f(z)$ 的所有奇点；②以展开中心为圆心，按奇点划分展开区域，即圆环域.

设函数 $f(z)$ 的奇点为 z_1,z_2,z_3，展开中心为 z_0，则复平面被分为 4 个解析圆环域(见图 3-4)：

$$0\leqslant|z-z_0|<R_1,\quad R_1<|z-z_0|<R_2,\quad R_2<|z-z_0|<R_3,\quad R_3<|z-z_0|<+\infty.$$

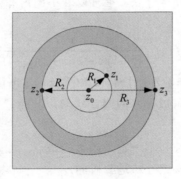

图 3-4

注意 如果在以 $z_0 = 0$ 为中心的圆环域内要将函数 $f(z)$ 展开成洛朗级数，那么就要把它展开成 $f(z) = \sum_{n=-\infty}^{\infty} c_n z^n$ 的形式．另外，如果 $f(z)$ 是 $z^k g(z)$ 的形式，即 $f(z) = z^k g(z)$，其中整数 k 可以是正的，也可以是负的，那么只需对 $g(z)$ 进行展开就行了．如果在以 $z_0 \neq 0$ 为中心的圆环域内把函数 $f(z)$ 展开成洛朗级数，那么就要把它展开成 $f(z) = \sum_{n=-\infty}^{\infty} c_n (z - z_0)^n$ 的形式．

例 3-12 将函数 $f(z) = \dfrac{e^z}{z^2}$ 在圆环域 $0 < |z| < +\infty$ 内展开成洛朗级数．

解 直接展开法．

因为 $f(z) = \dfrac{e^z}{z^2}$ 只有一个奇点 $z = 0$，故其在圆环域 $0 < |z| < +\infty$ 内解析．

又

$$c_n = \frac{1}{2\pi i} \oint_C \frac{f(\zeta)}{(\zeta - z_0)^{n+1}} d\zeta = \frac{1}{2\pi i} \oint_C \frac{e^\zeta}{\zeta^{n+3}} d\zeta \quad (n = 0, \pm 1, \pm 2, \cdots),$$

所以当 $n + 3 \leqslant 0$，即 $n \leqslant -3$ 时，由于 $e^\zeta \zeta^{-n-3}$ 在复平面内解析，由柯西–古萨基本定理可知，$c_n = 0 \ (n = -3, -4, \cdots)$．当 $n \geqslant -2$ 时，由高阶导数公式，可知

$$c_n = \frac{1}{2\pi i} \oint_C \frac{e^\zeta}{\zeta^{n+3}} d\zeta = \frac{(e^\zeta)^{(n+2)} \big|_{\zeta=0}}{(n+2)!} = \frac{1}{(n+2)!} \quad (n = -2, -1, 0, \cdots),$$

故有

$$\frac{e^z}{z^2} = \sum_{n=-2}^{\infty} \frac{z^n}{(n+2)!} = \frac{1}{z^2} + \frac{1}{z} + \frac{1}{2!} + \frac{z}{3!} + \cdots + \frac{z^n}{(n+2)!} + \cdots.$$

间接展开法．

因为 $f(z) = \dfrac{e^z}{z^2}$ 在圆环域 $0 < |z| < +\infty$ 内解析，故可展开成洛朗级数．

又

$$e^z = 1 + z + \frac{z^2}{2!} + \frac{z^3}{3!} + \cdots + \frac{z^n}{n!} + \cdots, \quad |z| < +\infty.$$

当 $0 < |z| < +\infty$ 时，有

$$\frac{e^z}{z^2} = \frac{1}{z^2} \left(1 + z + \frac{z^2}{2!} + \frac{z^3}{3!} + \cdots + \frac{z^n}{n!} + \cdots \right)$$

$$= \frac{1}{z^2} + \frac{1}{z} + \frac{1}{2!} + \frac{z}{3!} + \cdots + \frac{z^n}{(n+2)!} + \cdots.$$

从本例可以看出，直接展开法与间接展开法结果相同，但是利用直接展开法计算系数 c_n 往往很麻烦，间接展开法比直接展开法要简洁得多，所以我们很少采用直接展开法将函数展开成洛朗级数．

例 3-13 把函数 $f(z) = \dfrac{1}{(z+2)(z-3)}$ 分别在下列圆环域内展开成洛朗级数．

(1) $0 < |z| < 2$；　　　　(2) $2 < |z| < 3$；　　　　(3) $3 < |z| < +\infty$；

(4) $0<|z+2|<5$；　　(5) $5<|z+2|<+\infty$；　　(6) $0<|z-3|<5$；

(7) $5<|z-3|<+\infty$．

解 把函数 $f(z)$ 分解成部分分式

$$f(z)=\frac{1}{5}\left(\frac{1}{z-3}-\frac{1}{z+2}\right).$$

(1) $f(z)$ 在 $0<|z|<2$ 内处处解析，且 $\left|\dfrac{z}{2}\right|<1$，$\left|\dfrac{z}{3}\right|<1$，于是

$$f(z)=\frac{1}{5}\left(\frac{1}{z-3}-\frac{1}{z+2}\right)=-\frac{1}{15}\cdot\frac{1}{1-\dfrac{z}{3}}-\frac{1}{10}\cdot\frac{1}{1+\dfrac{z}{2}}$$

$$=-\frac{1}{15}\sum_{n=0}^{\infty}\left(\frac{z}{3}\right)^{n}-\frac{1}{10}\sum_{n=0}^{\infty}(-1)^{n}\left(\frac{z}{2}\right)^{n}$$

$$=\sum_{n=0}^{\infty}\left(-\frac{1}{5\times 3^{n+1}}-\frac{(-1)^{n}}{5\times 2^{n+1}}\right)z^{n}.$$

上述结果中不含有 z 的负幂项，原因是 $f(z)$ 在 $z=0$ 处解析．此时的洛朗级数实际上就是泰勒级数．

(2) $f(z)$ 在 $2<|z|<3$ 内处处解析，且 $\left|\dfrac{2}{z}\right|<1$，$\left|\dfrac{z}{3}\right|<1$，于是

$$f(z)=\frac{1}{5}\left(\frac{1}{z-3}-\frac{1}{z+2}\right)=-\frac{1}{15}\cdot\frac{1}{1-\dfrac{z}{3}}-\frac{1}{5z}\cdot\frac{1}{1+\dfrac{2}{z}}$$

$$=-\frac{1}{15}\sum_{n=0}^{\infty}\left(\frac{z}{3}\right)^{n}-\frac{1}{5}\sum_{n=0}^{\infty}(-1)^{n}\frac{2^{n}}{z^{n+1}}.$$

(3) $f(z)$ 在 $3<|z|<+\infty$ 内处处解析，且 $\left|\dfrac{2}{z}\right|<\left|\dfrac{3}{z}\right|<1$，于是

$$f(z)=\frac{1}{5}\left(\frac{1}{z-3}-\frac{1}{z+2}\right)=\frac{1}{5z}\cdot\frac{1}{1-\dfrac{3}{z}}-\frac{1}{5z}\cdot\frac{1}{1+\dfrac{2}{z}}$$

$$=\frac{1}{5}\sum_{n=0}^{\infty}\frac{3^{n}}{z^{n+1}}-\frac{1}{5}\sum_{n=0}^{\infty}(-1)^{n}\frac{2^{n}}{z^{n+1}}=\sum_{n=0}^{\infty}\frac{3^{n}-(-1)^{n}\cdot 2^{n}}{5z^{n+1}}.$$

(4) $f(z)$ 在 $0<|z+2|<5$ 内处处解析，且 $\left|\dfrac{z+2}{5}\right|<1$，于是

$$f(z)=\frac{1}{(z+2)(z-3)}=\frac{1}{z+2}\cdot\frac{1}{(z+2)-5}=-\frac{1}{5}\cdot\frac{1}{z+2}\cdot\frac{1}{1-\dfrac{z+2}{5}}$$

$$=-\frac{1}{5}\cdot\frac{1}{z+2}\sum_{n=0}^{\infty}\left(\frac{z+2}{5}\right)^{n}=-\sum_{n=0}^{\infty}\frac{(z+2)^{n-1}}{5^{n+1}}.$$

(5) $f(z)$ 在 $5<|z+2|<+\infty$ 内处处解析，且 $\left|\dfrac{5}{z+2}\right|<1$，于是

$$f(z) = \frac{1}{(z+2)(z-3)} = \frac{1}{z+2} \cdot \frac{1}{(z+2)-5} = \frac{1}{(z+2)^2} \cdot \frac{1}{1-\dfrac{5}{z+2}}$$

$$= \frac{1}{(z+2)^2} \sum_{n=0}^{\infty} \left(\frac{5}{z+2}\right)^n = \sum_{n=0}^{\infty} \frac{5^n}{(z+2)^{n+2}} \ .$$

(6) $f(z)$ 在 $0 < |z-3| < 5$ 内处处解析，且 $\left|\dfrac{z-3}{5}\right| < 1$，于是

$$f(z) = \frac{1}{(z+2)(z-3)} = \frac{1}{z-3} \cdot \frac{1}{(z-3)+5} = \frac{1}{5} \cdot \frac{1}{z-3} \cdot \frac{1}{1+\dfrac{z-3}{5}}$$

$$= \frac{1}{5} \cdot \frac{1}{z-3} \sum_{n=0}^{\infty} (-1)^n \left(\frac{z-3}{5}\right)^n = \sum_{n=0}^{\infty} (-1)^n \frac{(z-3)^{n-1}}{5^{n+1}} \ .$$

(7) $f(z)$ 在 $5 < |z-3| < +\infty$ 内处处解析，且 $\left|\dfrac{5}{z-3}\right| < 1$，于是

$$f(z) = \frac{1}{(z+2)(z-3)} = \frac{1}{z-3} \cdot \frac{1}{(z-3)+5} = \frac{1}{(z-3)^2} \cdot \frac{1}{1+\dfrac{5}{z-3}}$$

$$= \frac{1}{(z-3)^2} \sum_{n=0}^{\infty} (-1)^n \left(\frac{5}{z-3}\right)^n = \sum_{n=0}^{\infty} (-1)^n \frac{5^n}{(z-3)^{n+2}} \ .$$

注意 由本例可以看出，同一个函数可能在若干个圆环域内解析，并且在不同的圆环域内分别有各自不同的洛朗展开式，这与洛朗展开式的唯一性并不矛盾. 因为洛朗展开式的唯一性是指函数在某一个给定的圆环域内的洛朗展开式是唯一的.

例 3-14 把函数 $f(z) = \dfrac{1}{z^2(z-\mathrm{i})}$ 在 $z = \mathrm{i}$ 处展开成洛朗级数.

解 已知展开中心为 $z = \mathrm{i}$，函数 $f(z)$ 在复平面上有两个奇点 $z = 0$，$z = \mathrm{i}$，因此复平面被划分为两个展开区域：① $0 < |z-\mathrm{i}| < 1$；② $1 < |z-\mathrm{i}| < +\infty$.

(1) 在 $0 < |z-\mathrm{i}| < 1$ 内，有 $\left|\dfrac{z-\mathrm{i}}{\mathrm{i}}\right| < 1$，于是

$$\frac{1}{z} = \frac{1}{\mathrm{i}+(z-\mathrm{i})} = \frac{1}{\mathrm{i}\left(1+\dfrac{z-\mathrm{i}}{\mathrm{i}}\right)} = \frac{1}{\mathrm{i}} \sum_{n=0}^{\infty} (-1)^n \left(\frac{z-\mathrm{i}}{\mathrm{i}}\right)^n .$$

上式两边求导，得

$$-\frac{1}{z^2} = \frac{1}{\mathrm{i}} \sum_{n=1}^{\infty} (-1)^n \frac{n}{\mathrm{i}^n} (z-\mathrm{i})^{n-1},$$

故

$$f(z) = \frac{1}{z^2} \cdot \frac{1}{z-\mathrm{i}} = \left[-\frac{1}{\mathrm{i}} \sum_{n=1}^{\infty} (-1)^n \frac{n}{\mathrm{i}^n} (z-\mathrm{i})^{n-1} \right] \frac{1}{z-\mathrm{i}}$$

$$= \sum_{n=1}^{\infty} (-1)^{n+1} \frac{n}{\mathrm{i}^{n+1}} (z-\mathrm{i})^{n-2}$$

$$= -\sum_{n=-1}^{\infty} i^{n+1}(n+2)(z-i)^n .$$

(2) 在 $1 < |z-i| < +\infty$ 内，有 $\left|\dfrac{i}{z-i}\right| < 1$，于是

$$\frac{1}{z} = \frac{1}{i+(z-i)} = \frac{1}{z-i} \cdot \frac{1}{1+\dfrac{i}{z-i}} = \frac{1}{z-i}\sum_{n=0}^{\infty}(-1)^n\left(\frac{i}{z-i}\right)^n .$$

上式两边求导，得

$$-\frac{1}{z^2} = \sum_{n=0}^{\infty}(-1)^{n+1}\frac{i^n(n+1)}{(z-i)^{n+2}} ,$$

故

$$f(z) = \frac{1}{z^2}\cdot\frac{1}{z-i} = \left[\sum_{n=0}^{\infty}(-1)^n\frac{i^n(n+1)}{(z-i)^{n+2}}\right]\frac{1}{z-i}$$

$$= \sum_{n=0}^{\infty}(-1)^n\frac{i^n(n+1)}{(z-i)^{n+3}} .$$

最后说明一下式(3-9)在计算函数沿闭曲线积分中的应用.

在式(3-9)中，令 $n = -1$，得

$$c_{-1} = \frac{1}{2\pi i}\oint_C f(z)\,dz$$

或

$$\oint_C f(z)\,dz = 2\pi i c_{-1} , \tag{3-12}$$

其中 C 为圆环域 $R_1 < |z-z_0| < R_2$ 内绕 z_0 的任意一条正向简单闭曲线，函数 $f(z)$ 在此圆环域内解析. 由式(3-12)可以看出，计算函数 $f(z)$ 沿封闭曲线积分可转化为求 $f(z)$ 在圆环域 $R_1 < |z-z_0| < R_2$ 内洛朗展开式中 $(z-z_0)$ 的负一次幂项的系数 c_{-1}.

例 3-15 计算积分 $\oint_C \dfrac{1}{(z+2)(z-3)}\,dz$，其中 C 为正向圆周 $|z| = \dfrac{5}{2}$.

解 由于函数 $f(z) = \dfrac{1}{(z+2)(z-3)}$ 在 $2 < |z| < 3$ 内处处解析，且 $|z| = \dfrac{5}{2}$ 在此圆环域内，所以 $f(z)$ 在此圆环域内洛朗展开式的系数 c_{-1} 与 $2\pi i$ 的乘积就是所求积分值.

由例 3-13(2)可知，在 $2 < |z| < 3$ 内，

$$f(z) = -\frac{1}{15}\sum_{n=0}^{\infty}\left(\frac{z}{3}\right)^n - \frac{1}{5}\sum_{n=0}^{\infty}(-1)^n\frac{2^n}{z^{n+1}} .$$

由此可见，$c_{-1} = -\dfrac{1}{5}$，从而

$$\oint_C \frac{1}{(z+2)(z-3)}\,dz = -\frac{2}{5}\pi i .$$

3.4　MATLAB 实验

3.4.1　复数项无穷级数敛散性的判定

复数项无穷级数敛散性的判定可由函数 symsum 实现，其调用形式如下：

```
>> symsum(z,1,inf)
```

其中，参数 z 表示级数的一般项，参数 1 和 inf 表示对一般项中从第一项开始求和．若函数的返回值为有限数，说明该级数收敛；反之，若返回值为 inf，则说明该级数发散．

若想判断级数是否绝对收敛，则只需对一般项使用函数 abs 即可．

例 3-16　判断级数 $\sum\limits_{n=1}^{\infty}\left[\dfrac{(-1)^n}{n}+\mathrm{i}\,\dfrac{n}{3^n}\right]$ 是否收敛？若收敛，是绝对收敛还是条件收敛？

解　在 MATLAB 命令窗口中输入：

```
>> syms n
>> z=(-1)^n/n+i*n/3^n;
>> symsum(z,1,inf)
 ans =
log(2) + 3i/4
```

由于返回值为有限数，故说明级数 $\sum\limits_{n=1}^{\infty}\left[\dfrac{(-1)^n}{n}+\mathrm{i}\,\dfrac{n}{3^n}\right]$ 收敛．继续在 MATLAB 命令窗口中输入：

```
>> rz=(-1)^n/n;
>> iz=n/3^n;
>> symsum(abs(rz),1,inf)+i*symsum(abs(iz),1,inf)
 ans =
Inf + 3i/4
```

由于返回值中含有 inf，故说明级数 $\sum\limits_{n=1}^{\infty}\left[\dfrac{(-1)^n}{n}+\mathrm{i}\,\dfrac{n}{3^n}\right]$ 条件收敛．

例 3-17　判断级数 $\sum\limits_{n=1}^{\infty}\dfrac{(3+4\mathrm{i})^n}{8^n}$ 是否收敛？若收敛，是绝对收敛还是条件收敛？

解　在 MATLAB 命令窗口中输入：

```
>> syms n
>> z=(3+4i)^n/8^n;
>> symsum(z,1,inf)
 ans =
 - 1/41 + 32i/41
```

由于返回值为有限数，故说明级数 $\sum\limits_{n=1}^{\infty}\dfrac{(3+4\mathrm{i})^n}{8^n}$ 收敛．继续在 MATLAB 命令窗口中输入：

```
>> symsum(abs(z),1,inf)
 ans =
 5/3
```

由于返回值为有限数，故说明级数 $\sum\limits_{n=1}^{\infty}\dfrac{(3+4\mathrm{i})^n}{8^n}$ 绝对收敛.

例 3-18　判断级数 $\sum\limits_{n=1}^{\infty}\dfrac{\mathrm{i}^n}{n}$ 是否收敛？若收敛，是绝对收敛还是条件收敛？

解　在 MATLAB 命令窗口中输入：

```
>> syms n
>> z=i^n/n;
>> symsum(z,1,inf)
 ans =
 -log(1 - 1i)
```

由于返回值为有限数，故说明级数 $\sum\limits_{n=1}^{\infty}\dfrac{\mathrm{i}^n}{n}$ 收敛. 继续在 MATLAB 命令窗口中输入：

```
>> symsum(abs(z),1,inf)
 ans =
 Inf*sign(abs(1i))
```

由于返回值中含有 inf ，故说明级数 $\sum\limits_{n=1}^{\infty}\dfrac{\mathrm{i}^n}{n}$ 条件收敛.

3.4.2　泰勒级数展开式

复变函数在某一点的泰勒级数展开式可由函数 taylor 实现，其调用形式如下：

```
>> taylor(function,variable,a,'Order',n)
```

其中，参数 function 表示复变函数的表达式，参数 variable 表示函数的自变量，参数 a 表示在点 a 的邻域内展开成泰勒级数，参数 n 表示需要展开的阶数.

例 3-19　将函数 $\sin z$ 分别展开成关于 z 的 8 阶和 16 阶泰勒多项式.

解　在 MATLAB 命令窗口中输入：

```
>> syms z
>> f=sin(z);
>> p1=taylor(f,z,0,'Order',8)
 p1 =
- z^7/5040 + z^5/120 - z^3/6 + z
>> p2=taylor(f,z,0,'Order',16)
p2 =
- z^15/1307674368000 + z^13/6227020800 - z^11/39916800 + z^9/362880 -
z^7/5040 + z^5/120 - z^3/6 + z
```

例 3-20　将函数 $\dfrac{1}{1+z^2}$ 展开成关于 $z-1$ 的 10 阶泰勒多项式.

解　在 MATLAB 命令窗口中输入：

```
>> syms z
>> f=1/(1+z^2);
>> taylor(f,z,1,'Order',10)
 ans =
 (z - 1)^2/4 - z/2 - (z - 1)^4/8 + (z - 1)^5/8 - (z - 1)^6/16 +
 (z - 1)^8/32 - (z - 1)^9/32 + 1
```

本章小结

　　复变函数级数的概念、理论和方法是实数域上的无穷级数在复数域内的推广和发展，因此可以通过对比二者之间的异同去学习．本章建立的是解析函数和收敛幂级数之间的等价关系：在一定的区域内幂级数收敛于一个解析函数；与之相反，解析函数在其解析点的邻域内能展开成幂级数．

　　幂级数是洛朗级数的特殊情况，洛朗级数是幂级数的推广．由于解析函数在其解析点的邻域内能展开成幂级数，所以幂级数是研究解析函数在解析点的某邻域内性质时的有力工具．在实际计算中，把函数展开成幂级数，应用起来也比较方便，幂级数在复变函数论中有着特别重要的意义．洛朗级数是一个双边幂级数，是由一个通常(非负整次幂)幂级数与一个只含负整次幂的级数组合而成．洛朗级数的性质可由幂级数的性质推导出来．例如，洛朗级数的和函数是圆环域内的解析函数，与之相反，在某圆环域内解析的任意函数都可以展开成洛朗级数．

　　幂级数与洛朗级数是研究解析函数的重要工具．一个函数可能在几个圆环域内解析，在不同的圆环域内的洛朗展开式是不同的，但在同一个圆环域内，不论用何种方法去展开，所得的洛朗展开式是唯一的．一点的去心邻域是圆环域的一种简化情形，当函数在一点的去心邻域内解析，但在该点处不解析时，这一点就是函数的孤立奇点．洛朗级数是研究解析函数在孤立奇点邻域内的性质、定义和计算留数的有力工具．

　　级数是研究函数的一个重要工具，在理论和实际中都有着非常广泛的应用．一方面，能借助级数表示许多常用的非初等函数；另一方面，又可将函数表示成级数，借助级数去研究函数，例如用幂级数研究非初等函数以及进行近似计算等．利用泰勒级数展开计算函数近似值的整个计算过程直观简化，节省计算时间．在图像处理的计算机软件中，经常要用到开方和幂次计算，而 Quake III源代码中就对此类的计算做了优化，采用泰勒级数展开和保留基本项的方法，比纯粹的此类运算快 4 倍以上．在电磁学领域，针对电源分配系统的去耦电容选择问题的矩量匹配技术，将传统的基于泰勒级数展开的矩量匹配技术扩展为洛朗级数展开，考虑了负幂项的作用，通过灵活选择展开阶次，可以在指定区域内或外，非常有效地逼近所给函数，该方法可以快速选择合适的电容大小，降低系统的端口阻抗，进而达到优化设计的目的．

复习思考题

1. 判断下列命题的真假，并说明理由.

(1) 若函数 $\dfrac{e^z}{\cos z}$ 在 $z=0$ 处所展开的泰勒级数为 $\sum\limits_{n=0}^{\infty} c_n z^n$，则该幂级数的收敛半径 $R=\dfrac{\pi}{2}$.

(2) 每一个幂级数在它的收敛圆内和收敛圆上都是收敛的.

(3) 幂级数在它的收敛圆内收敛于一个解析函数.

(4) 函数 $f(z)=\dfrac{1}{z(z+1)(z+3)}$ 在以原点为中心的圆环域内的洛朗级数展开式共有一个.

(5) 每一个在点 z_0 处连续的函数一定可以在 z_0 点的邻域内展开成泰勒级数.

(6) 若幂级数 $\sum\limits_{n=0}^{\infty} c_n (z-2)^n$ 在 $z=0$ 处收敛，则在 $z=3$ 处必发散.

(7) 若复数项级数 $\sum\limits_{n=1}^{\infty} a_n$ 和 $\sum\limits_{n=1}^{\infty} b_n$ 都发散，则级数 $\sum\limits_{n=1}^{\infty} (a_n \pm b_n)$ 和 $\sum\limits_{n=1}^{\infty} a_n b_n$ 也都发散.

2. 综合题

(1) 下列复数列是否收敛? 若收敛，求其极限.

① $z_n = (-1)^n + \dfrac{1}{n+1}i$; ② $z_n = r^n (\cos n\theta + i\sin n\theta)$;

③ $z_n = \left(1+\dfrac{i}{3}\right)^{-n}$; ④ $z_n = \dfrac{2-ni}{2+ni}$.

(2) 下列级数是否收敛? 若收敛，是绝对收敛还是条件收敛?

① $\sum\limits_{n=1}^{\infty} \dfrac{i^n}{n+1}$; ② $\sum\limits_{n=1}^{\infty} \dfrac{(4+3i)^n}{7^n}$; ③ $\sum\limits_{n=1}^{\infty} \dfrac{i^n}{n!}$;

④ $\sum\limits_{n=1}^{\infty} \left[\left(1+\dfrac{1}{n}\right)^n + i\dfrac{5}{n^2}\right]$; ⑤ $\sum\limits_{n=1}^{\infty} \dfrac{1}{(2+3i)^n}$; ⑥ $\sum\limits_{n=2}^{\infty} \dfrac{i^n}{\ln n}$.

(3) 求下列幂级数的收敛半径.

① $\sum\limits_{n=1}^{\infty} \dfrac{z^n}{n^3}$; ② $\sum\limits_{n=1}^{\infty} (1+2i)^n z^n$; ③ $\sum\limits_{n=1}^{\infty} \dfrac{(-1)^n}{n!} z^n$;

④ $\sum\limits_{n=1}^{\infty} \dfrac{n!}{n^n} z^n$; ⑤ $\sum\limits_{n=1}^{\infty} e^{\frac{\pi i}{n}} z^n$; ⑥ $\sum\limits_{n=1}^{\infty} \dfrac{1}{(2+3i)^n} z^n$.

(4) 先作如下运算:

$$\dfrac{z}{1-z} = z + z^2 + z^3 + \cdots,$$

$$\frac{z}{z-1} = 1 + \frac{1}{z} + \frac{1}{z^2} + \cdots.$$

于是由 $\dfrac{z}{1-z} + \dfrac{z}{z-1} = 0$ ，得

$$\cdots + \frac{1}{z^2} + \frac{1}{z} + 1 + z + z^2 + z^3 + \cdots = 0.$$

这样的结果正确吗？请说明理由.

(5) 将下列函数展开成 z 的幂级数，并指出它们的收敛半径.

① $\dfrac{1}{2-3z}$ ；   ② $\dfrac{1}{3+z^2}$ ；   ③ ze^{iz} ；

④ $\dfrac{1}{(1-z)^2}$ ；   ⑤ $\dfrac{1}{(1+z^2)^2}$ ；   ⑥ $\dfrac{1}{z^2 - z - 2}$.

(6) 求下列各函数在指定点 z_0 处的泰勒展开式，并指出它们的收敛圆.

① $\dfrac{z-1}{z+1}$ ，$z_0 = 1$ ；   ② $\dfrac{z}{z^2 + 3z + 2}$ ，$z_0 = 2$ ；

③ $\dfrac{1}{z^2}$ ，$z_0 = -1$ ；   ④ $\cos(z+1)$ ，$z_0 = 0$ ；

⑤ $\ln(3+z)$ ，$z_0 = 0$ ；   ⑥ $\dfrac{1}{4-3z}$ ，$z_0 = 1+i$.

(7) 把下列各函数在指定的圆环域内展开成洛朗级数.

① $\dfrac{1}{z+1}$ ，$0 < |z-1| < 2$ ；$3 < |z-2| < +\infty$.

② $\dfrac{1}{(z-3)(z-2)}$ ，$2 < |z| < 3$ ；$3 < |z| < +\infty$.

③ $\dfrac{1}{z(1-z)^2}$ ，$0 < |z| < 1$ ；$0 < |z-1| < 1$.

④ $\dfrac{1}{z^2(z-i)}$ ，$0 < |z| < 1$ ；$1 < |z-i| < +\infty$.

⑤ $\dfrac{1}{1+z^2}$ ，$0 < |z-i| < 2$ ；$2 < |z-i| < +\infty$.

⑥ $\cos\dfrac{i}{1-z}$ ，$0 < |z-1| < +\infty$.

⑦ $z^3 e^{\frac{1}{z}}$ ，$0 < |z| < +\infty$.

(8) 求函数 $f(z) = \dfrac{z}{(z-2)(2z+1)}$ 在 $z=0$ 处的泰勒展开式和洛朗展开式，并确定其收敛域.

第4章 留 数

学习要点及目标

- 掌握孤立奇点的分类及其性质.
- 理解留数的概念.
- 掌握孤立奇点处留数的计算方法.
- 掌握利用留数定理计算复变函数积分的方法.
- 学会利用留数计算三类广义积分.

核心概念

孤立奇点 可去奇点 极点 本性奇点 留数 无穷远点

留数理论是复变函数积分和复变函数项级数理论相结合的产物，在复变函数中占有重要地位. 本章将以洛朗级数为工具，对解析函数的孤立奇点进行分类并讨论其性质，引入留数的概念，介绍留数的计算方法、留数定理及其应用. 利用留数定理可以将计算沿闭路的积分转化为计算在孤立奇点处的留数；可以计算一些在高等数学中难以计算的定积分和广义积分. 留数定理是留数理论的基础，是柯西积分理论的延伸，柯西-古萨基本定理和柯西积分公式都是留数定理的特殊情况.

4.1 孤 立 奇 点

孤立奇点.mp4

给定点 z_0，若函数 $f(z)$ 在 z_0 点不解析，则称点 z_0 为 $f(z)$ 的奇点. 下面是孤立奇点的严格定义.

定义 4-1 如果函数 $f(z)$ 在 z_0 点处不解析，但在 z_0 点的某个去心邻域 $0 < |z - z_0| < \delta$ 内处处解析，则称点 z_0 为 $f(z)$ 的**孤立奇点**.

例如，$z = 0$ 是函数 $e^{\frac{1}{z}}$，$\dfrac{\sin z}{z}$ 的孤立奇点，$z = -1$ 是函数 $\dfrac{1}{z+1}$ 的孤立奇点.

注意 孤立奇点一定是奇点，但奇点不一定是孤立奇点. 例如，$z = 0$ 是函数 $f(z) = \dfrac{1}{\sin \frac{1}{z}}$ 的一个奇点，除此之外，由 $\sin \dfrac{1}{z} = 0$，可得 $\dfrac{1}{z} = n\pi$，即 $z = \dfrac{1}{n\pi}$ $(n = \pm 1, \pm 2, \cdots)$ 也是 $f(z)$ 的奇点，当 $n \to \infty$ 时，$\dfrac{1}{n\pi} \to 0$，即在 $z = 0$ 处的去心邻域内一定存在 $f(z)$ 的奇点，所以 $z = 0$ 不是 $f(z)$ 的孤立奇点.

若 z_0 为 $f(z)$ 的孤立奇点，此时 $f(z)$ 在 z_0 点的某个去心邻域 $0<|z-z_0|<\delta$ $(0<\delta<+\infty)$ 内解析，则在该邻域内 $f(z)$ 可展开为洛朗级数

$$f(z)=\cdots+c_{-m}(z-z_0)^{-m}+\cdots+c_{-1}(z-z_0)^{-1}+c_0+c_1(z-z_0)+\cdots+c_n(z-z_0)^n+\cdots. \quad (4\text{-}1)$$

根据展开式的不同情况可将孤立奇点作如下分类.

4.1.1 可去奇点

定义 4-2 如果在式(4-1)中不含 $z-z_0$ 的负幂项，则孤立奇点 z_0 称为 $f(z)$ 的**可去奇点**.

孤立奇点的分类方法.mp4

此时，$f(z)$ 的洛朗级数实际上就是一个普通的幂级数(泰勒级数)，即

$$f(z)=c_0+c_1(z-z_0)+\cdots+c_n(z-z_0)^n+\cdots \quad (0<|z-z_0|<\delta). \quad (4\text{-}2)$$

若将式(4-2)右端的幂级数的和函数记为 $F(z)$，则 $F(z)$ 是在点 z_0 处解析的函数，且在 $0<|z-z_0|<\delta$ 内，$F(z)=f(z)$；当 $z=z_0$ 时，$F(z)=c_0$. 又因为

$$\lim_{z\to z_0}f(z)=\lim_{z\to z_0}F(z)=F(z_0)=c_0,$$

所以无论 $f(z)$ 在 z_0 点处是否有定义，如果令 $f(z_0)=c_0$，那么在 $|z-z_0|<\delta$ 内就有

$$f(z)=F(z)=c_0+c_1(z-z_0)+\cdots+c_n(z-z_0)^n+\cdots,$$

从而函数 $f(z)$ 在点 z_0 处解析. 正是由于这个原因，所以点 z_0 被称为可去奇点.

例如，$z=0$ 是 $\dfrac{\sin z}{z}$ 的可去奇点，因为这个函数在 $0<|z|<+\infty$ 内的洛朗级数

$$\frac{\sin z}{z}=\frac{1}{z}\left(z-\frac{1}{3!}z^3+\frac{1}{5!}z^5-\cdots\right)=1-\frac{1}{3!}z^2+\frac{1}{5!}z^4-\cdots$$

中不含 z 的负幂项，如果我们令 $\dfrac{\sin z}{z}$ 在 $z=0$ 处的值为 1(即 c_0)，那么 $\dfrac{\sin z}{z}$ 在 $z=0$ 处解析.

由以上讨论可知，若点 z_0 是 $f(z)$ 的可去奇点，则 $\lim\limits_{z\to z_0}f(z)=c_0$.

反之，设 $f(z)$ 在 $0<|z-z_0|<\delta$ 内解析，且 $\lim\limits_{z\to z_0}f(z)$ 存在，则 $f(z)$ 在 z_0 点的某去心邻域内有界，即存在正数 M 及 $\rho_0<\delta$，使得在 $0<|z-z_0|<\rho_0$ 内，有 $|f(z)|<M$. 又因为 $f(z)$ 在 $0<|z-z_0|<\delta$ 内解析，所以式(4-1)成立. 由洛朗系数表达式可知

$$|c_n|=\left|\frac{1}{2\pi \mathrm{i}}\oint_C\frac{f(\zeta)}{(\zeta-z_0)^{n+1}}\mathrm{d}\zeta\right|\leqslant\frac{1}{2\pi}\oint_C\frac{|f(\zeta)|}{\rho^{n+1}}\mathrm{d}s$$

$$\leqslant\frac{1}{2\pi\rho^{n+1}}\oint_C M\mathrm{d}s=\frac{M}{2\pi\rho^{n+1}}2\pi\rho=\frac{M}{\rho^n} \quad (n=0,\pm1,\pm2,\cdots),$$

其中 C：$|z-z_0|=\rho\,(0<\rho<\rho_0)$. 由于 ρ 可以任意小，因此，当 $n=-1,-2,\cdots$ 时，可得 $c_n=0$，即式(4-1)中负幂项系数全为 0，于是 z_0 是 $f(z)$ 的可去奇点.

这样，我们就得到了 $f(z)$ 在可去奇点处的特性.

定理 4-1 设 $f(z)$ 在 $0<|z-z_0|<\delta$ 内解析，则点 z_0 是 $f(z)$ 的可去奇点的充要条件是 $\lim\limits_{z\to z_0}f(z)$ 存在且有限.

4.1.2 极点

定义 4-3 如果在式(4-1)中只有有限个 $z-z_0$ 的负幂项，且其中关于 $(z-z_0)^{-1}$ 的最高幂为 $(z-z_0)^{-m}$，即

$$f(z) = c_{-m}(z-z_0)^{-m} + \cdots + c_{-2}(z-z_0)^{-2} + c_{-1}(z-z_0)^{-1}$$
$$+ c_0 + c_1(z-z_0) + \cdots \ (m \geqslant 1, \ c_{-m} \neq 0), \tag{4-3}$$

则孤立奇点 z_0 称为 $f(z)$ 的 **m 级极点**. 上式也可写成

$$f(z) = \frac{1}{(z-z_0)^m} g(z), \tag{4-4}$$

其中

$$g(z) = c_{-m} + c_{-m+1}(z-z_0) + c_{-m+2}(z-z_0)^2 + \cdots$$

在 $|z-z_0| < \delta$ 内是解析的函数，且 $g(z_0) \neq 0$. 反过来，当任何一个函数 $f(z)$ 能表示为式(4-4)的形式，将 $g(z)$ 在点 z_0 处展开成幂级数，代入式(4-4)中，显然 $f(z)$ 有形如式(4-3)的展开式，故点 z_0 为 $f(z)$ 的 m 级极点. 因此有下面的结论.

定理 4-2 设函数 $f(z)$ 在 $0 < |z-z_0| < \delta$ 内解析，则 z_0 是 $f(z)$ 的 m 级极点的充要条件是 $f(z)$ 在 $0 < |z-z_0| < \delta$ 内可表示为

$$f(z) = \frac{1}{(z-z_0)^m} g(z),$$

其中函数 $g(z)$ 在 $|z-z_0| < \delta$ 内解析，且 $g(z_0) \neq 0$.

定理 4-2 对于判断函数的极点是十分有用的，它在极点理论研究中也有很重要的作用，由该定理和定理 4-1 还可以得出极点的另一个特性，其缺点是不能指出极点的级数.

定理 4-3 设函数 $f(z)$ 在 $0 < |z-z_0| < \delta$ 内解析，则点 z_0 是 $f(z)$ 的极点的充要条件是 $\lim\limits_{z \to z_0} f(z) = \infty$.

例 4-1 求下列函数的极点，并指出它是几级极点.

(1) $\dfrac{e^z - 1}{z^3}$; (2) $\dfrac{z-1}{(z^2+1)(z-2)^3}$.

解 (1) $z = 0$ 是 $\dfrac{e^z - 1}{z^3}$ 的孤立奇点，由于在 $0 < |z| < +\infty$ 内

$$\frac{e^z - 1}{z^3} = \frac{1}{z^3}\left(\sum_{n=0}^{\infty} \frac{z^n}{n!} - 1 \right) = \frac{1}{z^2} + \frac{1}{2!z} + \frac{1}{3!} + \frac{1}{4!}z + \cdots.$$

所以由定义 4-3 可知，$z = 0$ 是二级极点.

(2) $z = 2$，$z = \pm i$ 都是 $f(z) = \dfrac{z-1}{(z^2+1)(z-2)^3}$ 的孤立奇点，$f(z) = \dfrac{\dfrac{z-1}{z^2+1}}{(z-2)^3}$，利用定理 4-2，由于 $g(z) = \dfrac{z-1}{z^2+1}$ 在 $z = 2$ 处解析，且 $g(2) \neq 0$，故 $z = 2$ 是 $f(z)$ 的三级极点. 同理可得 $z = \pm i$ 为 $f(z)$ 的一级极点.

4.1.3　本性奇点

定义 4-4　如果在式(4-1)中含有无穷个 $z - z_0$ 的负幂项，则孤立奇点 z_0 称为 $f(z)$ 的**本性奇点**.

例如，$z = 0$ 是 $\sin\dfrac{1}{z}$ 的本性奇点，因为

$$\sin\frac{1}{z} = z^{-1} - \frac{z^{-3}}{3!} + \frac{z^{-5}}{5!} - \cdots + \frac{(-1)^{n-1} z^{-(2n-1)}}{(2n-1)!} + \cdots \quad (0 < |z| < +\infty).$$

由定义可知，不是可去奇点与极点的孤立奇点一定是本性奇点，因此，综合定理 4-1 和定理 4-3，便可得到 $f(z)$ 在本性奇点处的性质.

定理 4-4　设函数 $f(z)$ 在 $0 < |z - z_0| < \delta$ 内解析，则 z_0 是 $f(z)$ 的本性奇点的充要条件是 $\lim\limits_{z \to z_0} f(z)$ 不存在且不为 ∞.

定理 4-1、定理 4-3 和定理 4-4 表明可利用极限来判断孤立奇点的类型. 为了便于判断可去奇点与极点，这里给出一个与实函数中的洛必达法则类似的结论：

若 $f(z)$ 和 $g(z)$ 是以 z_0 为零点的两个不恒等于 0 的解析函数，则

$$\lim_{z \to z_0} \frac{f(z)}{g(z)} = \lim_{z \to z_0} \frac{f'(z)}{g'(z)} \quad (\text{或两端均为 } \infty).$$

例如，$\lim\limits_{z \to 0} \dfrac{\sin\pi z}{\mathrm{e}^z - 1} = \lim\limits_{z \to 0} \dfrac{\pi\cos\pi z}{\mathrm{e}^z} = \pi$，由定理 4-1 可知，$z = 0$ 是 $\dfrac{\sin\pi z}{\mathrm{e}^z - 1}$ 的可去奇点.

4.1.4　解析函数中零点与极点的关系

定义 4-5　不恒等于 0 的解析函数 $f(z)$ 如果能表示为

$$f(z) = (z - z_0)^m \varphi(z),$$

其中 $\varphi(z)$ 在 z_0 处解析，且 $\varphi(z_0) \neq 0$，m 为正整数，则称点 z_0 为 $f(z)$ 的 m **级零点**.

例如，$z = 0$ 和 $z = -\mathrm{i}$ 分别为函数 $f(z) = z^3(z + \mathrm{i})$ 的三级和一级零点. 根据零点的定义，可以得到下列结论.

定理 4-5　如果 $f(z)$ 在点 z_0 处解析，则 z_0 为 $f(z)$ 的 m 级零点的充要条件是

$$f^{(n)}(z_0) = 0 \quad (n = 0, 1, 2, \cdots, m-1), \quad f^{(m)}(z_0) \neq 0. \tag{4-5}$$

证　必要性. 若 z_0 为 $f(z)$ 的 m 级零点，则 $f(z)$ 可表示成

$$f(z) = (z - z_0)^m \varphi(z),$$

其中 $\varphi(z)$ 在点 z_0 处解析，且 $\varphi(z_0) \neq 0$. 设 $\varphi(z)$ 在点 z_0 处的泰勒展开式为

$$\varphi(z) = c_0 + c_1(z - z_0) + c_2(z - z_0)^2 + \cdots,$$

其中 $c_0 = \varphi(z_0) \neq 0$，从而 $f(z)$ 在点 z_0 处的泰勒展开式为

$$f(z) = c_0(z - z_0)^m + c_1(z - z_0)^{m+1} + c_2(z - z_0)^{m+2} + \cdots,$$

该式表明，$f(z)$ 在点 z_0 处的泰勒展开式的前 m 项系数都为 0，即

$$f^{(n)}(z_0) = 0 \quad (n = 0, 1, 2, \cdots, m-1),$$

而 $\dfrac{f^{(m)}(z_0)}{m!} = c_0 \neq 0$，即 $f^{(m)}(z_0) \neq 0$.

反之可证充分性.

例如，$z = 0$ 是 $f(z) = z - \sin z$ 的零点，因为 $f'(0) = (1 - \cos z)\big|_{z=0} = 0$，$f''(0) = \sin z\big|_{z=0} = 0$，$f'''(0) = \cos z\big|_{z=0} = 1 \neq 0$，所以 $z = 0$ 是 $f(z) = z - \sin z$ 的三级零点.

函数的零点与极点有下述关系.

定理 4-6 z_0 是 $\dfrac{1}{f(z)}$ 的 m 级极点的充要条件为 z_0 是 $f(z)$ 的 m 级零点.

证 充分性. 设 z_0 是 $f(z)$ 的 m 级零点，则有 $f(z) = (z - z_0)^m \varphi(z)$，其中 $\varphi(z)$ 在点 z_0 处解析，且 $\varphi(z_0) \neq 0$，由此，当 $z \neq z_0$ 时，得

$$\frac{1}{f(z)} = \frac{1}{(z - z_0)^m} \cdot \frac{1}{\varphi(z)} = \frac{1}{(z - z_0)^m} g(z),$$

而 $g(z) = \dfrac{1}{\varphi(z)}$ 在点 z_0 处解析，且 $g(z_0) = \dfrac{1}{\varphi(z_0)} \neq 0$. 因此，由定理 4-2 可知，点 z_0 是 $\dfrac{1}{f(z)}$ 的 m 级极点.

反之可证必要性.

定理 4-7 设函数 $f(z)$ 与 $g(z)$ 都在点 z_0 处解析.

(1) 若点 z_0 分别为 $f(z)$ 与 $g(z)$ 的 m 级零点和 n 级零点，则

① 点 z_0 为 $f(z)g(z)$ 的 $m + n$ 级零点；

② 当 $m < n$ 时，点 z_0 为 $\dfrac{f(z)}{g(z)}$ 的 $n - m$ 级极点；

③ 当 $n \leqslant m$ 时，点 z_0 为 $\dfrac{f(z)}{g(z)}$ 的可去奇点.

(2) 若 $f(z_0) \neq 0$，且点 z_0 为 $g(z)$ 的 n 级零点，则点 z_0 为 $\dfrac{f(z)}{g(z)}$ 的 n 级极点.

例 4-2 下列函数有哪些奇点？如果是极点，指出它的级.

(1) $f(z) = \dfrac{1}{\cos z}$；

(2) $f(z) = \dfrac{e^z - 1}{z^4(z - 1)^2}$.

解 (1) $f(z)$ 的奇点显然是满足 $\cos z = 0$ 的点，这些点是 $z = k\pi + \dfrac{\pi}{2}$ $(k = 0, \pm 1, \pm 2, \cdots)$，它们都是孤立奇点. 由于

$$(\cos z)'\Big|_{z = k\pi + \frac{\pi}{2}} = -\sin z\Big|_{z = k\pi + \frac{\pi}{2}} = (-1)^{k+1} \neq 0,$$

所以 $z = k\pi + \dfrac{\pi}{2}$ $(k = 0, \pm 1, \pm 2, \cdots)$ 都是 $\cos z$ 的一级零点，也就是 $\dfrac{1}{\cos z}$ 的一级极点.

(2) 显然 $z = 0$，$z = 1$ 是 $f(z)$ 的奇点. 因为 $z = 0$ 是 $z^4(z - 1)^2$ 的四级零点，又因为

$$e^z - 1\big|_{z=0} = 0, \quad (e^z - 1)'\big|_{z=0} = e^z\big|_{z=0} = 1 \neq 0,$$

所以 $z=0$ 是 e^z-1 的一级零点，于是由定理 4-7 可知，$z=0$ 是 $f(z)$ 的三级极点.

因为 $z=1$ 是 $z^4(z-1)^2$ 的二级零点，而 $z=1$ 不是 e^z-1 的零点，故由定理 4-7 可知，$z=1$ 是 $f(z)$ 的二级极点.

4.1.5　函数在无穷远点的性态

函数在无穷远点的性态.mp4

前面讨论函数的奇点都是在有限复平面上考虑的，但有时在考虑孤立奇点时，把函数放入扩充复平面，也就是把无穷远点 ∞ 放进去，会带来许多便利，由定义可知，$z=\infty$ 总是复变函数的奇点. 通常称区域 $|z|>R\ (R\geqslant 0)$ 为 $z=\infty$ 的一个邻域，称 $R<|z|<+\infty$ 为 $z=\infty$ 的去心邻域.

定义 4-6　如果 $f(z)$ 在无穷远点 $z=\infty$ 的去心邻域 $R<|z|<+\infty$ 内解析，则称点 ∞ 为 $f(z)$ 的**孤立奇点**.

例如，由于 $\dfrac{z}{z+2}$ 在有限复平面上除 $z=-2$ 外处处解析，所以它在 ∞ 的去心邻域 $2<|z|<+\infty$ 内解析，故 $z=\infty$ 是 $\dfrac{z}{z+2}$ 的孤立奇点.

设 $f(z)$ 在无穷远点 $z=\infty$ 的去心邻域 $R<|z|<+\infty$ 内解析，即 $z=\infty$ 为 $f(z)$ 的孤立奇点. 为了研究 $f(z)$ 在 $z=\infty$ 去心邻域内的性质，令 $t=\dfrac{1}{z}$，并且规定这个变换把扩充 z 平面的无穷远点 $z=\infty$ 映射成扩充 t 平面上的点 $t=0$. 同时，把扩充 z 平面的 $z=\infty$ 的去心邻域 $R<|z|<+\infty$ 映射成扩充 t 平面上的 $t=0$ 的去心邻域 $0<|t|<\dfrac{1}{R}$.

令 $\varphi(t)=f\left(\dfrac{1}{t}\right)=f(z)$，显然 $\varphi(t)$ 在 $0<|t|<\dfrac{1}{R}$ 内解析，即 $t=0$ 是 $\varphi(t)$ 的一个孤立奇点. 这样，在 $R<|z|<+\infty$ 内对 $f(z)$ 的研究，就转化为在 $0<|t|<\dfrac{1}{R}$ 内对 $\varphi(t)$ 的研究.

定义 4-7　结合上式，如果 $t=0$ 是 $\varphi(t)$ 的可去奇点、m 级极点或本性奇点，则称 $z=\infty$ 是 $f(z)$ 的**可去奇点**、**m 级极点**或**本性奇点**.

由于 $f(z)$ 在圆环域 $R<|z|<+\infty$ 内解析，所以在该圆环域内它可以展开成洛朗级数，根据第 3 章的定理 3-10，有

$$f(z)=\sum_{n=1}^{\infty}c_{-n}z^{-n}+c_0+\sum_{n=1}^{\infty}c_nz^n，\tag{4-6}$$

其中 $c_n=\dfrac{1}{2\pi\mathrm{i}}\oint_C\dfrac{f(\zeta)}{\zeta^{n+1}}\mathrm{d}\zeta\ (n=0,\pm1,\pm2,\cdots)$，$C$ 为 $R<|z|<+\infty$ 内绕原点的任何一条正向简单闭曲线. 因此 $\varphi(t)$ 在圆环域 $0<|t|<\dfrac{1}{R}$ 内的洛朗级数可由式(4-6)得到，即

$$\varphi(t)=\sum_{n=1}^{\infty}c_{-n}t^n+c_0+\sum_{n=1}^{\infty}c_nt^{-n}.\tag{4-7}$$

我们知道，如果在式(4-7)中，不含负幂项、含有有限个负幂项并且 t^{-m} 为最高负幂、含有无穷多的负幂项，那么 $t=0$ 是 $\varphi(t)$ 的可去奇点、m 级极点、本性奇点. 因此，根据

定义 4-7 可得下列定理.

定理 4-8 设 $f(z)$ 在 $z=\infty$ 的去心邻域 $R<|z|<+\infty$ 内的洛朗展开式(4-6)中不含正幂项、含有有限个正幂项且 z^m 为最高正幂、含有无穷个正幂项,则 $z=\infty$ 分别为 $f(z)$ 的可去奇点、m 级极点、本性奇点.

由此可见,无穷远点作为函数的孤立奇点,它的分类与有限远的孤立奇点相反,是以函数在无穷远点的去心邻域内洛朗展开式中正幂项的多少作为依据的.

注意 $\lim\limits_{z\to\infty}f(z)=\lim\limits_{t\to 0}\varphi(t)$,这样,定理 4-1、定理 4-3、定理 4-4 都可以平移到无穷远点的情形.

定理 4-9 设 $z=\infty$ 是函数 $f(z)$ 的孤立奇点,则 $z=\infty$ 是 $f(z)$ 的可去奇点、极点或本性奇点的充要条件是极限 $\lim\limits_{z\to\infty}f(z)$ 存在(有限值)、为无穷大或不存在也不为无穷大.

当 $z=\infty$ 为函数 $f(z)$ 的可去奇点,我们定义 $f(\infty)=\lim\limits_{z\to\infty}f(z)$,则认为 $f(z)$ 在 $z=\infty$ 处解析.

例 4-3 确定下列函数在 $z=\infty$ 处奇点的类型. 若是极点,指出它的级数.

(1) $\dfrac{z}{z+2}$;　　　(2) $\cos z$;　　　(3) $\dfrac{z^5+2}{z(z+1)^2}$;　　　(4) $\dfrac{1}{\sin z}$.

解　(1) 方法一:因为 $\lim\limits_{z\to\infty}\dfrac{z}{z+2}=\lim\limits_{z\to\infty}\dfrac{1}{1+\dfrac{2}{z}}=1$,所以 $z=\infty$ 是 $f(z)=\dfrac{z}{z+2}$ 的可去奇点. 如果令 $f(\infty)=1$,那么 $f(z)=\dfrac{z}{z+2}$ 就在 $z=\infty$ 处解析.

方法二:$f(z)=\dfrac{z}{z+2}$ 在 ∞ 的去心邻域 $2<|z|<+\infty$ 内可以展开成

$$f(z)=\frac{z}{z+2}=\frac{1}{1+\dfrac{2}{z}}=1-\frac{2}{z}+\frac{4}{z^2}-\frac{8}{z^3}+\cdots+(-1)^n\frac{2^n}{z^n}+\cdots,$$

它不含正幂项,所以 $z=\infty$ 是 $f(z)=\dfrac{z}{z+2}$ 的可去奇点.

(2) 函数 $\cos z$ 的展开式

$$\cos z=1-\frac{z^2}{2!}+\frac{z^4}{4!}-\cdots+(-1)^n\frac{z^{2n}}{(2n)!}+\cdots,\quad |z|<+\infty$$

含有无穷多的正幂项,所以 ∞ 是 $\cos z$ 的本性奇点.

(3) $\dfrac{z^5+2}{z(z+1)^2}$ 在 ∞ 的去心邻域 $1<|z|<+\infty$ 内解析,设 $f(z)=\dfrac{z^5+2}{z(z+1)^2}$,令 $t=\dfrac{1}{z}$,则

$$\varphi(t)=f\left(\frac{1}{t}\right)=\frac{1}{t^2}\cdot\frac{1+2t^5}{(1+t)^2}=\frac{1}{t^2}\cdot g(t).$$

由于 $g(t)$ 在 $t=0$ 处解析,且 $g(0)\neq 0$,所以根据定理 4-2 可知,$t=0$ 是 $\varphi(t)$ 的二级极点,因此 $z=\infty$ 是 $f(z)$ 的二级极点.

(4) 使分母 $\sin z$ 为 0 的点 $z=k\pi$ $(k=0,\pm 1,\pm 2,\cdots)$,它们都是 $\dfrac{1}{\sin z}$ 有限远的奇点,且

当 $k \to \infty$ 时，$z = k\pi \to \infty$，所以在 ∞ 的任何去心邻域 $R < |z| < +\infty$ 内，都有 $\dfrac{1}{\sin z}$ 的奇点，因此 $z = \infty$ 不是 $\dfrac{1}{\sin z}$ 的孤立奇点.

4.2　留数的定义及计算

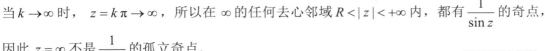

留数的定义及计算.mp4

4.2.1　留数的概念及定理

若函数 $f(z)$ 在点 z_0 处的某邻域内解析，对于该邻域内任意一条简单闭曲线 C，则根据柯西-古萨基本定理，可得

留数定理.mp4

$$\oint_C f(z)\,\mathrm{d}z = 0 .$$

但是，若点 z_0 为 $f(z)$ 的一个孤立奇点，即 $f(z)$ 在点 z_0 处的某去心邻域 $0 < |z - z_0| < R$ 内解析，对于该去心邻域内任一条包含 z_0 处的正向简单闭曲线 C，则 $\oint_C f(z)\,\mathrm{d}z$ 就不一定等于 0. 我们来计算一下它的值.

将 $f(z)$ 在 $0 < |z - z_0| < R$ 内展开成洛朗级数

$$f(z) = \cdots + c_{-n}(z - z_0)^{-n} + \cdots + c_{-1}(z - z_0)^{-1} + c_0 + c_1(z - z_0) + \cdots + c_n(z - z_0)^n + \cdots,$$

对展开式的两端沿 C 逐项积分，由于

$$\oint_C (z - z_0)^n\,\mathrm{d}z = \begin{cases} 0, & n \neq -1 \\ 2\pi\mathrm{i}, & n = -1 \end{cases},$$

则有

$$\oint_C f(z)\,\mathrm{d}z = \oint_C c_{-1}(z - z_0)^{-1}\,\mathrm{d}z = 2\pi\mathrm{i}\,c_{-1},$$

我们把唯一留下的这个积分值除以 $2\pi\mathrm{i}$ 后所得的数称为 $f(z)$ 在孤立奇点 z_0 的留数.

定义 4-8　设点 z_0 是 $f(z)$ 的孤立奇点，则 $f(z)$ 在点 z_0 处的去心邻域 $0 < |z - z_0| < R$ 内的洛朗级数中 $(z - z_0)^{-1}$ 的系数 $c_{-1} = \dfrac{1}{2\pi\mathrm{i}}\oint_C f(z)\,\mathrm{d}z$ 称为 $f(z)$ 在 z_0 点的**留数**，记作 $\mathrm{Res}[f(z), z_0]$，即

$$\mathrm{Res}[f(z), z_0] = c_{-1} = \frac{1}{2\pi\mathrm{i}}\oint_C f(z)\,\mathrm{d}z, \tag{4-8}$$

其中 C 为 $0 < |z - z_0| < R$ 内包含 z_0 的任意一条正向简单闭曲线.

例 4-4　求 $f(z) = \dfrac{\mathrm{e}^z - 1}{z}$ 在 $z = 0$ 处的留数.

解　在 $0 < |z| < +\infty$ 内有

$$f(z) = \frac{\mathrm{e}^z - 1}{z} = 1 + \frac{z}{2!} + \frac{z^2}{3!} + \cdots + \frac{z^{n-1}}{n!} + \cdots,$$

故 $\mathrm{Res}[f(z), 0] = c_{-1} = 0$. 实际上这是不通过计算就可以推导出来的，由于 $z = 0$ 是 $f(z)$ 的可去奇点，所以 $f(z)$ 在 $z = 0$ 处的洛朗展开式中不含有负幂项，即 c_{-1} 必为 0. 可以得出结

论：在可去奇点处，函数的留数总是等于 0.

例 4-5 求 $f(z) = \dfrac{1}{z(z-1)^2}$ 在 $z = 1$ 处的留数.

解 在 $z = 1$ 的去心邻域 $0 < |z-1| < 1$ 内，$f(z)$ 的洛朗展开式

$$f(z) = \frac{1}{z(z-1)^2} = \frac{1}{(z-1)^2} \cdot \frac{1}{1+(z-1)}$$

$$= \frac{1}{(z-1)^2} \cdot [1 - (z-1) + (z-1)^2 - (z-1)^3 + \cdots]$$

$$= \frac{1}{(z-1)^2} - \frac{1}{z-1} + 1 - (z-1) + (z-1)^2 - \cdots,$$

故 $\mathrm{Res}[f(z),1] = c_{-1} = -1$.

关于留数，有下面的基本定理.

定理 4-10 (留数定理) 设函数 $f(z)$ 在区域 D 内除有限个孤立奇点 $z_1, z_2, \cdots, z_n$ 外处处解析，C 是区域 D 内包围所有奇点的一条正向简单闭曲线，则

$$\oint_C f(z)\mathrm{d}z = 2\pi\mathrm{i} \sum_{k=1}^{n} \mathrm{Res}[f(z),z_k]. \tag{4-9}$$

证 在 C 内以 $z_k\ (k = 1,2,\cdots,n)$ 为圆心作互不相交且互不包含的小圆周 C_k (见图 4-1)，根据复合闭路定理，有

$$\oint_C f(z)\mathrm{d}z = \oint_{C_1} f(z)\mathrm{d}z + \oint_{C_2} f(z)\mathrm{d}z + \cdots + \oint_{C_n} f(z)\mathrm{d}z,$$

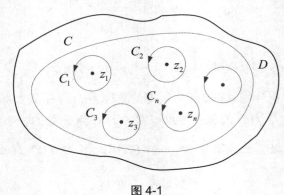

图 4-1

等式两边除以 $2\pi\mathrm{i}$，得

$$\frac{1}{2\pi\mathrm{i}} \oint_C f(z)\mathrm{d}z = \mathrm{Res}[f(z),z_1] + \mathrm{Res}[f(z),z_2] + \cdots + \mathrm{Res}[f(z),z_n],$$

即

$$\oint_C f(z)\mathrm{d}z = 2\pi\mathrm{i} \sum_{k=1}^{n} \mathrm{Res}[f(z),z_k].$$

该定理为计算沿闭曲线的积分提供了新方法——留数法，即求沿闭曲线 C 的积分，可转化为求被积函数在 C 内的各孤立奇点处的留数. 接下来就需要有效地求出 $f(z)$ 在孤立奇点的留数. 一般来说，求函数在其孤立奇点 z_0 处的留数只需求出在 z_0 点的去心邻域

$0 < |z - z_0| < R$ 内的洛朗级数中 $(z - z_0)^{-1}$ 的系数 c_{-1} 即可．但是如果能预先判断出孤立奇点的类型，留数的计算会变得更简单．

(1) 若点 z_0 是 $f(z)$ 的可去奇点，则 $\mathrm{Res}[f(z), z_0] = 0$．

(2) 若点 z_0 是 $f(z)$ 的本性奇点，则往往只能通过 $f(z)$ 在点 z_0 处的洛朗展开式来求 c_{-1}．

(3) 若点 z_0 是 $f(z)$ 的极点，多数情况下用下列规则计算更为简便．

4.2.2　留数的计算规则

留数的计算规则.mp4

规则 I　若 z_0 为 $f(z)$ 的一级极点，则
$$\mathrm{Res}[f(z), z_0] = \lim_{z \to z_0} (z - z_0) f(z) . \tag{4-10}$$

规则 II　若 z_0 为 $f(z)$ 的 m 级极点，则
$$\mathrm{Res}[f(z), z_0] = \frac{1}{(m-1)!} \lim_{z \to z_0} \frac{\mathrm{d}^{m-1}}{\mathrm{d}z^{m-1}} [(z - z_0)^m f(z)] . \tag{4-11}$$

证　由于
$$f(z) = c_{-m}(z - z_0)^{-m} + \cdots + c_{-2}(z - z_0)^{-2} + c_{-1}(z - z_0)^{-1} + c_0 + c_1(z - z_0) + \cdots,$$
用 $(z - z_0)^m$ 同时乘以上式两端，得
$$(z - z_0)^m f(z) = c_{-m} + c_{-m+1}(z - z_0) + \cdots + c_{-1}(z - z_0)^{m-1} + c_0(z - z_0)^m + c_1(z - z_0)^{m+1} + \cdots,$$
两边同求 $m - 1$ 阶导数，得
$$\frac{\mathrm{d}^{m-1}}{\mathrm{d}z^{m-1}} [(z - z_0)^m f(z)] = (m-1)! c_{-1} + m(m-1) \cdots 2 c_0 (z - z_0) + (m+1)m \cdots 3 c_1 (z - z_0)^2 + \cdots,$$
令 $z \to z_0$，两端求极限，右端的极限为 $(m-1)! c_{-1}$，再除以 $(m-1)!$ 就是 $\mathrm{Res}[f(z), z_0]$，因此得到式(4-11)，当 $m = 1$ 时就是式(4-10)．

注　与上述推导过程相同，设 z_0 为 $f(z)$ 的 n 级极点，而 $m > n$，这时系数 $c_{-m}, c_{-m+1}, \cdots, c_{-n-1}$ 都等于 0，则同样有
$$\mathrm{Res}[f(z), z_0] = \frac{1}{(m-1)!} \lim_{z \to z_0} \frac{\mathrm{d}^{m-1}}{\mathrm{d}z^{m-1}} [(z - z_0)^m f(z)] . \tag{4-12}$$

也就是说，如果函数 $f(z)$ 的极点 z_0 的实际级数 n 比 m 低，该公式仍然有效．

规则 III　设 $f(z) = \dfrac{P(z)}{Q(z)}$，$P(z)$ 及 $Q(z)$ 均在点 z_0 处解析，若
$$P(z_0) \neq 0, \quad Q(z_0) = 0, \quad Q'(z_0) \neq 0,$$
则 z_0 为 $f(z)$ 的一级极点，且
$$\mathrm{Res}[f(z), z_0] = \frac{P(z_0)}{Q'(z_0)} . \tag{4-13}$$

证　因为 $Q(z_0) = 0$，$Q'(z_0) \neq 0$，所以点 z_0 为 $Q(z)$ 的一级零点，而 $P(z_0) \neq 0$．因此由定理 4-7 可知，点 z_0 为 $f(z)$ 的一级极点．

由于 $Q(z_0) = 0$，$Q'(z_0) \neq 0$，故根据规则 I，可得

$$\text{Res}[f(z),z_0]=\lim_{z\to z_0}(z-z_0)f(z)=\lim_{z\to z_0}\frac{P(z)}{\dfrac{Q(z)-Q(z_0)}{z-z_0}}=\frac{P(z_0)}{Q'(z_0)}.$$

例 4-6　计算积分 $\displaystyle\oint_C\frac{e^z}{(z-1)(z-2)^2}\mathrm{d}z$，$C$ 为正向圆周：$|z|=3$.

解　由于 $f(z)=\dfrac{e^z}{(z-1)(z-2)^2}$ 有一级极点 $z=1$ 和二级极点 $z=2$，而这两个极点都在圆周 $|z|=3$ 内，所以

$$\oint_C\frac{e^z}{(z-1)(z-2)^2}\mathrm{d}z=2\pi\mathrm{i}\{\text{Res}[f(z),1]+\text{Res}[f(z),2]\},$$

由规则 Ⅰ 和规则 Ⅱ，可得

$$\text{Res}[f(z),1]=\lim_{z\to 1}\left[(z-1)\cdot\frac{e^z}{(z-1)(z-2)^2}\right]=\lim_{z\to 1}\frac{e^z}{(z-2)^2}=e,$$

$$\text{Res}[f(z),2]=\frac{1}{(2-1)!}\lim_{z\to 2}\frac{\mathrm{d}}{\mathrm{d}z}\left[(z-2)^2\cdot\frac{e^z}{(z-1)(z-2)^2}\right]$$

$$=\lim_{z\to 2}\frac{\mathrm{d}}{\mathrm{d}z}\left(\frac{e^z}{z-1}\right)=\lim_{z\to 2}\frac{e^z(z-1)-e^z}{(z-1)^2}=0.$$

因此

$$\oint_C\frac{e^z}{(z-1)(z-2)^2}\mathrm{d}z=2\pi\mathrm{i}(e+0)=2\pi e\mathrm{i}.$$

例 4-7　计算积分 $\displaystyle\oint_C\frac{z}{z^4-1}\mathrm{d}z$，$C$ 为正向圆周：$|z|=2$.

解　$f(z)=\dfrac{z}{z^4-1}$ 有四个一级极点 $\pm 1,\pm\mathrm{i}$，且都在圆周 $|z|=2$ 内，故

$$\oint_C\frac{z}{z^4-1}\mathrm{d}z=2\pi\mathrm{i}\{\text{Res}[f(z),1]+\text{Res}[f(z),-1]+\text{Res}[f(z),\mathrm{i}]+\text{Res}[f(z),-\mathrm{i}]\},$$

由规则 Ⅲ，可得 $\dfrac{P(z)}{Q'(z)}=\dfrac{z}{4z^3}=\dfrac{1}{4z^2}$，分别取 $z=\pm 1,\pm\mathrm{i}$，可得

$$\oint_C\frac{z}{z^4-1}\mathrm{d}z=2\pi\mathrm{i}\left(\frac{1}{4}+\frac{1}{4}-\frac{1}{4}-\frac{1}{4}\right)=0.$$

例 4-8　求 $f(z)=\dfrac{P(z)}{Q(z)}=\dfrac{z-\sin z}{z^6}$ 在 $z=0$ 处的留数.

解　由于

$$P(0)=0,\quad P'(0)=(1-\cos z)\big|_{z=0}=0,\quad P''(0)=\sin z\big|_{z=0}=0,\quad P'''(0)=\cos z\big|_{z=0}=1\neq 0.$$

所以 $z=0$ 是 $z-\sin z$ 的三级零点，从而 $z=0$ 是 $f(z)$ 的三级极点. 由规则 Ⅱ，可得

$$\text{Res}[f(z),0]=\frac{1}{(3-1)!}\lim_{z\to 0}\frac{\mathrm{d}^2}{\mathrm{d}z^2}\left(z^3\cdot\frac{z-\sin z}{z^6}\right).$$

显然接下来的运算比较麻烦. 如果利用洛朗展开式求 c_{-1} 就较为方便. 因为

$$\frac{z - \sin z}{z^6} = \frac{1}{z^6}\left[z - \left(z - \frac{z^3}{3!} + \frac{z^5}{5!} - \cdots\right)\right] = \frac{1}{3!z^3} - \frac{1}{5!z} + \frac{1}{7!}z - \cdots \quad (0 < |z| < +\infty),$$

所以

$$\mathrm{Res}\left[\frac{z - \sin z}{z^6}, 0\right] = c_{-1} = -\frac{1}{5!}.$$

由此可见，在求留数时应根据具体的问题灵活选择方法，不要拘泥于套用公式．如 z_0 为 $f(z)$ 的 m 级极点，当 m 较大而导数又难以计算时，可直接展开成洛朗级数求出 c_{-1} 来计算留数．在应用规则 II 时，为了计算方便，一般不要将 m 的值取得比实际的级数高，但有时这样做反而会使计算更方便．如上例取 $m = 6$，由式(4-12)，有

$$\mathrm{Res}[f(z), 0] = \frac{1}{(6-1)!}\lim_{z \to 0}\frac{\mathrm{d}^5}{\mathrm{d}z^5}\left(z^6 \cdot \frac{z - \sin z}{z^6}\right)$$
$$= \frac{1}{5!}\lim_{z \to 0}(-\cos z) = -\frac{1}{5!}.$$

4.2.3 无穷远点留数的计算

定义 4-9 设函数 $f(z)$ 在圆环域 $R < |z| < +\infty$ 内解析，C 为该圆环域内绕原点的任意一条正向简单闭曲线，则称积分

无穷远点留数的计算.mp4

$$\frac{1}{2\pi i}\oint_{C^-} f(z)\mathrm{d}z$$

为 $f(z)$ 在 ∞ 点的留数，记作

$$\mathrm{Res}[f(z), \infty] = \frac{1}{2\pi i}\oint_{C^-} f(z)\mathrm{d}z, \tag{4-14}$$

这里积分路线 C^- 表示 C 的反方向，即取顺时针方向(这个方向可以看作是绕无穷远点的正向)．

设 $f(z)$ 在 $R < |z| < +\infty$ 内的洛朗展开式为

$$f(z) = \sum_{n=1}^{\infty} c_{-n}z^{-n} + c_0 + \sum_{n=1}^{\infty} c_n z^n,$$

其中 $c_n = \frac{1}{2\pi i}\oint_C \frac{f(\zeta)}{\zeta^{n+1}}\mathrm{d}\zeta$ $(n = 0, \pm 1, \pm 2, \cdots)$．

则有

$$\mathrm{Res}[f(z), \infty] = -\frac{1}{2\pi i}\oint_C f(z)\mathrm{d}z = -c_{-1},$$

即 $f(z)$ 在 ∞ 点的留数与它在 ∞ 点的去心邻域 $R < |z| < +\infty$ 内洛朗展开式中 z^{-1} 的系数互为相反数．

需要指出，即使 $z = \infty$ 是 $f(z)$ 的可去奇点，$f(z)$ 在 ∞ 点的留数也未必是 0．这是和有限可去奇点的留数不一致的地方．例如，对函数 $f(z) = \frac{1}{z}$，$z = \infty$ 是它的可去奇点，但 $\mathrm{Res}[f(z), \infty] = -1$．

结合有限孤立奇点处的留数，可以得出下面的定理，它在计算留数时非常有用．

定理 4-11 设函数 $f(z)$ 在扩充复平面内除去有限个孤立奇点 $z_1, z_2, \cdots, z_n$ 和 $z = \infty$ 外处处解析，则 $f(z)$ 在所有各孤立奇点处的留数之和为 0．即

$$\operatorname{Res}[f(z), \infty] + \sum_{k=1}^{n} \operatorname{Res}[f(z), z_k] = 0 .$$

证 以原点为圆心，作半径为 R 的充分大的圆周 $C: |z| = R$，使得圆周 C 的内部包含 $z_1, z_2, \cdots, z_n$，则由留数定理和在无穷远点的留数定义，有

$$\operatorname{Res}[f(z), \infty] + \sum_{k=1}^{n} \operatorname{Res}[f(z), z_k]$$
$$= \frac{1}{2\pi i} \oint_{C^-} f(z) \mathrm{d}z + \frac{1}{2\pi i} \oint_{C} f(z) \mathrm{d}z = 0 .$$

关于在无穷远点的留数计算，有以下规则．

规则Ⅳ 设函数 $f(z)$ 在 $R < |z| < +\infty$ 内解析，则

$$\operatorname{Res}[f(z), \infty] = -\operatorname{Res}\left[f\left(\frac{1}{z}\right) \cdot \frac{1}{z^2}, 0 \right] . \tag{4-15}$$

证 设 $f(z)$ 在 $R < |z| < +\infty$ 内的洛朗展开式为

$$f(z) = \cdots + c_{-m} z^{-m} + \cdots + c_{-1} z^{-1} + c_0 + c_1 z + \cdots + c_n z^n + \cdots ,$$

则有

$$\operatorname{Res}[f(z), \infty] = -c_{-1} .$$

令 $z = \frac{1}{t}$，则 $f\left(\frac{1}{t}\right)$ 在 $0 < |t| < \frac{1}{R}$ 内解析，且在其邻域内的洛朗展开式为

$$f\left(\frac{1}{t}\right) = \cdots + c_{-m} t^m + \cdots + c_{-1} t + c_0 + c_1 t^{-1} + \cdots + c_n t^{-n} + \cdots ,$$

两端同时除以 t^2，可得

$$f\left(\frac{1}{t}\right) \cdot \frac{1}{t^2} = \cdots + c_{-m} t^{m-2} + \cdots + c_{-1} t^{-1} + c_0 t^{-2} + c_1 t^{-3} + \cdots + c_n t^{-n-2} + \cdots ,$$

则有

$$\operatorname{Res}\left[f\left(\frac{1}{t}\right) \cdot \frac{1}{t^2}, 0 \right] = c_{-1} .$$

因此

$$\operatorname{Res}[f(z), \infty] = -\operatorname{Res}\left[f\left(\frac{1}{t}\right) \cdot \frac{1}{t^2}, 0 \right] ,$$

即式(4-15)成立．

例 4-9 利用规则Ⅳ计算积分 $\oint_C \frac{z}{z^4 - 1} \mathrm{d}z$，$C$ 为正向圆周：$|z| = 2$．

解 $f(z) = \frac{z}{z^4 - 1}$ 有四个一级极点 $\pm 1, \pm i$ 都在圆周 $|z| = 2$ 内，则由留数定理、定理 4-11 及规则Ⅳ，可得

$$\oint_C \frac{z}{z^4-1}\mathrm{d}z = 2\pi\mathrm{i}\{\mathrm{Res}[f(z),1]+\mathrm{Res}[f(z),-1] +\mathrm{Res}[f(z),\mathrm{i}]+\mathrm{Res}[f(z),-\mathrm{i}]\}$$

$$= -2\pi\mathrm{i}\,\mathrm{Res}[f(z),\infty]$$

$$= 2\pi\mathrm{i}\,\mathrm{Res}\left[f\left(\frac{1}{z}\right)\cdot\frac{1}{z^2},0\right].$$

又因为 $f\left(\dfrac{1}{z}\right)\cdot\dfrac{1}{z^2}=\dfrac{z}{1-z^4}$，且 $\lim\limits_{z\to 0}\dfrac{z}{1-z^4}=0$，故 $z=0$ 为其可去奇点，所以

$$\mathrm{Res}\left[f\left(\frac{1}{z}\right)\cdot\frac{1}{z^2},0\right]=0,$$

从而

$$\oint_C \frac{z}{z^4-1}\mathrm{d}z = 0.$$

例 4-10　计算积分 $\oint_C \dfrac{\mathrm{d}z}{z(z-\mathrm{i})^{10}(z+4)}$，$C$ 为正向圆周：$|z|=3$.

解　除 ∞ 点外，被积函数的奇点是 -4，0 和 i，根据定理 4-11，有

$$\mathrm{Res}[f(z),-4]+\mathrm{Res}[f(z),0]+\mathrm{Res}[f(z),\mathrm{i}]+\mathrm{Res}[f(z),\infty]=0,$$

其中

$$f(z)=\frac{1}{z(z-\mathrm{i})^{10}(z+4)}.$$

由于 0 和 i 在 C 的内部，所以由上式和留数定理，可得

$$\oint_C \frac{\mathrm{d}z}{z(z-\mathrm{i})^{10}(z+4)} = 2\pi\mathrm{i}\{\mathrm{Res}[f(z),0]+\mathrm{Res}[f(z),\mathrm{i}]\}$$

$$= -2\pi\mathrm{i}\{\mathrm{Res}[f(z),-4]+\mathrm{Res}[f(z),\infty]\},$$

而

$$\mathrm{Res}[f(z),-4]=\lim_{z\to -4}(z+4)\frac{1}{z(z-\mathrm{i})^{10}(z+4)}=-\frac{1}{4(4+\mathrm{i})^{10}},$$

$$\mathrm{Res}[f(z),\infty]=-\mathrm{Res}\left[f\left(\frac{1}{z}\right)\cdot\frac{1}{z^2},0\right]$$

$$=-\mathrm{Res}\left[\frac{z^{10}}{(1-\mathrm{i}z)^{10}(1+4z)},0\right]=0,$$

从而

$$\oint_C \frac{\mathrm{d}z}{z(z-\mathrm{i})^{10}(z+4)} = -2\pi\mathrm{i}\left[-\frac{1}{4(4+\mathrm{i})^{10}}+0\right]=\frac{\pi\mathrm{i}}{2(4+\mathrm{i})^{10}}.$$

如果直接用规则 II 来计算 $\mathrm{Res}[f(z),\mathrm{i}]$，由于 i 是 $f(z)$ 的十级极点，因此计算将非常繁琐. 可见在应用留数定理计算沿闭曲线积分 $\oint_C f(z)\mathrm{d}z$ 时，如果函数 $f(z)$ 只有有限个孤立奇点，而在 C 内的孤立奇点比较多，或者某些奇点处的留数很难求得，或者有些极点的级数比较高时，可以通过定理 4-11，将计算 C 内各奇点处的留数转化为计算 $f(z)$ 在 C 外的孤立奇点和 ∞ 处的留数，从而简化某些积分的计算.

4.3 留数在定积分计算中的应用

高等数学中的牛顿-莱布尼茨公式对定积分的计算起着十分重要的作用. 但在实际问题中出现的一些定积分或广义积分, 或者被积函数的原函数不能用初等函数来表示, 或者即使可求出原函数, 计算也相当复杂.

留数定理为许多这类实积分提供了一种有效的计算方法, 其基本思想是把实积分转化为复变函数沿着某一简单闭曲线的积分, 利用留数定理把它归结为留数的计算问题. 要使用留数计算, 需要两个条件: 一是被积函数与某个解析函数有关; 二是定积分可化为某个沿闭曲线的复积分. 还要说明的是, 利用留数计算定积分或广义积分没有普遍适用的方法, 我们仅考虑几种特殊类型的积分.

留数在定积分计算中的
应用.mp4

4.3.1 形如 $\int_0^{2\pi} R(\cos\theta, \sin\theta)\,\mathrm{d}\theta$ 的积分

其中 $R(\cos\theta, \sin\theta)$ 是 $\cos\theta$, $\sin\theta$ 的有理函数, 且在 $[0, 2\pi]$ 上连续. 令 $z = \mathrm{e}^{\mathrm{i}\theta}$, 则

$$\mathrm{d}z = \mathrm{i}\mathrm{e}^{\mathrm{i}\theta}\,\mathrm{d}\theta,$$

$$\mathrm{d}\theta = \frac{\mathrm{d}z}{\mathrm{i}z},$$

$$\sin\theta = \frac{1}{2\mathrm{i}}(\mathrm{e}^{\mathrm{i}\theta} - \mathrm{e}^{-\mathrm{i}\theta}) = \frac{z^2 - 1}{2\mathrm{i}z},$$

$$\cos\theta = \frac{1}{2}(\mathrm{e}^{\mathrm{i}\theta} + \mathrm{e}^{-\mathrm{i}\theta}) = \frac{z^2 + 1}{2z}.$$

当 θ 从 0 移动到 2π 时, z 沿单位圆周 $|z| = 1$ 移动一周, 因此所设积分转化为沿正向单位圆周的复积分:

$$\int_0^{2\pi} R(\cos\theta, \sin\theta)\,\mathrm{d}\theta = \oint_{|z|=1} R\left(\frac{z^2+1}{2z}, \frac{z^2-1}{2\mathrm{i}z}\right)\frac{\mathrm{d}z}{\mathrm{i}z} = \oint_{|z|=1} f(z)\,\mathrm{d}z,$$

其中 $f(z)$ 为 z 的有理函数, 且在 $|z| = 1$ 上分母不为 0, 所以满足留数定理的条件. 由留数定理, 可得

$$\int_0^{2\pi} R(\cos\theta, \sin\theta)\,\mathrm{d}\theta = \oint_{|z|=1} f(z)\,\mathrm{d}z = 2\pi\mathrm{i}\sum_{k=1}^{n}\mathrm{Res}[f(z), z_k], \tag{4-16}$$

其中 $z_k\,(k = 1, 2, \cdots, n)$ 为包含在 $|z| = 1$ 内的 $f(z)$ 的极点.

例 4-11 计算 $I = \int_0^{2\pi} \dfrac{\mathrm{d}\theta}{(2 + \sqrt{3}\cos\theta)^2}$ 的值.

解 令 $z = \mathrm{e}^{\mathrm{i}\theta}$, 则 $\cos\theta = \dfrac{z^2+1}{2z}$, $\mathrm{d}\theta = \dfrac{\mathrm{d}z}{\mathrm{i}z}$, 积分 I 可转化为

$$I = -\frac{4\mathrm{i}}{3}\oint_{|z|=1} \frac{z\,\mathrm{d}z}{(z+\sqrt{3})^2\left(z+\dfrac{1}{\sqrt{3}}\right)^2} = -\frac{4\mathrm{i}}{3}\oint_{|z|=1} f(z)\,\mathrm{d}z.$$

由于被积函数 $f(z)$ 在 $|z|=1$ 内只有二级极点 $z=-\dfrac{1}{\sqrt{3}}$，且在圆周 $|z|=1$ 上无奇点，所以利用留数定理，可得

$$I = -\frac{4\mathrm{i}}{3} \cdot 2\pi\mathrm{i}\,\mathrm{Res}\!\left[f(z),-\frac{1}{\sqrt{3}}\right]$$

$$= \frac{8\pi}{3}\left[\frac{z}{(z+\sqrt{3})^2}\right]'\Bigg|_{z=-\frac{1}{\sqrt{3}}} = \frac{8\pi}{3}\,\frac{\sqrt{3}-z}{(z+\sqrt{3})^3}\Bigg|_{z=-\frac{1}{\sqrt{3}}} = 4\pi.$$

4.3.2　形如 $\int_{-\infty}^{+\infty} R(x)\mathrm{d}x$ 的积分

当被积函数 $R(x)$ 是 x 的有理函数，而分母的次数至少比分子的次数高二次，并且 $R(z)$ 在实轴上没有孤立奇点时，积分是存在的．若设 $R(z)$ 在上半平面 $\mathrm{Im}\,z>0$ 内的极点为 $z_k\,(k=1,2,\cdots,p)$，则

$$\int_{-\infty}^{+\infty} R(x)\mathrm{d}x = 2\pi\mathrm{i}\sum_{k=1}^{p}\mathrm{Res}[R(z),z_k]. \tag{4-17}$$

不失一般性，设

$$R(z) = \frac{z^n + a_1 z^{n-1} + \cdots + a_n}{z^m + b_1 z^{m-1} + \cdots + b_m},\quad m-n\geqslant 2$$

为一个已约分式．

我们取积分路线，如图 4-2 所示，其中 C_R 是以原点为中心、R 为半径的在上半平面的半圆周．取 R 适当大，使 $R(z)$ 所有的在上半平面的极点 $z_k\,(k=1,2,\cdots,p)$ 都包含在该积分路线之内．根据留数定理，可得

$$\int_{-R}^{R} R(x)\mathrm{d}x + \int_{C_R} R(z)\,\mathrm{d}z = 2\pi\mathrm{i}\sum_{k=1}^{p}\mathrm{Res}[R(z),z_k], \tag{4-18}$$

这个等式不因 C_R 的半径 R 不断增大而有所改变．又因为

$$|R(z)| = \frac{1}{|z|^{m-n}}\frac{|1+a_1 z^{-1}+\cdots+a_n z^{-n}|}{|1+b_1 z^{-1}+\cdots+b_m z^{-m}|} \leqslant \frac{1}{|z|^{m-n}}\cdot\frac{1+|a_1 z^{-1}+\cdots+a_n z^{-n}|}{1-|b_1 z^{-1}+\cdots+b_m z^{-m}|},$$

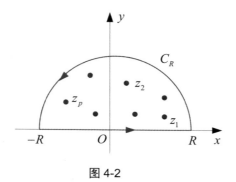

图 4-2

而当 $|z|$ 充分大时，总有

$$|a_1 z^{-1} + \cdots + a_n z^{-n}| < \frac{1}{2}, \quad |b_1 z^{-1} + \cdots + b_m z^{-m}| < \frac{1}{2},$$

由于 $m - n \geq 2$，故有

$$|R(z)| < \frac{1}{|z|^{m-n}} \cdot \frac{1 + \frac{1}{2}}{1 - \frac{1}{2}} < \frac{3}{|z|^2}.$$

因此，在半径 R 充分大的 C_R 上，有

$$\left| \int_{C_R} R(z)\mathrm{d}z \right| \leq \int_{C_R} |R(z)|\mathrm{d}s \leq \frac{3}{R^2}\pi R = \frac{3\pi}{R}.$$

所以，当 $R \to +\infty$ 时，$\int_{C_R} R(z)\mathrm{d}z \to 0$，从而在式(4-18)中令 $R \to +\infty$，得到式(4-17).

例 4-12 计算积分 $I = \int_{-\infty}^{+\infty} \frac{x^2 - x + 2}{(x^2 + 9)(x^2 + 1)}\mathrm{d}x.$

解 将 m, n 代入原题，可得 $m = 4$, $n = 2$, $m - n = 2$，且 $R(z) = \frac{z^2 - z + 2}{(z^2 + 9)(z^2 + 1)}$ 在实轴上无孤立奇点，因此积分是存在的. $R(z)$ 在上半平面内只有两个一级极点 $z = \mathrm{i}$, $z = 3\mathrm{i}$，由于

$$\mathrm{Res}[R(z), \mathrm{i}] = \lim_{z \to \mathrm{i}}\left[(z - \mathrm{i}) \cdot \frac{z^2 - z + 2}{(z^2 + 9)(z^2 + 1)} \right] = \frac{1 - \mathrm{i}}{16\mathrm{i}},$$

$$\mathrm{Res}[R(z), 3\mathrm{i}] = \lim_{z \to 3\mathrm{i}}\left[(z - 3\mathrm{i}) \cdot \frac{z^2 - z + 2}{(z^2 + 9)(z^2 + 1)} \right] = \frac{7 + 3\mathrm{i}}{48\mathrm{i}}.$$

故根据式(4-17)，可得

$$I = 2\pi\mathrm{i}\left(\frac{1 - \mathrm{i}}{16\mathrm{i}} + \frac{7 + 3\mathrm{i}}{48\mathrm{i}} \right) = \frac{5\pi}{12}.$$

4.3.3 形如 $\int_{-\infty}^{+\infty} R(x)\mathrm{e}^{\mathrm{i}ax}\mathrm{d}x \ (a > 0)$ 的积分

当 $R(x)$ 是 x 的有理函数，而分母的次数至少比分子的次数高一次，并且 $R(z)$ 在实轴上没有孤立奇点时，积分是存在的. 若设 $R(z)$ 在上半平面 $\mathrm{Im}\,z > 0$ 内的极点为 $z_k \ (k = 1, 2, \cdots, p)$，则

$$\int_{-\infty}^{+\infty} R(x)\mathrm{e}^{\mathrm{i}ax}\,\mathrm{d}x = 2\pi\mathrm{i}\sum_{k=1}^{p}\mathrm{Res}[R(z)\mathrm{e}^{\mathrm{i}az}, z_k]. \tag{4-19}$$

事实上，同前一型一样取积分线路(见图 4-2)，包含 $R(z)$ 在上半平面的一切奇点 $z_k \ (k = 1, 2, \cdots, p)$，由留数定理，可得

$$\int_{-R}^{R} R(x)\mathrm{e}^{\mathrm{i}ax}\mathrm{d}x + \int_{C_R} R(z)\mathrm{e}^{\mathrm{i}az}\,\mathrm{d}z = 2\pi\mathrm{i}\sum_{k=1}^{p}\mathrm{Res}[R(z)\mathrm{e}^{\mathrm{i}az}, z_k]. \tag{4-20}$$

同前一型对 $R(z)$ 的处理一样，由于 $m - n \geq 1$，故对于充分大的 $|z|$，有

$$|R(z)| < \frac{3}{|z|} .$$

因此

$$\left| \int_{C_R} R(z) \mathrm{e}^{\mathrm{i}az} \,\mathrm{d}z \right| \leqslant \int_{C_R} |R(z)| |\mathrm{e}^{\mathrm{i}az}| \,\mathrm{d}s < \frac{3}{R} \int_{C_R} |\mathrm{e}^{\mathrm{i}a(x+\mathrm{i}y)}| \,\mathrm{d}s = \frac{3}{R} \int_{C_R} \mathrm{e}^{-ay} \,\mathrm{d}s ,$$

由 $C_R : x = R\cos\theta,\ y = R\sin\theta\quad(0 \leqslant \theta \leqslant \pi)$，有

$$\frac{3}{R} \int_{C_R} \mathrm{e}^{-ay} \,\mathrm{d}s = 3\int_0^\pi \mathrm{e}^{-aR\sin\theta} \,\mathrm{d}\theta = 6\int_0^{\frac{\pi}{2}} \mathrm{e}^{-aR\sin\theta} \,\mathrm{d}\theta ,$$

由图 4-3 可得，当 $0 \leqslant \theta \leqslant \dfrac{\pi}{2}$ 时，$\sin\theta \geqslant \dfrac{2\theta}{\pi} \geqslant 0$，所以

$$\left| \int_{C_R} R(z) \mathrm{e}^{\mathrm{i}az} \,\mathrm{d}z \right| < 6\int_0^{\frac{\pi}{2}} \mathrm{e}^{-aR\left(\frac{2\theta}{\pi}\right)} \,\mathrm{d}\theta = \frac{3\pi}{aR}(1 - \mathrm{e}^{-aR}) \to 0 \quad (R \to +\infty) .$$

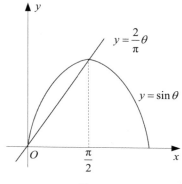

图 4-3

于是，在式 (4-20) 中，令 $R \to +\infty$，即可得到式 (4-19)，或

$$\int_{-\infty}^{+\infty} R(x)\cos ax \,\mathrm{d}x + \mathrm{i}\int_{-\infty}^{+\infty} R(x)\sin ax \,\mathrm{d}x = 2\pi\mathrm{i} \sum_{k=1}^p \mathrm{Res}[R(z)\mathrm{e}^{\mathrm{i}az}, z_k] .$$

例 4-13　计算积分 $I = \displaystyle\int_0^{+\infty} \frac{\cos ax}{1+x^2} \,\mathrm{d}x \quad (a > 0)$.

解　将 $m,\ n$ 代入原题，可得 $m = 2,\ n = 0,\ m - n = 2$，且 $R(z) = \dfrac{1}{1+z^2}$ 在实轴上无孤立奇点，因此所求的积分是存在的. $R(z)$ 在上半平面内有唯一的一级极点 $z = \mathrm{i}$，根据式 (4-19)，可得

$$\int_{-\infty}^{+\infty} \frac{1}{1+x^2} \mathrm{e}^{\mathrm{i}ax} \,\mathrm{d}x = 2\pi\mathrm{i}\,\mathrm{Res}[R(z)\mathrm{e}^{\mathrm{i}az}, \mathrm{i}] = 2\pi\mathrm{i} \left. \frac{\mathrm{e}^{\mathrm{i}az}}{2z} \right|_{z=\mathrm{i}} = \pi\mathrm{e}^{-a} .$$

因此

$$\int_0^{+\infty} \frac{\cos ax}{1+x^2} \,\mathrm{d}x = \frac{1}{2}\int_{-\infty}^{+\infty} \frac{\cos ax}{1+x^2} \,\mathrm{d}x$$

$$= \frac{1}{2}\mathrm{Re}\left(\int_{-\infty}^{+\infty} \frac{1}{1+x^2} \mathrm{e}^{\mathrm{i}ax} \,\mathrm{d}x \right) = \frac{1}{2}\pi\mathrm{e}^{-a} .$$

注意 本节所提到的 $\int_{-\infty}^{+\infty} R(x)\mathrm{d}x$ 和 $\int_{-\infty}^{+\infty} R(x)\mathrm{e}^{iax}\mathrm{d}x(a>0)$ 两种类型的积分中，都要求被积函数中的 $R(z)$ 在实轴上无孤立奇点.

假如 $R(z)$ 在实轴上有有限个一级极点 $x_j\,(j=1,2,\cdots,l)$，$R(x)$ 是 x 的有理函数，而分母的次数至少比分子的次数高一次，且 $R(z)$ 在上半平面 $\mathrm{Im}\,z>0$ 内的极点为 $z_k\,(k=1,2,\cdots,p)$，则

$$\int_{-\infty}^{+\infty} R(x)\mathrm{e}^{iax}\,\mathrm{d}x = 2\pi\mathrm{i}\sum_{k=1}^{p}\mathrm{Res}[R(z)\mathrm{e}^{iaz},z_k] +\pi\mathrm{i}\sum_{j=1}^{l}\mathrm{Res}[R(z)\mathrm{e}^{iaz},x_j], \qquad (4\text{-}21)$$

其中 $a>0$ 为常数. 这里仅给出结论，对于证明感兴趣的读者可以参考文献[15].

例 4-14 计算狄里克雷(Dirichlet)积分 $\int_0^{+\infty}\dfrac{\sin x}{x}\mathrm{d}x$.

解 因为

$$\int_0^{+\infty}\frac{\sin x}{x}\mathrm{d}x=\frac{1}{2}\int_{-\infty}^{+\infty}\frac{\sin x}{x}\mathrm{d}x=\frac{1}{2}\,\mathrm{Im}\left(\int_{-\infty}^{+\infty}\frac{\mathrm{e}^{ix}}{x}\mathrm{d}x\right),$$

将 m，n 代入上式，可得 $m=1$，$n=0$，$m-n=1$，且 $R(z)=\dfrac{1}{z}$ 只在实轴上有 1 个一级极点 $z=0$，根据式(4-21)，可得

$$\int_{-\infty}^{+\infty}\frac{\mathrm{e}^{ix}}{x}\mathrm{d}x=2\pi\mathrm{i}\cdot 0+\pi\mathrm{i}\,\mathrm{Res}\left[\frac{\mathrm{e}^{iz}}{z},0\right]$$

$$=\pi\mathrm{i}\lim_{z\to 0}z\frac{\mathrm{e}^{iz}}{z}=\pi\mathrm{i},$$

所以

$$\int_0^{+\infty}\frac{\sin x}{x}\mathrm{d}x=\frac{\pi}{2}\,.$$

4.4 MATLAB 实验

4.4.1 复变函数为有理分式函数

若复变函数为有理分式函数时，可以利用函数 residue 计算其在某点 z_0 处的留数，调用形式如下：

```
>> [R,P]=residue(A,B)
```

其中，参数 A 和参数 B 分别表示有理分式函数的分子、分母按照 s 降幂排列的系数. 返回值中 R 和 P 均为长度相同的向量，其中 R 返回对应极点的留数，P 返回函数的极点. 若出现重极点时，则对应于同一个极点，会返回多个 R 值，其中只有第一个值才是该极点的留数.

例 4-15 设 $f(z)=\dfrac{1}{z^3+3z^2-10z}$，求函数在各极点处的留数.

解 在 MATLAB 命令窗口中输入：

```
>> A=[1];
>> B=[1,3,-10,0];
>> [R,P]=residue(A,B)
R =
    0.0286
    0.0714
   -0.1000
P =
   -5
    2
    0
```

结果表明，函数 $f(z) = \dfrac{1}{z^3 + 3z^2 - 10z}$ 有三个一级极点：-5，2 和 0，其留数分别为：

$$\text{Res}[f(z),-5] = 0.0286, \quad \text{Res}[f(z),2] = 0.0714, \quad \text{Res}[f(z),0] = -0.1000 .$$

例 4-16 设 $f(z) = \dfrac{z+1}{z(z-1)^2}$，求函数在各极点处的留数.

解 其中

$$z(z-1)^2 = z^3 - 2z^2 + z ,$$

在 MATLAB 命令窗口中输入：

```
>> A=[1,1];
>> B=[1,-2,1,0];
>> [R,P]=residue(A,B)
R =
   -1
    2
    1
P =
    1
    1
    0
```

结果表明，函数 $f(z) = \dfrac{z+1}{z(z-1)^2}$ 有两个极点，其中 $z = 1$ 为二级极点，$z = 0$ 为一级极点，其留数分别为：

$$\text{Res}[f(z),1] = -1, \quad \text{Res}[f(z),0] = 1 .$$

4.4.2 其他类型函数

若复变函数不是有理分式函数，则函数 residue 不能解决问题. 此时对留数的计算可以根据留数的计算规则进行.

例 4-17 设 $f(z) = \dfrac{\sin z - z}{z^6}$，求 $\text{Res}[f(z),0]$.

解 由于 $z = 0$ 是 $\sin z - z$ 的三级零点，且 $z = 0$ 是 z^6 的六级零点，从而 $z = 0$ 是 $f(z) =$

$\dfrac{\sin z - z}{z^6}$ 的三级极点. 根据留数的计算规则 II，可得

$$\text{Res}[f(z), z_0] = \frac{1}{(m-1)!} \lim_{z \to z_0} \frac{\mathrm{d}^{m-1}}{\mathrm{d}z^{m-1}} [(z - z_0)^m f(z)],$$

并取 $m = 3$，在 MATLAB 命令窗口中输入：

```
>> syms z
>> f=(sin(z)-z)/z^6;
>> limit(diff(z^3*f,z,2),z,0)/factorial(2)
 ans =
 1/120
```

若在上述公式中取 $m = 6$，在 MATLAB 命令窗口中输入：

```
>> syms z
>> f=(sin(z)-z)/z^6;
>> limit(diff(z^6*f,z,5),z,0)/factorial(5)
 ans =
 1/120
```

可见，二者的结果相同. 这说明在应用上述公式计算极点 z_0 处的留数时，可以选择 m 大于极点的实际级数.

例 4-18   利用留数计算积分 $\displaystyle\oint_C \frac{z}{z^4 - 1} \mathrm{d}z$，其中 C 为正向圆周：$|z| = 2$.

解   先计算被积函数在圆周 C 所围成的区域内的所有极点处的留数，再根据留数定理计算积分. 在 MATLAB 命令窗口中输入：

```
>> A=[1,0];
>> B=[1,0,0,0,-1];
>> [R,P]=residue(A,B);
>> 2*pi*i*sum(R)
ans =
    0
```

 本章小结

留数总结.mp4

本章研究了留数理论的基础，学习了留数定理及其在定积分和广义积分中的应用. 留数的概念是通过孤立奇点处的洛朗级数负一次幂项的系数定义的. 留数理论实质上是解析函数积分理论的继续，柯西积分定理与柯西积分公式就是留数基本定理的特例. 留数基本定理把解析函数沿封闭曲线的积分计算问题转化为求函数在该封闭曲线内部各孤立奇点处的留数问题，这充分显示了留数积分表达形式在解析函数的积分计算中的重要价值.

留数定理的证明应用了复合闭路定理. 从这个意义上说，留数定理是柯西–古萨基本定理的推广. 由留数定理结合留数计算规则 I 和 II，很容易推出柯西积分公式和高阶导数

公式,即柯西积分公式及高阶导数公式都是留数定理的特例.留数定理把复变函数沿封闭曲线的积分,转化为求被积函数在该曲线内的各孤立奇点处的留数计算问题.函数在其极点处的留数计算极为常见,这自然就将留数计算问题转化为求导和极限问题.一般地,凡是用柯西积分公式和高阶导数公式可解的题,均可用留数定理来解,但是有些题却只能用留数定理来求,例如积分 $\oint_{|z|=1} \dfrac{z\sin z}{(1-\mathrm{e}^z)^3}\mathrm{d}z$.引入无穷远点的留数,可以解决有限孤立奇点过多或是有限孤立奇点的留数较难计算的麻烦.

　　留数在复变函数论中是一个非常重要的概念及研究对象,也是数学应用中一个重要的工具.留数定理的计算充分体现了其应用价值,可以计算某些利用常规方法很难求解的定积分或广义积分,可以直接处理或间接转化为沿闭曲线的积分,可以计算函数的零点与极点的个数以及解决渐进估值问题等.在电磁学中安培(Ampere)环路定理、高斯(Gauss)定理等公式的推导,以及在阻尼振动、热传导、光的衍射等问题中出现的积分计算中,引入留数理论可以使计算过程更为简洁省力.

复习思考题

1. 判断下列命题的真假,并说明理由.

(1)　$z=0$ 是函数 $f(z)=\sec\dfrac{1}{z}$ 的孤立奇点;

(2)　若 z_0 为 $f(z)$ 的 $m(m>1)$ 级极点,则 z_0 必为 $f'(z)$ 的 $m-1$ 级极点;

(3)　若 z_0 为 $f(z)$ 和 $g(z)$ 的 m 级极点,则 z_0 必为 $f(z)+g(z)$ 的 m 级极点;

(4)　函数 $f(z)=\dfrac{1}{z(z-1)^3}$ 有下列洛朗展开式:

$$\frac{1}{z(z-1)^3}=\cdots+\frac{1}{(z-1)^6}-\frac{1}{(z-1)^5}+\frac{1}{(z-1)^4}\,,\quad |z-1|>1\,,$$

所以 $z=1$ 是 $f(z)$ 的本性奇点.

2. 综合题

(1)　下列函数有些什么奇点? 如果是极点,指出它的级.

①　$\dfrac{\cos z}{z^2}$;　　　　　　②　$\dfrac{1}{z^2(1+z^2)}$;　　　　　　③　$\dfrac{1}{\sin z^2}$;

④　$\sin\dfrac{1}{z-1}$;　　　　　⑤　$\dfrac{\mathrm{e}^z-1}{z^3}$;　　　　　　⑥　$\dfrac{1}{(1-\mathrm{e}^z)^3}$;

⑦　$\dfrac{\ln(z+1)}{z}$;　　　　　⑧　$\mathrm{e}^{\frac{1}{z-1}}$.

(2)　设 $f(z)$ 和 $g(z)$ 是以点 z_0 为零点的两个不恒等于 0 的解析函数,证明:

$$\lim_{z\to z_0}\frac{f(z)}{g(z)}=\lim_{z\to z_0}\frac{f'(z)}{g'(z)}\qquad (\text{或两端均为}\ \infty).$$

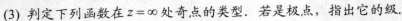

(3) 判定下列函数在 $z=\infty$ 处奇点的类型. 若是极点, 指出它的级.

① $e^{\frac{1}{z}}$;　　② $\sin z-\cos z$;　　③ $\dfrac{z}{2+z^2}$;　　④ $z^2\sin\dfrac{1}{z}$.

(4) 求下列各函数 $f(z)$ 在有限奇点处的留数.

① $\dfrac{1-\cos z}{z^2}$;　　　　② $\dfrac{z-1}{z^2+3z}$;　　　　③ $\dfrac{e^z-1}{z}$;

④ $\dfrac{z^2}{(z^2+1)^2}$;　　　　⑤ $z^2\sin\dfrac{1}{z}$.

(5) 利用留数定理计算下列积分 (圆周均取正向).

① $\displaystyle\oint_{|z|=1}\dfrac{1}{z\sin z}\mathrm{d}z$;　　　　② $\displaystyle\oint_{|z|=\frac{3}{2}}\dfrac{z e^{2z}}{z^2-1}\mathrm{d}z$;

③ $\displaystyle\oint_{|z|=2}\dfrac{e^z}{z(z-1)^2}\mathrm{d}z$;　　　　④ $\displaystyle\oint_{|z|=\frac{3}{2}}\dfrac{1-\cos z}{z}\mathrm{d}z$.

(6) 求下列函数在无穷远点的留数.

① $\dfrac{z}{(z-1)(z+1)^2}$;　　② $z+\dfrac{1}{z}$;　　③ $\dfrac{1}{z(z+1)^4(z-4)}$;　　④ $\dfrac{1-e^z}{z^2}$.

(7) 计算下列各积分 (C 为正向圆周).

① $\displaystyle\oint_C\dfrac{\mathrm{d}z}{(z^6+1)(z+3)}$, $C:|z|=2$;　　② $\displaystyle\oint_C\dfrac{z^{15}}{(z^2+1)^2(z^4+2)^3}\mathrm{d}z$, $C:|z|=3$.

(8) 利用留数计算下列积分.

① $\displaystyle\int_0^{2\pi}\dfrac{1}{(2+\sqrt{3}\cos\theta)^2}\mathrm{d}\theta$;　　　② $\displaystyle\int_{-\infty}^{+\infty}\dfrac{1}{(1+x^2)^2}\mathrm{d}x$;

③ $\displaystyle\int_0^{+\infty}\dfrac{x^2}{1+x^4}\mathrm{d}x$;　　　　　④ $\displaystyle\int_{-\infty}^{+\infty}\dfrac{\cos 2x}{x^2+4}\mathrm{d}x$;

⑤ $\displaystyle\int_0^{+\infty}\dfrac{x^2}{(x^2+1)(x^2+4)}\mathrm{d}x$.

第 5 章　共 形 映 射

学习要点及目标

- 了解导数的几何意义和共形映射的概念.
- 掌握分式线性映射的保圆性、保对称性等映射性质.
- 掌握幂函数及指数函数的映射特点.
- 掌握简单区域之间的共形映射的求解方法.

核心概念　⌄

共形映射　分式线性映射　保圆性

通过分析的方法(如微分、积分、级数展开等)可以研究解析函数的代数性质和应用. 从几何观点看, 复变函数可以解释为从 z 平面到 w 平面之间的一个映射. 本章将从几何的角度研究解析函数所构成的映射特征, 主要讨论由解析函数构成的共形映射、由分式线性函数构成的映射以及由幂函数与指数函数所构成的映射等. 共形映射在数学本身以及在解决流体力学、弹性力学、电学等学科的实际问题中具有广泛的应用, 是问题化繁为简的重要方法.

5.1　共形映射概述

复变函数 $w = f(z)$ 在几何上可以认为是将 z 平面上的一个点集 D 映射到 w 平面上的一个点集 G. 讨论复变函数映射的几何特性, 首先要弄清楚复平面上的一个点集与它的像集之间的对应关系. 我们知道, 一元实变函数中, 导数刻画了因变量相对于自变量的变化情况, 且具有明显的几何意义. 那么, 复变函数的导数刻画了什么样的关系, 又有什么样的几何意义呢?

5.1.1　两曲线的夹角

设 C 为 z 平面上的一条有向简单光滑曲线, 其参数方程为 $z = z(t)$ $(\alpha \leqslant t \leqslant \beta)$, C 的正向与参数 t 增加的方向一致, $z = z(t)$ 是一个连续函数.

在曲线 C 上任取两个不同的点 P_0 和 P, $z(t_0)$ 和 $z(t_0 + \Delta t)$ 分别为点 P_0 和 P 所对应的复数. 如果我们规定割线 $P_0 P$ 的正向对应于参数 t 增加的方向, 那么这个方向与

$$\frac{z(t_0 + \Delta t) - z(t_0)}{\Delta t}$$

表示的向量与曲线 C 在 $z_0 = z(t_0)$ 处相切，且与曲线 C 的正向一致(见图5-1(a))．如果我们规定这个向量的方向为 C 上点 z_0 处的切线正向，那么，$\text{Arg}\, z'(t_0)$ $(z'(t_0) \neq 0)$ 就是曲线 C 在点 z_0 处的切线的正向与 x 轴正向之间的夹角 θ_0．曲线 C_1 与曲线 C_2 相交于一点，那么 C_1 与 C_2 在交点处的两条切线的正向之间的夹角称为**曲线 C_1 与 C_2 正向之间的夹角**(见图5-1(b))．

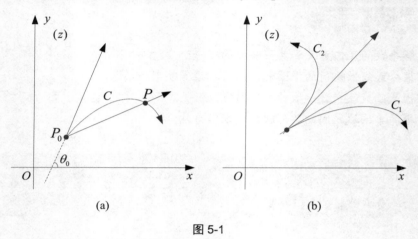

图 5-1

5.1.2 解析函数导数的几何意义

设函数 $w = f(z)$ 在区域 D 内解析，z_0 是 D 内一点，且 $f'(z_0) \neq 0$．又设 C 是 z 平面上通过点 z_0 的一条有向光滑曲线(见图5-2(a))，其参数方程为 $z = z(t)$ $(\alpha \leqslant t \leqslant \beta)$，$C$ 的正向与参数 t 增加的方向一致，且 $z_0 = z(t_0)$，$z'(t_0) \neq 0$，$\alpha < t_0 < \beta$．这样映射 $w = f(z)$ 将 z 平面上的曲线 C 映射成 w 平面上的有向光滑曲线 Γ (见图5-2(b))，该曲线通过点 $w_0 = f(z_0)$，其参数方程为

$$w = f[z(t)] \ (\alpha \leqslant t \leqslant \beta), \tag{5-1}$$

Γ 的正向与参数 t 增加的方向一致．

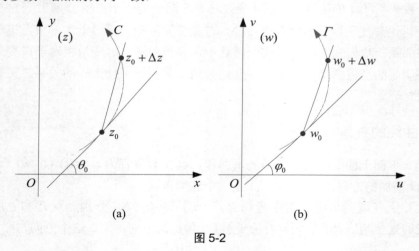

图 5-2

由式(5-1)，根据复合函数求导法则，有 $w'(t_0) = f'(z_0) z'(t_0) \neq 0$，从而，曲线 Γ 在点 w_0

处也存在切线，且切线的正向与 u 轴的正向之间的夹角是
$$\text{Arg}\, w'(t_0) = \text{Arg}\, f'(z_0) + \text{Arg}\, z'(t_0)\,,$$
即
$$\text{Arg}\, w'(t_0) - \text{Arg}\, z'(t_0) = \text{Arg}\, f'(z_0)\,.$$

如果将 z 平面与 w 平面重叠，使 z_0 与 w_0 重合，x 轴与 u 轴正向相同，y 轴与 v 轴正向相同，则表达式 $\text{Arg}\, w'(t_0) - \text{Arg}\, z'(t_0)$ 可以理解为曲线 C 经过函数 $w = f(z)$ 映射后在点 z_0 处的**旋转角**，即导数 $f'(z_0) \neq 0$ 的辐角 $\text{Arg}\, f'(z_0)$ 是映射 $w = f(z)$ 在点 z_0 处的旋转角，这是函数 $w = f(z)$ 的导数辐角的几何意义.

以上关于 $\text{Arg}\, f'(z_0)$ 的结论与曲线 C 的形状和方向无关，因此，这种映射具有**旋转角不变性**.

设 z 平面上的曲线 C_1 和 C_2 相交于点 z_0，它们在点 z_0 处的切线与 x 轴正向的夹角分别为 θ_1 和 θ_2（见图 5-3(a)). 又设映射 $w = f(z)$ $(f'(z) \neq 0)$ 将曲线 C_1 和 C_2 与分别映射为 w 平面上的两条曲线 Γ_1 和 Γ_2，且 Γ_1 和 Γ_2 相交于 $w_0 = f(z_0)$，它们的切线与 u 轴正向的夹角分别为 φ_1 与 φ_2（见图 5-3(b)），则
$$\text{Arg}\, f'(z_0) = \varphi_1 - \theta_1 = \varphi_2 - \theta_2\,,$$
即
$$\varphi_2 - \varphi_1 = \theta_2 - \theta_1\,. \tag{5-2}$$

从而可知，曲线 C_1 和 C_2 之间的夹角与曲线 Γ_1 和 Γ_2 之间的夹角相等. 式(5-2)说明，相交于点 z_0 的任意两条曲线 C_1 和 C_2 之间的夹角，无论在大小还是方向上，经过映射 $w = f(z)$ 后保持不变，这种性质称为映射的**保角性**.

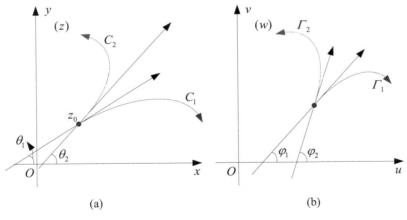

图 5-3

下面讨论导数模 $|f'(z_0)|$ 的几何意义. 在曲线 C 上点 z_0 的邻域内任取一个不同于 z_0 的点 $z = z_0 + \Delta z$，则在曲线 Γ 上有对应的点 $w = w_0 + \Delta w$，因为 $w = f(z)$ 在点 z_0 处可导，故
$$f'(z_0) = \lim_{z \to z_0} \frac{f(z) - f(z_0)}{z - z_0} = \lim_{z \to z_0} \frac{w - w_0}{z - z_0}\,,$$

因此

$$|f'(z_0)| = \lim_{z \to z_0} \frac{|w - w_0|}{|z - z_0|} = r \neq 0 . \tag{5-3}$$

式(5-3)表明，像点之间的距离$|w - w_0|$与原像点之间的距离$|z - z_0|$之比的极限为$|f'(z_0)|$，若该极限值大于 1，则映射实现了放大；若该极限值小于 1，则映射实现了缩小，称这个极限值为曲线 C 经过映射 $w = f(z)$ 后在点 z_0 处的**伸缩率**. 因函数 $w = f(z)$ 在点 z_0 处可导且 $f'(z_0) \neq 0$，因此 $|f'(z_0)|$ 只与 z_0 有关，而与曲线 C 本身无关，也就是说经过 z_0 点的任何曲线 C 经过映射 $w = f(z)$ 后在点 z_0 有相同的伸缩率，这种映射具有**伸缩率不变性**.

由解析函数导数的几何意义的讨论，可得如下定理.

定理 5-1 设函数 $w = f(z)$ 在区域 D 内解析，z_0 为 D 内的点，且 $f'(z_0) \neq 0$，则映射 $w = f(z)$ 在点 z_0 处具有以下性质.

(1) 通过 z_0 点的两条曲线之间的夹角与经过映射后得到的两条曲线之间的夹角在大小和方向上保持不变，即保角性.

(2) 通过 z_0 点的任意一条曲线的伸缩率均为 $|f'(z_0)|$，与曲线的形状和方向无关，即伸缩率不变性.

5.1.3　共形映射的概念

定义 5-1 设函数 $w = f(z)$ 在点 z_0 的邻域内是一一对应的，且在点 z_0 处具有保角性和伸缩率不变性，则称映射 $w = f(z)$ 在点 z_0 处是共形的. 如果映射 $w = f(z)$ 在区域 D 内的每一点都是共形的，则称映射 $w = f(z)$ 是 D 内的共形映射.

定理 5-2 如果函数 $w = f(z)$ 在点 z_0 处解析，且 $f'(z_0) \neq 0$，则映射 $w = f(z)$ 在点 z_0 处是共形的，且 $\mathrm{Arg}\, f'(z_0)$ 表示该映射在 z_0 点的转动角，$|f'(z_0)|$ 表示伸缩率. 如果函数 $w = f(z)$ 在 D 内解析，且 $\forall z_0 \in D$，有 $f'(z_0) \neq 0$，则映射 $w = f(z)$ 在 D 内是共形的.

设函数 $w = f(z)$ 在 D 内解析，$z_0 \in D$，$w_0 = f(z_0)$，$f'(z_0) \neq 0$. 下面阐释定理 5-1 的几何意义.

在 D 内作一个以点 z_0 为其中一个顶点的小三角形，在映射 $w = f(z)$ 下，得到一个以点 w_0 为其中一个顶点的小三角形. 定理 5-1 说明这两个小三角形的对应角相等，对应边长度之比约等于 $|f'(z_0)|$，所以这两个小三角形相似. 又因伸缩率 $|f'(z_0)|$ 是比值 $\frac{|f(z) - f(z_0)|}{|z - z_0|} = \frac{|w - w_0|}{|z - z_0|}$ 的极限，所以 $|f'(z_0)|$ 可近似地表示 $\frac{|w - w_0|}{|z - z_0|}$，由此可以看出，映射 $w = f(z)$ 能将很小的圆 $|z - z_0| = \delta$ 近似地映射成圆 $|w - w_0| = |f'(z_0)| \delta$.

上述概念的几何意义就是把解析函数 $w = f(z)$ 当 $z \in D$ 且 $f'(z_0) \neq 0$ 时所构成的映射称为共形映射的原因.

例 5-1 求函数 $w = f(z) = z^2$ 在点 $z_1 = \mathrm{i}$，$z_2 = -2$ 和 $z_3 = 0$ 处的导数值，并说明其几何意义.

解 因为 $w = z^2$ 在整个复平面上处处解析，且

$$f'(z) = 2z,$$

则当 $z_1 = \mathrm{i}$ 时，$f'(\mathrm{i}) = 2\mathrm{i} \neq 0$，因此映射 $w = z^2$ 在点 $z_1 = \mathrm{i}$ 处是共形映射，具有保角性和伸缩率不变性，且伸缩率为

$$|f'(\mathrm{i})| = 2 ，$$

旋转角主值是

$$\arg f'(\mathrm{i}) = \arg(2\mathrm{i}) = \frac{\pi}{2} .$$

当 $z_2 = -2$ 时，$f'(-2) = -4 \neq 0$，因此映射 $w = z^2$ 在点 $z_2 = -2$ 处是共形映射，具有保角性和伸缩率不变性，且伸缩率为

$$|f'(-2)| = 4 ，$$

旋转角主值是

$$\arg f'(-2) = \arg(-4) = \pi .$$

当 $z_3 = 0$ 时，$f'(0) = 0$，因此映射 $w = z^2$ 在点 $z_3 = 0$ 处不是共形映射.

例 5-2　求映射 $w = f(z) = z^2 + 4z$ 在点 $z_0 = -1 + \mathrm{i}$ 处的伸缩率和旋转角，并说明它将 z 平面的哪一部分放大？哪一部分缩小？

解　因为

$$f'(z) = 2z + 4 ，\quad f'(z_0) = 2(-1 + \mathrm{i}) + 4 = 2(1 + \mathrm{i}) ，$$

则在点 z_0 处的伸缩率为

$$|2(1 + \mathrm{i})| = 2\sqrt{2} ，$$

旋转角主值为

$$\arg f'(-1 + \mathrm{i}) = \arg(2 + 2\mathrm{i}) = \frac{\pi}{4} .$$

又

$$|f'(z)| = |2z + 4| = 2\sqrt{(x + 2)^2 + y^2} ，$$

$|f'(z)| < 1$ 等价于 $(x + 2)^2 + y^2 < \dfrac{1}{4}$. 故映射 $w = z^2 + 4z$ 将 z 平面上以点 $z = -2$ 为圆心、$\dfrac{1}{2}$ 为半径的圆的内部缩小，而外部放大.

5.2　分式线性映射

5.2.1　分式线性映射的概念

定义 5-2　由分式线性函数

$$w = \frac{az + b}{cz + d} \tag{5-4}$$

构成的映射称为**分式线性映射**，其中 a, b, c, d 为复常数，且 $ad - bc \neq 0$.

注意　(1) 定义中 $ad - bc \neq 0$ 是必要的. 因为

$$\frac{\mathrm{d}w}{\mathrm{d}z} = \frac{ad - bc}{(cz + d)^2} ，$$

若 $ad-bc=0$ ，则有 $\dfrac{\mathrm{d}w}{\mathrm{d}z}=0$ ，此时 $w=C$ 为常数，它将整个 z 平面映射成 w 平面的一个点，保角性被破坏了．

(2) 分式线性映射又称为**双线性映射**或**默比乌斯映射**．用 $cz+d$ 乘以式(5-4)的两边，得

$$cwz+dw-az-b=0.$$

对每个固定的 w ，上式关于 z 是线性的，反之，对每个固定的 z ，上式关于 w 也是线性的．因此称式(5-4)是双线性的．

(3) 分式线性映射的逆映射也是分式线性映射．由式(5-4)，可得

$$z=\frac{-dw+b}{cw-a},\quad (-a)(-d)-bc\neq 0.$$

(4) 两个分式线性映射的复合仍是分式线性映射．设分式线性映射分别为

$$w=\frac{a_1\zeta+b_1}{c_1\zeta+d_1},\quad a_1d_1-b_1c_1\neq 0;$$

$$\zeta=\frac{a_2z+b_2}{c_2z+d_2},\quad a_2d_2-b_2c_2\neq 0.$$

将后式代入前式，可得

$$w=\frac{az+b}{cz+d},$$

其中 $ad-bc=(a_1d_1-b_1c_1)(a_2d_2-b_2c_2)\neq 0$ ．

特别地，若 $c=0$ ，则式(5-4)变为

$$w=\frac{a}{d}z+\frac{b}{d}=Az+B,$$

其中 $A=\dfrac{a}{d}$ ， $B=\dfrac{b}{d}$ ．

而 $c\neq 0$ 时，式(5-4)可写成

$$w=\frac{a}{c}+\frac{bc-ad}{c^2}\cdot\frac{1}{z+\dfrac{d}{c}}=D+\frac{E}{z+F},$$

其中 $D=\dfrac{a}{c}$ ， $E=\dfrac{bc-ad}{c^2}$ ， $F=\dfrac{d}{c}$ ．

由此可见，分式线性映射式(5-4)可由 $w=z+b$ ， $w=az$ ， $w=\dfrac{1}{z}$ 这三种简单形式的映射复合而成．

下面讨论这三种映射，为了讨论方便，暂且把 w 平面与 z 平面重合．

(1) 平移映射 $w=z+b$ ．

由复数加法的几何意义可知，点 z 在映射 $w=z+b$ 下的像 w 就是点 z 对应的向量沿向量 b 的方向平移距离 $|b|$ ，如图 5-4 所示．

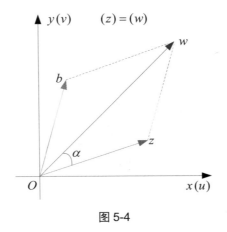

图 5-4

(2) 旋转与伸缩映射 $w = az(a \neq 0)$.

设 $z = re^{i\theta}$，$a = |a|e^{i\alpha}$，则 $w = |a|re^{i(\theta + \alpha)}$，从而

$$\text{Arg}\, w = \text{Arg}\, z + \alpha, \quad |w| = |z| \cdot |a|,$$

因此，点 z 在映射 $w = az(a \neq 0)$ 下的像 w 可以看成是先将 z 旋转一个角度 α，再将所得到的向量的长度伸长或缩短 $|a|$($|a| > 1$ 表示伸长，$|a| < 1$ 表示缩短)倍．如果 $|a| = 1$，则像 w 只是将 z 旋转角度 α 所得，如图 5-5 所示．

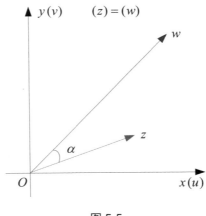

图 5-5

(3) 倒数映射 $w = \dfrac{1}{z}$.

先用几何方法由点 z 作出点 w，为此研究关于已知圆周的对称点问题．

定义 5-3　设 C 是以原点 O 为圆心、R 为半径的圆．A, B 两点位于从圆心 O 出发的射线上，且满足 $OA \cdot OB = R^2$，则称 A 与 B 是关于该圆周的对称点，如图 5-6 所示．

从几何上讲，要由点 A 求出点 B，可先过点 A 作圆的切线 AT，然后再由 T 作 OA 的垂线交 OA 于 B．由 $\triangle OTB$ 与 $\triangle OAT$ 相似，得到

$$\frac{OB}{OT} = \frac{OT}{OA},$$

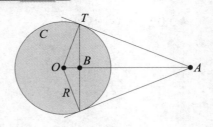

图 5-6

即 $OA \cdot OB = R^2$. 当点 A 向无穷远点 ∞ 移动时，点 B 向圆心 O 移动，从而规定，无穷远点和原点是关于圆周的对称点.

例如，z 与 $w_1 = \dfrac{1}{\bar{z}}$ 是关于单位圆 $|z| = 1$ 的对称点. 因为，设 $z = r\mathrm{e}^{\mathrm{i}\theta}$，则 $w_1 = \dfrac{1}{\bar{z}} = \dfrac{1}{r}\mathrm{e}^{\mathrm{i}\theta}$，且 $|z| \cdot |w_1| = r \cdot \dfrac{1}{r} = 1^2$. 因此，要从 z 作映射 $w = \dfrac{1}{z}$，可先作出 z 关于单位圆 $|z| = 1$ 的对称点 $w_1 = \dfrac{1}{\bar{z}}$，然后再作出 w_1 关于实轴的对称点 w，则有 $w = \bar{w}_1 = \dfrac{1}{z}$，如图 5-7 所示. 即倒数映射 $w = \dfrac{1}{z}$ 可看成是 $w = \bar{w}_1$ 与 $w_1 = \dfrac{1}{\bar{z}}$ 的复合. 倒数映射的特点是将单位圆内部(或外部)的任意点映射到单位圆外部(或内部)，且辐角变号.

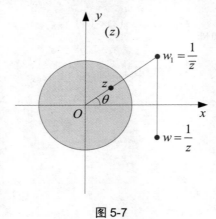

图 5-7

5.2.2 分式线性映射的性质

1. 分式线性映射的共形性

首先，讨论倒数映射 $w = \dfrac{1}{z}$ 的共形性. 为了讨论方便，根据无穷远点的性质，在扩充复平面上对倒数映射作如下规定.

(1) 倒数映射 $w = \dfrac{1}{z}$ 将 $z = \infty$ 映射成 $w = 0$，将 $z = 0$ 映射成 $w = \infty$. 于是，该映射在扩充复平面上是一一对应的.

(2) 函数 $f(z)$ 在 $z = \infty$ 及其邻域内的性态可由函数 $\varphi(\zeta)$ 在 $\zeta = 0$ 处及其邻域内的性态确

定，其中 $\zeta = \dfrac{1}{z}$，$\varphi(\zeta) = \varphi\left(\dfrac{1}{z}\right) = f(z)$．按照此规定，当讨论函数 $f(z)$ 在 $z = \infty$ 附近的性态时，可先通过倒数映射将 $f(z)$ 转化为 $\varphi(\zeta)$，再讨论 $\varphi(\zeta)$ 在 $\zeta = 0$ 附近的性态．

由规定(2)可知，当 $z = \infty$ 时，令 $\zeta = \dfrac{1}{z}$，则 $w = \varphi(\zeta) = \zeta$，显然 $\varphi(\zeta)$ 在 $\zeta = 0$ 处解析，且 $\varphi'(0) = 1 \neq 0$，从而 $w = \dfrac{1}{z}$ 在 $z = \infty$ 处是共形的；而 $z = 0$ 时映射 $w = \dfrac{1}{z}$ 的共形性可由映射 $z = \dfrac{1}{w}$ 在 $w = \infty$ 处的共形性得到；当 $z \neq 0$ 和 $z \neq \infty$ 时，因为 $w' = -\dfrac{1}{z^2} \neq 0$，故映射 $w = \dfrac{1}{z}$ 是共形的．综上可得，倒数映射是共形的．

其次，讨论映射 $w = az + b\,(a \neq 0)$ 的共形性．显然该映射在扩充复平面上是一一对应的．当 $z \neq \infty$ 时，$w = az + b$ 解析，且 $w' = a \neq 0$，因此该映射在 $z \neq \infty$ 时是共形的；当 $z = \infty$ 时，令 $\zeta = \dfrac{1}{z}$，$\eta = \dfrac{1}{w}$，此时 $w = az + b$ 变换为 $\eta = \dfrac{\zeta}{b\zeta + a}$，它在 $\zeta = 0$ 处解析，且 $\eta'(0) = \dfrac{1}{a} \neq 0$，因而 $\eta(\zeta)$ 在点 $\zeta = 0$ 处是共形的，又 $\zeta = 0$ 时 $\eta = 0$，$w = \dfrac{1}{\eta}$ 在 $\eta = 0$ 处是共形的，从而 $w = az + b$ 在 $z = \infty$ 是共形的．

综上，我们得到如下定理．

定理 5-3　在扩充复平面上，分式线性映射是共形映射．

2．分式线性映射的保圆性

以下如无特别说明，我们均把直线作为圆的一个特例，即把直线看作是半径为无穷大的圆．在此意义下，分式线性映射具有将圆周映射成圆周的性质，即保圆性．

首先，讨论映射 $w = az + b\,(a \neq 0)$ 的保圆性．映射 $w = az + b\,(a \neq 0)$ 是将 z 经过平移、旋转和伸缩后得到的像点 w，且对任意一个点 z，其旋转角均为 $\mathrm{Arg}\,a$，伸缩因子均为 $|a|$，故 $w = az + b\,(a \neq 0)$ 将圆周映射成圆周，将直线映射成直线．

其次，讨论倒数映射 $w = \dfrac{1}{z}$ 的保圆性．令 $z = x + \mathrm{i}y$，$w = u + \mathrm{i}v$，则由 $w = \dfrac{1}{z}$，可得

$$x = \frac{u}{u^2 + v^2}, \quad y = -\frac{v}{u^2 + v^2}.$$

对 z 平面上任意给定的圆都有

$$A(x^2 + y^2) + Bx + Cy + D = 0 \quad (A = 0 \text{ 时为直线}), \tag{5-5}$$

其像曲线方程为

$$D(u^2 + v^2) + Bu - Cv + A = 0 \quad (D = 0 \text{ 时为直线}), \tag{5-6}$$

可以看出它仍然是一个圆．

注意　在式(5-5)和式(5-6)中，若 $D = 0$，所给的圆必通过原点，经过倒数映射，原点被映射到无穷远点，因而像曲线变成直线，这是一个很重要的特性．

综上，我们得到如下定理．

定理 5-4　在扩充复平面上，分式线性映射将圆周映射成圆周，即具有保圆性．

事实上，在分式线性映射下，如果给定的圆上没有点映射成无穷远点，那么它就被映射成半径有限的圆；如果有一点映射成无穷远点，则它就被映射成直线. 后者给我们提供了一种从圆(或者弧)变到直线的方法，这对构造简单区域间的共形映射是非常有用的.

由于三点可以确定一个圆，当我们求分式映射下某个圆域的像时，只要在圆周上取三点，分别求出对应的像点，即可得到相应的圆或圆域. 但如果区域的边界是由多个弧和直线段组成时，则必须在每一段弧和直线段上各自取三点进行求解，且所取的三点中最好包含两个端点.

3．分式线性映射的保对称性

分式线性映射还有一个保持对称点不变的性质，简称保对称性. 为了说明保对称性，先给出关于对称点的一个引理.

引理 扩充复平面上的两点 z_1 与 z_2 关于圆 C 对称的充要条件是通过 z_1 与 z_2 的任意圆都与圆 C 正交.

证明 如果 C 是直线或者半径有限的圆周 $|z - z_0| = R$ $(0 < R < +\infty)$，但 z_1 与 z_2 之中有一点是无穷远点，则引理结论显然成立. 因此，只需考虑 C 是有限圆，且 z_1 与 z_2 均为有限点的情况. 记 L 为过点 z_1 与 z_2 的直线，Γ 为过点 z_1 与 z_2 的任意圆，Γ 与 C 的交点记为 z_3，如图 5-8 所示.

必要性.

因为 z_1 与 z_2 关于圆 C 对称，则 L 过点 z_0，故 L 与 C 正交. 由对称点定义，有
$$|z_1 - z_0| \cdot |z_2 - z_0| = R^2 = |z_3 - z_0|^2,$$
根据切割线定理，可知 $z_0 z_3$ 与 Γ 相切，且 $z_0 z_3$ 是圆 C 的半径，故 Γ 与 C 正交.

充分性.

设过 z_1 与 z_2 的任意圆都与圆 C 正交，则直线 L 与 C 正交，从而 L 过点 z_0. 又 Γ 也与 C 正交，故 z_1 与 z_2 在 z_0 的同一侧，且 $z_0 z_3$ 与 Γ 相切. 根据切割线定理，有
$$|z_1 - z_0| \cdot |z_2 - z_0| = |z_3 - z_0|^2 = R^2,$$
故 z_1 与 z_2 关于圆 C 对称.

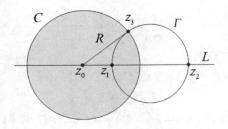

图 5-8

由引理可得分式线性映射的保对称性.

定理 5-5 设点 z_1 与 z_2 关于圆 C 对称，则在分式线性映射下，它们的像点 w_1 与 w_2 关于圆 C 的像曲线 Γ 对称.

证明 设 Γ' 是过点 w_1 与 w_2 的任意一个圆，则其原像 C' 是过点 z_1 与 z_2 的圆. 由点 z_1

与 z_2 关于圆 C 对称，可得 C' 与 C 正交，由分式线性映射的保角性可知，Γ' 与 Γ 正交，即过点 w_1 与 w_2 的任意圆与 Γ 正交。因此，点 w_1 与 w_2 关于 Γ 对称。

例 5-3　求实轴在映射 $w = \dfrac{2\mathrm{i}}{z+\mathrm{i}}$ 下的像曲线。

解　在实轴上取三点 $z_1 = \infty$，$z_2 = 0$，$z_3 = 1$，分别代入映射 $w = \dfrac{2\mathrm{i}}{z+\mathrm{i}}$ 中，得到对应的像点分别为 $w_1 = 0$，$w_2 = 2$，$w_3 = 1+\mathrm{i}$。由此，得到像曲线为圆 $|w-1| = 1$。

例 5-4　试分析倒数映射 $w = \dfrac{1}{z}$ 将区域 $D = \{z \mid \mathrm{Re}(z) > 1,\ \mathrm{Im}(z) > 0\}$ 映射成 w 平面上的什么区域？

解　$x = 1$ 和 $y = 0$ 为区域 D 的边界。对 $x = 1$，由 $w = u + \mathrm{i}v = \dfrac{1}{z} = \dfrac{1}{1+\mathrm{i}y} = \dfrac{1-\mathrm{i}y}{1+y^2}$，可得

$$u = \frac{1}{1+y^2}, \quad v = -\frac{y}{1+y^2},$$

以上两式中消去 y，可得

$$\left(u - \frac{1}{2}\right)^2 + v^2 = \frac{1}{4},$$

这是 w 平面上的一个圆。

对 $y = 0$，$x > 1$，由 $w = u + \mathrm{i}v = \dfrac{1}{z} = \dfrac{1}{x}$，可得

$$u = \frac{1}{x}, \quad v = 0,$$

以上两式中消去 x，可得

$$v = 0, \quad 0 < u < 1,$$

这是 w 平面上的一条线段。

又因点 $z = 2 + \mathrm{i}$ 在映射下的像为 $w = \dfrac{1}{2+\mathrm{i}} = \dfrac{2}{5} - \dfrac{1}{5}\mathrm{i}$，故像区域是 w 平面上的下半圆域，如图 5-9 所示。

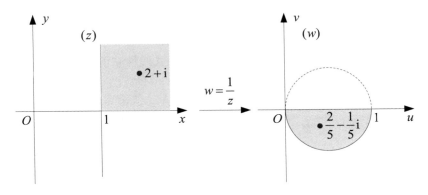

图 5-9

5.3 唯一确定分式线性映射的条件

分式线性映射中含有四个复常数 a, b, c, d，且 $ad - bc \neq 0$，所以 a, b, c, d 中至少有一个不为 0，用它去除分子和分母，可知分式线性映射中需要确定的待定常数实际上只有 3 个，因此只需给出 3 个条件便能确定一个分式线性映射.

定理 5-6 在 z 平面上任意给定 3 个不同的点 z_1, z_2, z_3，在 w 平面上也任意给定 3 个不同的点 w_1, w_2, w_3，则存在唯一的分式线性映射，把 z_1, z_2, z_3 分别映射成 w_1, w_2, w_3.

证明 设 $w = \dfrac{az+b}{cz+d}$ $(ad - bc \neq 0)$ 将点 z_1, z_2, z_3 分别映射成点 w_1, w_2, w_3，则

$$w_k = \frac{az_k + b}{cz_k + d} \ (k = 1, 2, 3),$$

因此

$$w - w_1 = \frac{(z - z_1)(ad - bc)}{(cz + d)(cz_1 + d)},$$

$$w - w_2 = \frac{(z - z_2)(ad - bc)}{(cz + d)(cz_2 + d)},$$

$$w_3 - w_1 = \frac{(z_3 - z_1)(ad - bc)}{(cz_3 + d)(cz_1 + d)},$$

$$w_3 - w_2 = \frac{(z_3 - z_2)(ad - bc)}{(cz_3 + d)(cz_2 + d)},$$

故

$$\frac{w - w_1}{w - w_2} : \frac{w_3 - w_1}{w_3 - w_2} = \frac{z - z_1}{z - z_2} : \frac{z_3 - z_1}{z_3 - z_2}. \tag{5-7}$$

由于 z_1, z_2, z_3 和 w_1, w_2, w_3 是已知点，故式(5-7)即为所求的分式线性映射.

注意 上述定理说明由三组对应点就能够确定一个分式线性映射.

如果有另外一个分式线性映射 $w = \dfrac{\lambda z + \mu}{\gamma z + \sigma}$ 也将 z 平面上的三点 z_1, z_2, z_3 映射成 w 平面上的三点 w_1, w_2, w_3，那么重复上面的过程，消去常数 $\lambda, \mu, \gamma, \sigma$ 后，最后得到的仍然是式(5-7). 所以由三组相异对应点可以唯一地确定一个分式线性映射.

如果 z_1, z_2, z_3 或 w_1, w_2, w_3 中有一个是无穷远点，不妨设 $w_3 = \infty$，其他各点均为有限点，则显然有

$$\frac{w - w_1}{w - w_2} : \frac{1}{1} = \frac{z - z_1}{z - z_2} : \frac{z_3 - z_1}{z_3 - z_2},$$

这就是将 z_1, z_2, z_3 分别映射成 w_1, w_2, ∞ 的分式线性映射，也就是说，只要将 ∞ 所在的分子和分母都改为 1 即可，显然它也具有唯一性.

式(5-7)称为对应点公式，它可以转化为 $w = \dfrac{az+b}{cz+d}$ 的形式，进一步还可以转化为

$$w = k\frac{z-\zeta_1}{z-\zeta_2} \quad (k \text{ 为复数}), \tag{5-8}$$

其中，$k=\dfrac{a}{c}$，$\zeta_1=\dfrac{b}{a}$，$\zeta_2=\dfrac{d}{c}$.

分式线性映射式(5-8)将 z 平面上的点 $z=\zeta_1$ 映射成 w 平面上的点 $w=0$，将 z 平面上的点 $z=\zeta_2$ 映射成 w 平面上的点 $w=\infty$. 它在构建区域间的共形映射时非常有用，其特点是将过点 ζ_1 和 ζ_2 的弧映射成过原点的直线，而这也是构造共形映射时常用的手法，其中 k 可由其他条件确定，如果是作为中间步骤，则 k 可直接设为1.

例 5-5　求将点 $z_1=2$，$z_2=i$，$z_3=-2$ 分别映射成 $w_1=-1$，$w_2=i$，$w_3=1$ 的分式线性映射.

解　将 $z_1=2$，$z_2=i$，$z_3=-2$ 和 $w_1=-1$，$w_2=i$，$w_3=1$ 代入式(5-7)中，可得

$$\frac{w-(-1)}{w-i} : \frac{1-(-1)}{1-i} = \frac{z-2}{z-i} : \frac{-2-2}{-2-i},$$

整理得所求的分式线性映射为 $w=\dfrac{z-6i}{3iz-2}$.

例 5-6　求将点 $z_1=1$，$z_2=i$，$z_3=-1$ 分别映射成 $w_1=0$，$w_2=1$，$w_3=\infty$ 的分式线性映射.

解　将 $z_1=1$，$z_2=i$，$z_3=-1$ 和 $w_1=0$，$w_2=1$，$w_3=\infty$ 代入式(5-7)中，可得

$$\frac{w-0}{w-1} : \frac{1}{1} = \frac{z-1}{z-i} : \frac{-1-1}{-1-i},$$

整理得所求的分式线性映射为 $w=i\dfrac{1-z}{1+z}$.

由唯一确定分式线性映射的条件及保圆性可知，如果在两个已知圆周 C 和 Γ 上分别取定三个不同的点后，必能找到唯一的一个分式线性映射将 C 映射成 Γ. 但是，该映射将 C 的内部映射成什么呢？我们的结论是：该分式线性映射将 C 的内部映射成 Γ 的内部或外部，但不会将 C 内部的一部分映射成 Γ 内部的一部分，而将 C 内部的另一部分映射成 Γ 外部的一部分.

事实上，设 z_1，z_2 为 C 内部的任意两点，用直线段将点 z_1，z_2 连接起来，并设直线段 $\overline{z_1z_2}$ 的像为直线段 $\overline{w_1w_2}$ (或者为圆弧). 如果点 w_1，w_2 不在 Γ 的同一侧，比如说，点 w_1 在 Γ 外，点 w_2 在 Γ 内，则直线段 $\overline{w_1w_2}$ 必与圆周 Γ 相交，设交点为 Q，如图 5-10 所示.

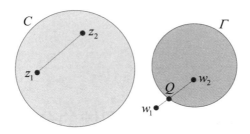

图 5-10

因为点 Q 在 Γ 上，因此一定是圆 C 上某点的像. 又因点 Q 在 $\overline{w_1w_2}$ 上，因此一定是 $\overline{z_1z_2}$ 上某点的像. 这样就有两个点(一个点在 C 上，一个点在 C 内)被映射成同一个点，这

与分式线性映射的一一对应矛盾，故上述结论正确.

根据上述讨论，分式线性映射下的区域对应问题可按照以下办法解决：在 C 内任取一点 z_0，并设 z_0 的像为 w_0. 如果点 w_0 在 Γ 的内部，则 C 的内部就映射到了 Γ 的内部；如果点 w_0 在 Γ 的外部，则 C 的内部就映射到了 Γ 的外部.

根据分式线性映射的保角性，上述区域对应问题还可按照以下办法解决：在 C 上取定三点 z_1，z_2，z_3，并设它们在 Γ 上的像依次是 w_1，w_2，w_3. 如果 C 按照 $z_1 \to z_2 \to z_3$ 的绕向与 Γ 按照 $w_1 \to w_2 \to w_3$ 的绕向相同，则 C 的内部就映射成 Γ 的内部；如果绕向相反，C 的内部就映射成 Γ 的外部.

例 5-7 求区域 $D = \left\{ z \,\middle|\, |z+1| < \sqrt{2}, |z-1| < \sqrt{2} \right\}$ 在映射 $w = \dfrac{z-i}{z+i}$ 下的像区域.

解 如图 5-11(a)所示，区域的边界为两个圆弧 $C_1 + C_2$，C_1 与 C_2 的交点为 i 和 $-i$，且 C_1 与 C_2 在点 i 处的夹角为 $\dfrac{\pi}{2}$. 又映射将 i 和 $-i$ 分别映射成 0 与 ∞，由保角性和保圆性可知，像曲线 Γ_1 与 Γ_2 为从原点出发的两条射线，且在原点处的夹角为 $\dfrac{\pi}{2}$.

为进一步确定像区域，在 C_1 与 C_2 所围成的区域内部任取一点，比如取原点，而映射将原点映射成 -1，因此，虚轴上从 i 到 $-i$ 的线段被映射成左半实轴. 再取 C_1 与正实轴的交点 $\sqrt{2} - 1$，映射将其映射成 $-\dfrac{\sqrt{2}}{2}(1 + i)$，因此，像曲线 Γ_1 为第三象限的角平分线. 再由保角性得到像曲线 Γ_2. 像区域如图 5-11(b)所示.

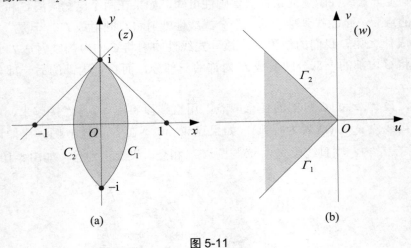

图 5-11

5.4 上半平面与单位圆域的分式线性映射

上半平面与单位圆域是两个非常典型的区域，利用分式线性映射可以实现这两个区域自身及区域之间的转换，而其他一般区域之间共形映射的构造大多是围绕这两个区域进行的，因此它们之间的相互转换非常重要.

下面举例说明两者之间分式线性映射的构造.

例 5-8　求将上半平面 $\mathrm{Im}(z)>0$ 映射成上半平面 $\mathrm{Im}(w)>0$ 的分式线性映射，并将 $z_1=\infty$，$z_2=0$，$z_3=1$ 依次映射成 $w_1=0$，$w_2=1$，$w_3=\infty$.

解　由条件可知，所求的分式线性映射满足

$$\frac{w-0}{w-1}:\frac{1}{1}=\frac{1}{z-0}:\frac{1}{1-0},$$

整理后得所求的分式线性映射为

$$w=\frac{1}{1-z}.$$

例 5-9　求将上半平面 $\mathrm{Im}(z)>0$ 映射成单位圆域 $|w|<1$ 的分式线性映射.

解　方法一. 在实轴上任取不同的三点，例如，$z_1=-1$，$z_2=0$，$z_3=1$，使它们的像依次为 $|w|=1$ 上的三点 $w_1=1$，$w_2=\mathrm{i}$，$w_3=-1$. 由于绕向相同，故由它们所确定的分式线性映射即为所求. 将 $z_1=-1$，$z_2=0$，$z_3=1$ 和 $w_1=1$，$w_2=\mathrm{i}$，$w_3=-1$ 代入对应点公式中，可得

$$\frac{w-1}{w-\mathrm{i}}:\frac{-1-1}{-1-\mathrm{i}}=\frac{z+1}{z-0}:\frac{1+1}{1-0},$$

整理后得所求的分式线性映射为

$$w=\frac{z-\mathrm{i}}{\mathrm{i}z-1}. \tag{5-9}$$

注意　(1) 由于分式线性映射一一对应，故式(5-9)的分式线性映射也是将单位圆域 $|z|<1$ 映射成上半平面 $\mathrm{Im}(w)>0$ 的映射.

(2) 如果在边界 $\mathrm{Im}(z)=0$ 和 $|w|=1$ 上选取另外的三组对应点，则也会得到满足题意但不同于式(5-9)的分式线性映射. 比如在实轴上取 $z_1=0$，$z_2=1$，$z_3=\infty$，对应的像依次为 $w_1=-1$，$w_2=-\mathrm{i}$，$w_3=1$. 由对应点公式，整理后得

$$w=\frac{z-\mathrm{i}}{z+\mathrm{i}}. \tag{5-10}$$

这说明将上半平面映射成单位圆域的分式线性映射是不唯一的，其与三组对应点的选取有关. 下面给出的解法可以得到分式线性映射的一般形式.

方法二. 根据分式线性映射的保圆性可知，z 平面上的实轴要映射成 w 平面上的单位圆周. 再根据保对称性可知，如果上半平面的点 $z=z_0$ 映射成 w 平面上单位圆的圆心 $w=0$，则其对称点 $z=\overline{z}_0$ 要映射成 $w=0$ 的对称点 $w=\infty$. 于是，所求的分式线性映射的一般形式为

$$w=k\frac{z-z_0}{z-\overline{z}_0},$$

其中 k 是待定的复常数，z_0 是上半平面的任意一点. 显然映射是不唯一的.

进一步，由方法二可知，$w=k\dfrac{z-z_0}{z-\overline{z}_0}$，当 z 取实轴上的点时，有 $|w|=1$. 于是

$$|w|=|k|\cdot\left|\frac{z-z_0}{z-\overline{z}_0}\right|=|k|=1,$$

故 $|k|=1$，即 $k=\mathrm{e}^{\mathrm{i}\theta}$．因此，所求的分式线性映射应具有以下形式：

$$w=\mathrm{e}^{\mathrm{i}\theta}\frac{z-z_0}{z-\bar{z}_0}, \tag{5-11}$$

其中，θ 为任意实数，z_0 是上半平面的任意一点．

显然映射也是不唯一的．比如，取 $z_0=\mathrm{i}$，$\theta=-\dfrac{\pi}{2}$，得 $w=\dfrac{z-\mathrm{i}}{\mathrm{i}z-1}$；取 $z_0=\mathrm{i}$，$\theta=0$，

得 $w=\dfrac{z-\mathrm{i}}{z+\mathrm{i}}$．可以看出，将上半平面映射成单位圆域的分式线性映射不是唯一的，而是有无穷多个．

例 5-10 求将上半平面 $\mathrm{Im}(z)>0$ 映射成单位圆域 $|w|<1$ 的分式线性映射，且满足：

(1) $f(2\mathrm{i})=0$，$f(0)=1$；　　　　　　　　(2) $f(2\mathrm{i})=0$，$\arg f'(2\mathrm{i})=0$．

解 (1) 由条件 $f(2\mathrm{i})=0$ 可知，所求映射将上半平面中的点 $z=2\mathrm{i}$ 映射成单位圆周的圆心 $w=0$，故可设

$$w=f(z)=k\frac{z-2\mathrm{i}}{z-\overline{2\mathrm{i}}}=k\frac{z-2\mathrm{i}}{z+2\mathrm{i}},$$

由 $f(0)=1$，得 $k=-1$，故所求的分式线性映射为

$$w=-\frac{z-2\mathrm{i}}{z+2\mathrm{i}}．$$

(2) 由条件 $f(2\mathrm{i})=0$，可设

$$w=f(z)=\mathrm{e}^{\mathrm{i}\theta}\frac{z-2\mathrm{i}}{z-\overline{2\mathrm{i}}}=\mathrm{e}^{\mathrm{i}\theta}\frac{z-2\mathrm{i}}{z+2\mathrm{i}},$$

则

$$f'(z)=\mathrm{e}^{\mathrm{i}\theta}\frac{4\mathrm{i}}{(z+2\mathrm{i})^2}．$$

又因 $\arg f'(2\mathrm{i})=0$，得 $\theta=\dfrac{\pi}{2}$，故所求的分式线性映射为

$$w=\mathrm{i}\frac{z-2\mathrm{i}}{z+2\mathrm{i}}．$$

例 5-11 求将单位圆内部 $|z|<1$ 映射成单位圆内部 $|w|<1$ 的分式线性映射．

解 方法一．在圆周 $|z|=1$ 和 $|w|=1$ 上按同一绕向(例如顺时针方向)分别取三个不同的点 z_1，z_2，z_3 和 w_1，w_2，w_3，则根据保圆性和保角性，由此三组对应点所决定的分式线性映射

$$\frac{w-w_1}{w-w_2}:\frac{w_3-w_1}{w_3-w_2}=\frac{z-z_1}{z-z_2}:\frac{z_3-z_1}{z_3-z_2}$$

就可以将单位圆域 $|z|<1$ 映射成单位圆域 $|w|<1$．

方法二．设 z 平面上单位圆内部 $|z|<1$ 的一点 z_0 映射成 w 平面上单位圆内部 $|w|<1$ 的中心 $w=0$，这时与点 z_0 对称于单位圆周 $|z|=1$ 的点 $\dfrac{1}{\bar{z}_0}$ 被映射成 w 平面上的无穷远点．因

此，当 $z = z_0$ 时，$w = 0$；而当 $z = \dfrac{1}{\overline{z}_0}$ 时，$w = \infty$，满足这些条件的分式线性映射为

$$w = k' \frac{z - z_0}{z - \dfrac{1}{\overline{z}_0}} = k' \overline{z}_0 \frac{z - z_0}{\overline{z}_0 z - 1} = k \frac{z - z_0}{1 - \overline{z}_0 z},$$

即 $w = k \dfrac{z - z_0}{1 - \overline{z}_0 z}$，其中，$z_0$ 是 z 平面单位圆内部的任意一点，k 是待定的复常数. 显然，符合题意的映射不是唯一的.

进一步，由方法二可知，$w = k \dfrac{z - z_0}{1 - \overline{z}_0 z}$，由于 z 平面单位圆周上的点映射成 w 平面上单位圆周上的点，故当 $|z| = 1$ 时，$|w| = 1$. 令 $z = 1$，有 $w = k \dfrac{1 - z_0}{1 - \overline{z}_0}$，则

$$|w| = |k| \left| \frac{1 - z_0}{1 - \overline{z}_0} \right| = |k| = 1,$$

所以 $k = e^{i\theta}$，从而

$$w = e^{i\theta} \frac{z - z_0}{1 - \overline{z}_0 z}, \tag{5-12}$$

其中，z_0 为 z 平面上单位圆周 $|z| < 1$ 内的任意一点，θ 为任意实数. 由此可见，符合题意的映射不是唯一的.

式(5-10)～式(5-12)是比较重要的式子，在将一般区域映射成单位圆域时，常常通过其他手段将它变成上半平面，再借助于式(5-10)变为单位圆域.

例 5-12 求将单位圆内部 $|z| < 1$ 映射成单位圆内部 $|w| < 1$ 的分式线性映射，且满足条件 $f\left(\dfrac{1}{2}\right) = 0$，$f'\left(\dfrac{1}{2}\right) > 0$.

解 由 $f\left(\dfrac{1}{2}\right) = 0$ 可知，$z = \dfrac{1}{2}$ 被映射成 $w = 0$，由式(5-12)，可设

$$w = e^{i\theta} \frac{z - \dfrac{1}{2}}{1 - \dfrac{1}{2} z},$$

由此可得 $f'\left(\dfrac{1}{2}\right) = \dfrac{4}{3} e^{i\theta}$，又因 $f'\left(\dfrac{1}{2}\right) > 0$，则 $f'\left(\dfrac{1}{2}\right)$ 为正实数，从而 $\arg f'\left(\dfrac{1}{2}\right) = 0$，即 $\theta = 0$.

故所求映射为 $w = \dfrac{2z - 1}{2 - z}$.

分式线性映射具有很多性质，但仅用分式线性映射构造共形映射显然是不够的，即使是将第一象限映射为上半平面这样简单的情况，分式线性映射也无法做到. 因此，下一节将介绍其他初等函数的一些映射特性.

5.5 幂函数与指数函数所构成的映射

5.5.1 幂函数 $w = z^n$ ($n \geqslant 2$ 且为整数)

由 $w' = nz^{n-1}$ 可知，除原点外，幂函数 $w = z^n$ 在复平面上是处处保角的.

设 $z = r\mathrm{e}^{\mathrm{i}\theta}$，则 $w = \rho\mathrm{e}^{\mathrm{i}\varphi} = r^n\mathrm{e}^{\mathrm{i}n\theta}$. 因此，在映射 $w = z^n$ 下，z 平面上的圆周 $|z| = r_0$ 被映射成 w 平面上的圆周 $|w| = r_0^n$，特别是将单位圆周 $|z| = 1$ 映射成单位圆周 $|w| = 1$；而把 z 平面上的射线 $\theta = \theta_0$ 映射成 w 平面上的射线 $\varphi = n\theta_0$，特别是将正实轴 $\theta = 0$ 映射成正实轴 $\varphi = 0$，把 z 平面上以原点为顶点的角形域 $0 < \theta < \alpha$ $\left(\alpha < \dfrac{2\pi}{n}\right)$ 映射成 w 平面上的角形域 $0 < \varphi < n\alpha$ (见图 5-12)，可见映射后的角增大了 n 倍，所以 $w = z^n$ 在 $z = 0$ 处没有保角性.

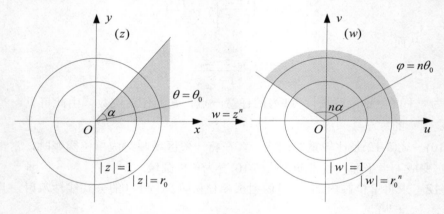

图 5-12

映射 $w = z^n$ 的主要特点是：将以原点为顶点的角形域映射成以原点为顶点的角形域，但张角变成了原来的 n 倍. 因此，若要将角形域的张角扩大，可利用幂函数来完成；反之若要将角形域的张角缩小，则可用根式函数所构成的映射 $w = \sqrt[n]{z}$ 来完成，即根式函数的特点是缩小角形域. 需要注意的是，如果是扇形域(模有限)，那么模要相应地扩大或缩小.

例 5-13 求将角形域 $0 < \arg z < \dfrac{\pi}{4}$ 映射成单位圆内部 $|w| < 1$ 的映射.

解 因为 $\zeta = z^4$ 可将角形域 $0 < \arg z < \dfrac{\pi}{4}$ 映射成上半平面 $\operatorname{Im}(\zeta) > 0$，而 $w = \dfrac{\zeta - \mathrm{i}}{\zeta + \mathrm{i}}$ 可将上半平面 $\operatorname{Im}(\zeta) > 0$ 映射成单位圆内部 $|w| < 1$，因此所求的映射(见图 5-13)为

$$w = \frac{z^4 - \mathrm{i}}{z^4 + \mathrm{i}}.$$

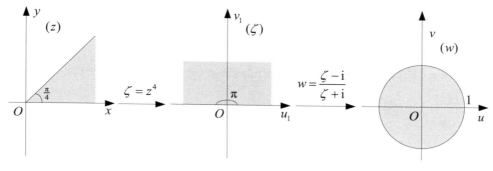

图 5-13

5.5.2　指数函数 $w = \mathrm{e}^z$

由 $w' = \mathrm{e}^z \neq 0$ 可知，指数函数 $w = \mathrm{e}^z$ 所构成的映射在 z 平面上是处处保角的.

设 $z = x + \mathrm{i}y$，则 $w = \rho \mathrm{e}^{\mathrm{i}\varphi} = \mathrm{e}^x \mathrm{e}^{\mathrm{i}y}$. 因此，在 $w = \mathrm{e}^z$ 下，z 平面上的直线 $x = a$（a 为实常数）被映射成 w 平面上的圆周 $|w| = \mathrm{e}^a$，直线 $y = \alpha$（α 为实常数）被映射成 w 平面上的射线 $\varphi = \alpha$. 将虚轴 $x = 0$ 映射成 w 平面上的单位圆周 $|w| = 1$，将实轴 $y = 0$ 映射成 w 平面上的正实半轴 $\varphi = 0$，将带形域 $0 < \mathrm{Im}(z) < \alpha$（$\alpha < 2\pi$）映射成角形域 $0 < \varphi < \alpha$（见图 5-14）. 在以上取定的区域上，映射不仅是保角的而且一一对应，即为共形映射.

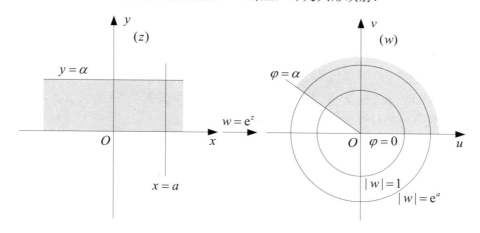

图 5-14

映射 $w = \mathrm{e}^z$ 的主要特点是：将水平的带形域 $0 < \mathrm{Im}(z) < \alpha$（$\alpha < 2\pi$）映射成角形域 $0 < \arg(w) < \alpha$. 因此，为将带形域映射成角形域，常常利用指数函数来完成.

例 5-14　求将带形域 $0 < \mathrm{Im}(z) < \pi$ 映射成单位圆内部 $|w| < 1$ 的一个映射.

解　因为映射 $\zeta = \mathrm{e}^z$ 将带形域 $0 < \mathrm{Im}(z) < \pi$ 映射成上半平面 $0 < \arg(\zeta) < \pi$，即 $\mathrm{Im}(\zeta) > 0$，而 $w = \dfrac{\zeta - \mathrm{i}}{\zeta + \mathrm{i}}$ 将上半平面 $\mathrm{Im}(\zeta) > 0$ 映射成单位圆内部 $|w| < 1$，故所求映射为

$$w = \frac{\mathrm{e}^z - \mathrm{i}}{\mathrm{e}^z + \mathrm{i}}.$$

例 5-15 求将带形域 $a < \mathrm{Re}(z) < b$ 映射成上半平面 $\mathrm{Im}(w) > 0$ 的一个映射.

解 因为 $\zeta = \dfrac{\pi\mathrm{i}}{b-a}(z-a)$ 可将带形域 $a < \mathrm{Re}(z) < b$ 经平移、伸缩、旋转后映射成带形域 $0 < \mathrm{Im}(\zeta) < \pi$，而 $w = \mathrm{e}^{\zeta}$ 将带形域 $0 < \mathrm{Im}(\zeta) < \pi$ 映射成上半平面 $\mathrm{Im}(w) > 0$，因此所求映射(见图 5-15)为

$$w = \mathrm{e}^{\frac{\pi\mathrm{i}}{b-a}(z-a)}.$$

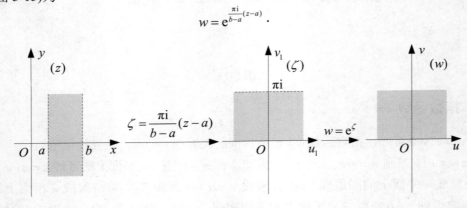

图 5-15

5.6 MATLAB 实验

5.6.1 MATLAB 在分式线性映射中的应用

根据定理 5-6，在 z 平面上任意给定三个不同的点 z_1，z_2，z_3，在 w 平面上也任意给定三个不同的点 w_1，w_2，w_3，则存在唯一的分式线性映射，把 z_1，z_2，z_3 分别映射成 w_1，w_2，w_3，且该分式线性映射可表示为

$$\frac{w-w_1}{w-w_2} : \frac{w_3-w_1}{w_3-w_2} = \frac{z-z_1}{z-z_2} : \frac{z_3-z_1}{z_3-z_2}.$$

(1) 若 z_1，z_2，z_3 或 w_1，w_2，w_3 中有一个为无穷远点，不妨设 $w_3 = \infty$，则上面的分式线性映射可表示为

$$\frac{w-w_1}{w-w_2} : \frac{1}{1} = \frac{z-z_1}{z-z_2} : \frac{z_3-z_1}{z_3-z_2},$$

令 $k = \dfrac{z_3-z_1}{z_3-z_2}$，则有

$$w = \frac{(w_1 k - w_2)z + (w_2 z_1 - w_1 z_2 k)}{(k-1)z + (z_1 - k z_2)}.$$

例 5-16 求将点 $z_1 = 1$，$z_2 = \mathrm{i}$，$z_3 = -1$ 分别映射成 $w_1 = 0$，$w_2 = 1$，$w_3 = \infty$ 的分式线性映射.

解 在 MATLAB 命令窗口中输入：

```
>> syms z1 z2 z3 w1 w2
>> z1=1;z2=i;z3=-1;w1=0;w2=1;
>> k=(z3-z1)/(z3-z2);
```

```
>> a=w1*k-w2;
>> b=w2*z1-w1*z2*k;
>> c=k-1;
>> d=z1-k*z2;
>> w=(a*z+b)/(c*z+d)
w =
(z - 1)/(z*1i + 1i)
```

(2) 若 z_1，z_2，z_3 与 w_1，w_2，w_3 均为有限点，则可按照一般的求解复数方程根的方法求从 z_1，z_2，z_3 到 w_1，w_2，w_3 的分式线性映射.

例 5-17 求将点 $z_1 = 2$，$z_2 = i$，$z_3 = -2$ 分别映射成 $w_1 = -1$，$w_2 = i$，$w_3 = 1$ 的分式线性映射.

解 在 MATLAB 命令窗口中输入：

```
>> s=sym(['(w+1)*(1-i)/(2*(w-i))-(z-2)*(2+i)/(4*(z-i))']);
>> solve(s,'w')
ans =
 -(z*i^2 - 6*i + 2*z)/(2*i^2 - 3*z*i + 4)
```

5.6.2 MATLAB 在共形映射图形中的应用

借助 MATLAB 可以通过画出曲线的图形或是曲线在某共形映射下的像，来理解不同映射的特点.

例 5-18 设 $w = f(z) = \dfrac{z+i}{z-i}$，

(1) 作出曲线 $|z - 2i| = 1$ 在分式线性映射 $w = f(z)$ 下的像曲线；

(2) 作出曲线 $|z - 2i| = 3$ 在分式线性映射 $w = f(z)$ 下的像曲线.

解 (1) 建立 M 文件，MATLAB 程序如下：

```
theta=0:0.01*pi:2*pi;
z1=2*i+1*exp(i*theta);
w1=(z1+i)./(z1-i);
plot(w1)
title('w1')
```

运行结果如图 5-16(a)所示.

(2) 建立 M 文件，MATLAB 程序如下：

```
theta=0:0.01*pi:2*pi;
z2=2*i+3*exp(i*theta);
w2=(z2+i)./(z2-i);
plot(w2)
title('w2')
```

运行结果如图 5-16(b)所示.

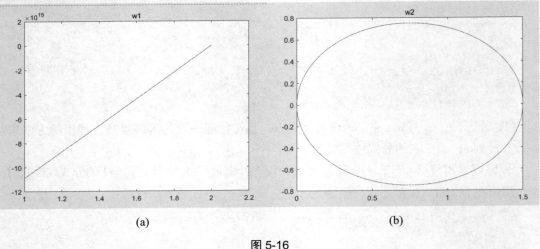

图 5-16

本章小结

共形映射是复变函数论的重要部分，本章通过对导函数几何特性的分析，引入共形映射的概念．保形性是解析函数所特有的性质，共形映射所研究的基本问题是构造解析函数使一个区域保形地映射到另一个区域．这个性质可以将一些不规则或者难以用数学公式表达的区域边界映射成规则的或已成熟的区域边界．通过讨论一些具体的映射，将复杂区域上的问题转移到简单区域上加以研究，这种方法在解决各类实际问题(如流体力学、电学、磁学等)中有重要的应用．

本章重点讨论由分式线性函数所构成的映射．分式线性函数具有保形性、保对称点性及保圆性，而其中保圆性最具特色．分式线性映射最关键的特点在于统一了圆和直线，能在直线与圆之间相互转换，使得在处理以直线和圆弧组成边界的区域时非常方便，而这样的区域又是最常见的．幂函数和指数函数也是在构造共形映射时非常有用的初等函数．前者在角形域之间进行转换，后者在角形域与带形域之间进行转换，因此，它们在使用上具有非常固定的模式．单位圆域和上半平面是两个典型的区域，也是连接区域之间共形映射的纽带．在构造一般区域之间的共形映射时，通常先将区域都向上半平面或者单位圆域映射，再得出所求的共形映射函数．

在静电学、热力学和流体力学等领域中，复变函数中的保角映射作为一种成熟的求解方法具有广泛的应用．例如，保角映射方法可以省去烦琐的偏微分方程的求解过程；数据拟合中利用共形映射以拟合函数方程构造解析函数；基于保角映射拉普拉斯方程降维法可以解决稳态温度场的计算；通过流形与参数域(单位圆盘或单位球)之间的可逆保角映射实现流形上光滑曲线的设计．

复习思考题

1. 判断下列命题的真假，并说明理由.

(1) 映射 $w = z^n$（自然数 $n > 1$）在复平面上处处保角.

(2) 函数 $w = e^z$ 将 z 平面上的区域 $D = \{(x, y) \mid -\infty < x < 0,\ 0 < y < \pi\}$ 映射成 w 平面的上半平面.

2. 综合题.

(1) 求映射 $w = z^2$ 在下列点处的旋转角与伸缩率.

① $z = 1$；　　　　② $z = i$；　　　　③ $z = 1 + i$；　　　　④ $z = -3 + 4i$.

(2) 求圆域 $|z - 1| \leqslant 1$ 在映射 $w = iz$ 下的像.

(3) 求映射 $w = \dfrac{1}{z}$ 下，下列曲线的像曲线.

① $x = 1$；　　　　② $x = y$；　　　　③ $x^2 + y^2 = 9$；　　　　④ $(x-1)^2 + y^2 = 1$.

(4) 求下列区域在指定映射下的像.

① $\mathrm{Im}(z) > 0$，$w = z + i$；　　　　② $\mathrm{Re}(z) > 0$，$w = iz + i$；

③ $0 < \mathrm{Im}(z) < \dfrac{1}{2}$，$w = \dfrac{1}{z}$；　　　　④ $\mathrm{Re}(z) > 0$，$0 < \mathrm{Im}(z) < 1$，$w = \dfrac{i}{z}$.

(5) 求将 $z_1 = -2$，$z_2 = 0$，$z_3 = 2$ 分别映射成 $w_1 = 0$，$w_2 = 1$，$w_3 = 2$ 的分式线性映射，并说明上半平面在此映射下变成了什么？

(6) 求将上半平面 $\mathrm{Im}(z) > 0$ 映射成单位圆内部 $|w| < 1$ 的分式线性映射 $w = f(z)$，并满足条件：

① $f(i) = 0$，$\arg f'(i) = 0$；　　　　② $f(1) = 1$，$f(i) = \dfrac{1}{\sqrt{5}}$；

③ $f(i) = 0$，$f(-1) = 1$；　　　　④ $f(i) = 0$，$\arg f'(i) = \dfrac{\pi}{2}$.

(7) 求将单位圆内部 $|z| < 1$ 映射成单位圆内部 $|w| < 1$ 的分式线性映射 $w = f(z)$，并满足条件：

① $f\left(\dfrac{1}{2}\right) = 0$，$\arg f'\left(\dfrac{1}{2}\right) = 0$；　　　　② $f\left(\dfrac{1}{2}\right) = 0$，$f(1) = i$.

(8) 求将角形域 $0 < \arg z < \dfrac{\pi}{3}$ 映射成单位圆内部 $|w| < 1$ 的映射.

(9) 求将带形域 $\dfrac{\pi}{2} < \mathrm{Im}(z) < \pi$ 映射成上半平面的映射.

第6章 傅里叶变换

学习要点及目标

- 理解傅里叶积分定理.
- 掌握傅里叶变换以及逆变换的概念及性质.
- 理解脉冲函数的概念及筛选性质.
- 掌握卷积的概念及卷积定理.
- 掌握傅里叶变换的应用.

核心概念

傅里叶变换 傅里叶逆变换 卷积

在自然科学和工程技术中，对于比较复杂的运算常常采取某种手段将其转化为较简单的运算，这就是所谓的变换. 变换不同于化简，它必须是可逆的，必须有与之匹配的逆变换. 例如，直角坐标与极坐标之间是一种变换. 在初等数学中，数量的乘法或除法运算就可以通过对数变换化为较简单的对数加法或减法运算，再取反对数，即得到原来数量的乘积或商. 在工程数学中，积分变换能够将分析运算(如微分、积分)转化为代数运算，进而用积分变换求解一些复杂的微分方程或其他方程. 最重要的积分变换有傅里叶(Fourier)变换、拉普拉斯(Laplace)变换，应用比较广泛的还有梅林(Mellin)变换和汉克尔(Hankel)变换，它们都可以由傅里叶变换和拉普拉斯变换转化而来. 积分变换的理论与方法不仅在数学的诸多分支领域中有着广泛的应用，而且在许多工程技术领域，如光学、振动、热传导、无线电技术以及信号处理等方面，也同时作为一种研究工具发挥着十分重要的作用.

傅里叶变换是一种对连续时间函数的积分变换，通过积分运算，把一个函数转化为另一个函数，同时还具有对称形式的逆变换. 本章首先由傅里叶级数引入非周期函数的傅里叶积分，讨论傅里叶变换的概念、性质，以及具有脉冲性质的 δ 函数及其傅里叶变换，介绍广义傅里叶变换的概念，最后介绍傅里叶变换的一些应用.

6.1 傅里叶积分

6.1.1 傅里叶级数

在高等数学中，我们已经讨论过周期为 T 的周期函数的傅里叶级数，从而知道，一个以 T 为周期的函数 $f_T(t)$，如果在 $\left[-\dfrac{T}{2}, \dfrac{T}{2}\right]$ 上满足狄利克雷(Dirichlet)条件，即函数 $f_T(t)$ 在

$\left[-\dfrac{T}{2}, \dfrac{T}{2}\right]$ 上满足：

(1) 连续或只有有限个第一类间断点；

(2) 只有有限个极值点.

那么函数 $f_T(t)$ 可以展开成傅里叶级数，并且在 $f_T(t)$ 的连续点 t 处，有

$$f_T(t) = \frac{a_0}{2} + \sum_{n=1}^{\infty}(a_n \cos n\omega t + b_n \sin n\omega t)，\tag{6-1}$$

其中

$$\omega = \frac{2\pi}{T}，$$

$$a_n = \frac{2}{T}\int_{-\frac{T}{2}}^{\frac{T}{2}} f_T(t)\cos n\omega t\, \mathrm{d}t \quad (n = 0,1,2,\cdots)，$$

$$b_n = \frac{2}{T}\int_{-\frac{T}{2}}^{\frac{T}{2}} f_T(t)\sin n\omega t\, \mathrm{d}t \quad (n = 0,1,2,\cdots).$$

在 $f_T(t)$ 的间断点 t 处，式(6-1)的左端为 $\dfrac{1}{2}[f(t+0)+f(t-0)]$.

式(6-1)为**傅里叶级数的三角形式**. 傅里叶级数还经常用复指数形式表示. 下面我们把傅里叶级数的三角形式转化为复指数形式.

将欧拉公式

$$\cos\theta = \frac{\mathrm{e}^{\mathrm{i}\theta} + \mathrm{e}^{-\mathrm{i}\theta}}{2}，\quad \sin\theta = \frac{\mathrm{e}^{\mathrm{i}\theta} - \mathrm{e}^{-\mathrm{i}\theta}}{2\mathrm{i}} = -\mathrm{i}\frac{\mathrm{e}^{\mathrm{i}\theta} - \mathrm{e}^{-\mathrm{i}\theta}}{2}$$

代入式(6-1)，有

$$f_T(t) = \frac{a_0}{2} + \sum_{n=1}^{\infty}\left(a_n \frac{\mathrm{e}^{\mathrm{i}n\omega t} + \mathrm{e}^{-\mathrm{i}n\omega t}}{2} + b_n \frac{\mathrm{e}^{\mathrm{i}n\omega t} - \mathrm{e}^{-\mathrm{i}n\omega t}}{2\mathrm{i}}\right)$$

$$= \frac{a_0}{2} + \sum_{n=1}^{\infty}\left(\frac{a_n - \mathrm{i}b_n}{2}\mathrm{e}^{\mathrm{i}n\omega t} + \frac{a_n + \mathrm{i}b_n}{2}\mathrm{e}^{-\mathrm{i}n\omega t}\right).$$

若记

$$c_0 = \frac{a_0}{2} = \frac{1}{T}\int_{-\frac{T}{2}}^{\frac{T}{2}} f_T(t)\,\mathrm{d}t，$$

$$c_n = \frac{a_n - \mathrm{i}b_n}{2} = \frac{1}{T}\left[\int_{-\frac{T}{2}}^{\frac{T}{2}} f_T(t)\cos n\omega t\, \mathrm{d}t - \mathrm{i}\int_{-\frac{T}{2}}^{\frac{T}{2}} f_T(t)\sin n\omega t\, \mathrm{d}t\right]$$

$$= \frac{1}{T}\int_{-\frac{T}{2}}^{\frac{T}{2}} f_T(t)(\cos n\omega t - \mathrm{i}\sin n\omega t)\,\mathrm{d}t$$

$$= \frac{1}{T}\int_{-\frac{T}{2}}^{\frac{T}{2}} f_T(t)\mathrm{e}^{-\mathrm{i}n\omega t}\,\mathrm{d}t \quad (n = 1,2,\cdots)，$$

$$c_{-n} = \frac{a_n + \mathrm{i}b_n}{2} = \frac{1}{T}\int_{-\frac{T}{2}}^{\frac{T}{2}} f_T(t)\mathrm{e}^{\mathrm{i}n\omega t}\,\mathrm{d}t \quad (n = 1,2,\cdots)，$$

则式(6-1)可写成

$$f_T(t) = c_0 + \sum_{n=1}^{\infty} (c_n \mathrm{e}^{\mathrm{i}n\omega t} + c_{-n} \mathrm{e}^{-\mathrm{i}n\omega t})$$

$$= \sum_{n=-\infty}^{\infty} c_n \mathrm{e}^{\mathrm{i}n\omega t} . \tag{6-2}$$

其中

$$c_n = \frac{1}{T} \int_{-\frac{T}{2}}^{\frac{T}{2}} f_T(t) \mathrm{e}^{-\mathrm{i}n\omega t} \mathrm{d}t \quad (n = 0, \pm 1, \pm 2, \cdots) .$$

式(6-2)为傅里叶级数的复指数形式.

6.1.2　傅里叶积分定理

在实际问题中遇到的函数常常不是周期函数,下面我们来讨论非周期函数的展开问题. 对于任意一个非周期函数 $f(t)$,作周期为 T 的函数 $f_T(t)$,使其在 $\left[-\dfrac{T}{2}, \dfrac{T}{2}\right)$ 内与 $f(t)$ 相等,而在 $\left[-\dfrac{T}{2}, \dfrac{T}{2}\right)$ 之外按周期 T 延拓到整个实轴上. 显然,T 越大,$f_T(t)$ 与 $f(t)$ 相等的范围也越大,从而当 $T \to +\infty$ 时,以 T 为周期的函数 $f_T(t)$ 就收敛于 $f(t)$,即

$$\lim_{T \to +\infty} f_T(t) = f(t) .$$

若令 $\omega_n = n\omega \ (n = 0, \pm 1, \pm 2, \cdots)$,$\Delta\omega_n = \omega_n - \omega_{n-1} = \omega = \dfrac{2\pi}{T}$,则 $T = \dfrac{2\pi}{\Delta\omega_n}$,且当 $T \to +\infty$ 时,有 $\Delta\omega_n \to 0$. 于是由式(6-2),有

$$f(t) = \lim_{T \to +\infty} f_T(t)$$

$$= \lim_{T \to +\infty} \sum_{n=-\infty}^{+\infty} \left[\frac{1}{T} \int_{-\frac{T}{2}}^{\frac{T}{2}} f_T(\tau) \mathrm{e}^{-\mathrm{i}n\omega\tau} \mathrm{d}\tau \right] \mathrm{e}^{\mathrm{i}n\omega t}$$

$$= \frac{1}{2\pi} \lim_{\Delta\omega_n \to 0} \sum_{n=-\infty}^{+\infty} \left[\int_{-\frac{\pi}{\Delta\omega_n}}^{\frac{\pi}{\Delta\omega_n}} f_T(\tau) \mathrm{e}^{-\mathrm{i}\omega_n\tau} \mathrm{d}\tau \right] \mathrm{e}^{\mathrm{i}\omega_n t} \Delta\omega_n ,$$

这是一个和式的极限,按照积分定义,在一定的条件下,上式可写为

$$f(t) = \frac{1}{2\pi} \int_{-\infty}^{+\infty} \left[\int_{-\infty}^{+\infty} f(\tau) \mathrm{e}^{-\mathrm{i}\omega\tau} \mathrm{d}\tau \right] \mathrm{e}^{\mathrm{i}\omega t} \mathrm{d}\omega .$$

那么究竟在什么条件下上式成立?我们有下面的定理.

定理 6-1　若函数 $f(t)$ 在 $(-\infty, +\infty)$ 上满足下列条件:

(1) 在任一有限区间上满足狄利克雷条件;

(2) 在无限区间 $(-\infty, +\infty)$ 上绝对可积,即积分 $\int_{-\infty}^{+\infty} |f(t)| \mathrm{d}t$ 收敛,则在 $f(t)$ 的连续点 t 处,有

$$f(t) = \frac{1}{2\pi} \int_{-\infty}^{+\infty} \left[\int_{-\infty}^{+\infty} f(\tau) \mathrm{e}^{-\mathrm{i}\omega\tau} \mathrm{d}\tau \right] \mathrm{e}^{\mathrm{i}\omega t} \mathrm{d}\omega , \tag{6-3}$$

在 $f(t)$ 的间断点 t 处,上式的左端应以 $\dfrac{1}{2}[f(t+0) + f(t-0)]$ 代替.

定理 6-1 称为**傅里叶积分定理**，它的条件是充分而非必要的. 由于定理 6-1 的证明要用到较多的基础理论知识，所以这里证明从略. 需要指出的是：式(6-3)以及本书后面所遇到的广义积分，如无特别说明，都是指柯西主值意义下的广义积分，即

$$\int_{-\infty}^{+\infty} f(x)\mathrm{d}x = \lim_{N\to+\infty}\int_{-N}^{N} f(x)\mathrm{d}x .$$

式(6-3)称为 $f(t)$ 的**傅里叶积分公式**，它是 $f(t)$ 的**傅里叶积分公式的复指数形式**. 利用欧拉公式，可将它转化为三角形式. 因为

$$f(t) = \frac{1}{2\pi}\int_{-\infty}^{+\infty}\left[\int_{-\infty}^{+\infty} f(\tau)\mathrm{e}^{-\mathrm{i}\omega\tau}\,\mathrm{d}\tau\right]\mathrm{e}^{\mathrm{i}\omega t}\,\mathrm{d}\omega$$

$$= \frac{1}{2\pi}\int_{-\infty}^{+\infty}\left[\int_{-\infty}^{+\infty} f(\tau)\mathrm{e}^{\mathrm{i}\omega(t-\tau)}\,\mathrm{d}\tau\right]\mathrm{d}\omega$$

$$= \frac{1}{2\pi}\int_{-\infty}^{+\infty}\left[\int_{-\infty}^{+\infty} f(\tau)\cos\omega(t-\tau)\mathrm{d}\tau + \mathrm{i}\int_{-\infty}^{+\infty} f(\tau)\sin\omega(t-\tau)\mathrm{d}\tau\right]\mathrm{d}\omega$$

$$= \frac{1}{2\pi}\left\{\int_{-\infty}^{+\infty}\left[\int_{-\infty}^{+\infty} f(\tau)\cos\omega(t-\tau)\mathrm{d}\tau\right]\mathrm{d}\omega + \mathrm{i}\int_{-\infty}^{+\infty}\left[\int_{-\infty}^{+\infty} f(\tau)\sin\omega(t-\tau)\mathrm{d}\tau\right]\mathrm{d}\omega\right\},$$

而积分 $\int_{-\infty}^{+\infty} f(\tau)\sin\omega(t-\tau)\mathrm{d}\tau$ 是 ω 的奇函数，所以有

$$\int_{-\infty}^{+\infty}\left[\int_{-\infty}^{+\infty} f(\tau)\sin\omega(t-\tau)\mathrm{d}\tau\right]\mathrm{d}\omega = 0 ,$$

又因积分 $\int_{-\infty}^{+\infty} f(\tau)\cos\omega(t-\tau)\mathrm{d}\tau$ 是 ω 的偶函数，所以有

$$\int_{-\infty}^{+\infty}\left[\int_{-\infty}^{+\infty} f(\tau)\cos\omega(t-\tau)\mathrm{d}\tau\right]\mathrm{d}\omega = 2\int_{0}^{+\infty}\left[\int_{-\infty}^{+\infty} f(\tau)\cos\omega(t-\tau)\mathrm{d}\tau\right]\mathrm{d}\omega ,$$

于是

$$f(t) = \frac{1}{\pi}\int_{0}^{+\infty}\left[\int_{-\infty}^{+\infty} f(\tau)\cos\omega(t-\tau)\mathrm{d}\tau\right]\mathrm{d}\omega . \tag{6-4}$$

式(6-4)为 $f(t)$ 的**傅里叶积分公式的三角形式**. 利用三角公式，式(6-4)又可写成

$$f(t) = \frac{1}{\pi}\int_{0}^{+\infty}\left[\int_{-\infty}^{+\infty} f(\tau)(\cos\omega t\cos\omega\tau + \sin\omega t\sin\omega\tau)\mathrm{d}\tau\right]\mathrm{d}\omega$$

$$= \int_{0}^{+\infty}\left\{\left[\frac{1}{\pi}\int_{-\infty}^{+\infty} f(\tau)\cos\omega\tau\mathrm{d}\tau\right]\cos\omega t + \left[\frac{1}{\pi}\int_{-\infty}^{+\infty} f(\tau)\sin\omega\tau\mathrm{d}\tau\right]\sin\omega t\right\}\mathrm{d}\omega$$

$$= \int_{0}^{+\infty}(a_{\omega}\cos\omega t + b_{\omega}\sin\omega t)\mathrm{d}\omega , \tag{6-5}$$

这里

$$a_{\omega} = \frac{1}{\pi}\int_{-\infty}^{+\infty} f(\tau)\cos\omega\tau\mathrm{d}\tau , \quad b_{\omega} = \frac{1}{\pi}\int_{-\infty}^{+\infty} f(\tau)\sin\omega\tau\mathrm{d}\tau .$$

式(6-5)就是类似于傅里叶级数形式的傅里叶积分展开式，所不同的是，这里的累加已不再是离散的，而是连续的，即是用积分形式表示的.

特别地，如果 $f(t)$ 仅在 $(0,+\infty)$ 内有定义，且满足傅里叶积分定理的条件，我们可以采用类似于傅里叶级数中奇延拓或偶延拓的方法，得到相应的傅里叶积分展开式，再令 $t>0$ 即可.

傅里叶积分定理不仅解决了非周期函数的傅里叶级数展开问题，为后面的傅里叶变换

奠定了理论基础，同时它本身也给出了含参变量的广义积分的计算和证明方法.

例 6-1 求指数衰减函数 $f(t) = \begin{cases} 0, & t < 0 \\ e^{-\beta t}, & t \geq 0 \end{cases}$ $(\beta > 0)$ 的傅里叶积分.

解 根据式(6-3)，有

$$
\begin{aligned}
f(t) &= \frac{1}{2\pi} \int_{-\infty}^{+\infty} \left[\int_{-\infty}^{+\infty} f(\tau) e^{-i\omega\tau} \, d\tau \right] e^{i\omega t} d\omega \\
&= \frac{1}{2\pi} \int_{-\infty}^{+\infty} \left(\int_{0}^{+\infty} e^{-\beta\tau} e^{-i\omega\tau} \, d\tau \right) e^{i\omega t} d\omega \\
&= \frac{1}{2\pi} \int_{-\infty}^{+\infty} \left[\int_{0}^{+\infty} e^{-(\beta+i\omega)\tau} \, d\tau \right] e^{i\omega t} d\omega \\
&= \frac{1}{2\pi} \int_{-\infty}^{+\infty} \frac{1}{\beta+i\omega} e^{i\omega t} d\omega \\
&= \frac{1}{2\pi} \int_{-\infty}^{+\infty} \frac{\beta-i\omega}{\beta^2+\omega^2} (\cos\omega t + i\sin\omega t) \, d\omega \\
&= \frac{1}{2\pi} \left(\int_{-\infty}^{+\infty} \frac{\beta\cos\omega t + \omega\sin\omega t}{\beta^2+\omega^2} d\omega + i \int_{-\infty}^{+\infty} \frac{\beta\sin\omega t - \omega\cos\omega t}{\beta^2+\omega^2} d\omega \right) \\
&= \frac{1}{2\pi} \int_{-\infty}^{+\infty} \frac{\beta\cos\omega t + \omega\sin\omega t}{\beta^2+\omega^2} d\omega \qquad (t \neq 0),
\end{aligned}
$$

当 $t = 0$ 时，$f(t)$ 应为 $\frac{1}{2}[f(0+0) + f(0-0)] = \frac{1}{2}(1+0) = \frac{1}{2}$.

例 6-1 也可根据式(6-4)或式(6-5)进行计算.

例 6-2 求函数 $f(t) = \begin{cases} 1, & |t| < 1 \\ 0, & |t| \geq 1 \end{cases}$ 的傅里叶积分，并证明

$$
\int_{0}^{+\infty} \frac{\sin\omega \cos\omega t}{\omega} d\omega = \begin{cases} \dfrac{\pi}{2}, & |t| < 1 \\[2mm] \dfrac{\pi}{4}, & |t| = 1 \\[2mm] 0, & |t| > 1 \end{cases}.
$$

证 根据式(6-3)，有

$$
\begin{aligned}
f(t) &= \frac{1}{2\pi} \int_{-\infty}^{+\infty} \left[\int_{-\infty}^{+\infty} f(\tau) e^{-i\omega\tau} \, d\tau \right] e^{i\omega t} d\omega \\
&= \frac{1}{2\pi} \int_{-\infty}^{+\infty} \left(\int_{-1}^{1} e^{-i\omega\tau} \, d\tau \right) e^{i\omega t} d\omega \\
&= \frac{1}{2\pi} \int_{-\infty}^{+\infty} \left[\int_{-1}^{1} (\cos\omega\tau - i\sin\omega\tau) d\tau \right] e^{i\omega t} d\omega \\
&= \frac{1}{\pi} \int_{-\infty}^{+\infty} \left(\int_{0}^{1} \cos\omega\tau d\tau \right) e^{i\omega t} d\omega \\
&= \frac{1}{\pi} \int_{-\infty}^{+\infty} \frac{\sin\omega}{\omega} e^{i\omega t} d\omega
\end{aligned}
$$

$$= \frac{1}{\pi} \int_{-\infty}^{+\infty} \frac{\sin \omega}{\omega} (\cos \omega t + \mathrm{i} \sin \omega t) \mathrm{d} \omega$$

$$= \frac{2}{\pi} \int_{0}^{+\infty} \frac{\sin \omega \cos \omega t}{\omega} \mathrm{d} \omega \quad (|t| \neq 1),$$

当 $t = \pm 1$ 时， $f(t) = \frac{1}{2}[f(\pm 1 + 0) + f(\pm 1 - 0)] = \frac{1}{2}(1 + 0) = \frac{1}{2}$.

即

$$\frac{2}{\pi} \int_{0}^{+\infty} \frac{\sin \omega \cos \omega t}{\omega} \mathrm{d} \omega = \begin{cases} f(t), & |t| \neq 1 \\ \dfrac{1}{2}, & |t| = 1 \end{cases},$$

亦即

$$\frac{2}{\pi} \int_{0}^{+\infty} \frac{\sin \omega \cos \omega t}{\omega} \mathrm{d} \omega = \begin{cases} 1, & |t| < 1 \\ \dfrac{1}{2}, & |t| = 1 \\ 0, & |t| > 1 \end{cases},$$

故

$$\int_{0}^{+\infty} \frac{\sin \omega \cos \omega t}{\omega} \mathrm{d} \omega = \begin{cases} \dfrac{\pi}{2}, & |t| < 1 \\ \dfrac{\pi}{4}, & |t| = 1 \\ 0, & |t| > 1 \end{cases}.$$

在上式中，令 $t = 0$ ，则有

$$\int_{0}^{+\infty} \frac{\sin \omega}{\omega} \mathrm{d} \omega = \frac{\pi}{2},$$

这就是著名的**狄利克雷(Dirichlet)**积分.

6.2 傅里叶变换

6.2.1 傅里叶变换与傅里叶逆变换的概念

由定理 6-1 可知，若函数 $f(t)$ 在 $(-\infty, +\infty)$ 上满足傅里叶积分定理的条件，则在 $f(t)$ 的连续点 t 处，有

$$f(t) = \frac{1}{2\pi} \int_{-\infty}^{+\infty} \left[\int_{-\infty}^{+\infty} f(\tau) \mathrm{e}^{-\mathrm{i}\omega\tau} \, \mathrm{d}\tau \right] \mathrm{e}^{\mathrm{i}\omega t} \mathrm{d}\omega.$$

若令

傅里叶变换.mp4

$$F(\omega) = \int_{-\infty}^{+\infty} f(t) \mathrm{e}^{-\mathrm{i}\omega t} \, \mathrm{d}t \,, \tag{6-6}$$

则

$$f(t) = \frac{1}{2\pi} \int_{-\infty}^{+\infty} F(\omega) e^{i\omega t} d\omega . \tag{6-7}$$

由此可以看出，式(6-6)和式(6-7)定义了一个**傅里叶变换对**，即对于任意已知函数 $f(t)$，通过指定的积分运算，可以得到一个与之对应的函数 $F(\omega)$，而 $F(\omega)$ 也可通过类似的积分运算，还原到 $f(t)$.

定义 6-1 若函数 $f(t)$ 在 $(-\infty, +\infty)$ 上满足傅里叶积分定理的条件，则称式(6-6)为 $f(t)$ 的**傅里叶变换式**，记作 $F(\omega) = \mathcal{F}[f(t)]$，其中，函数 $F(\omega)$ 称为 $f(t)$ 的**傅里叶变换**，有时也称 $F(\omega)$ 为 $f(t)$ 的**象函数**. 称式(6-7)为 $F(\omega)$ 的**傅里叶逆变换式**，记作 $f(t) = \mathcal{F}^{-1}[F(\omega)]$，其中，函数 $f(t)$ 称为 $F(\omega)$ 的**傅里叶逆变换**，有时也称 $f(t)$ 为 $F(\omega)$ 的**象原函数**.

$f(t)$ 与 $F(\omega)$ 就构成了一个傅里叶变换对，并且它们具有相同的奇偶性.

例 6-3 求指数衰减函数 $f(t) = \begin{cases} 0, & t < 0 \\ e^{-\beta t}, & t \geqslant 0 \end{cases}$ $(\beta > 0)$ 的傅里叶变换.

解 根据式(6-6)，有

$$\begin{aligned}
F(\omega) = \mathcal{F}[f(t)] &= \int_{-\infty}^{+\infty} f(t) e^{-i\omega t} dt \\
&= \int_{0}^{+\infty} e^{-\beta t} e^{-i\omega t} dt = \int_{0}^{+\infty} e^{-(\beta + i\omega)t} dt \\
&= \frac{1}{\beta + i\omega} = \frac{\beta - i\omega}{\beta^2 + \omega^2} .
\end{aligned}$$

例 6-4 已知某函数的傅里叶变换式为 $F(\omega) = \begin{cases} 1, & |\omega| < \omega_0 \\ 0, & |\omega| \geqslant \omega_0 \end{cases}$ $(\omega_0 > 0)$，求其函数 $f(t)$.

解 根据式(6-7)，有

$$\begin{aligned}
f(t) = \mathcal{F}^{-1}[F(\omega)] &= \frac{1}{2\pi} \int_{-\infty}^{+\infty} F(\omega) e^{i\omega t} d\omega \\
&= \frac{1}{2\pi} \int_{-\omega_0}^{\omega_0} e^{i\omega t} d\omega = \frac{1}{\pi} \int_{0}^{\omega_0} \cos \omega t \, d\omega = \frac{\sin \omega_0 t}{\pi t} .
\end{aligned}$$

例 6-5 求函数 $f(t) = \begin{cases} \cos t, & |t| \leqslant \pi \\ 0, & |t| > \pi \end{cases}$ 的傅里叶变换，并证明

$$\int_{0}^{+\infty} \frac{\omega \sin \omega \pi \cos \omega t}{1 - \omega^2} d\omega = \begin{cases} \dfrac{\pi}{2} \cos t, & |t| < \pi \\ -\dfrac{\pi}{4}, & |t| = \pi \\ 0, & |t| > \pi \end{cases} .$$

解 根据式(6-6)，并利用奇偶函数的积分性质，有

$$\begin{aligned}
F(\omega) = \mathcal{F}[f(t)] &= \int_{-\infty}^{+\infty} f(t) e^{-i\omega t} dt \\
&= \int_{-\pi}^{\pi} \cos t \, e^{-i\omega t} dt = 2\int_{0}^{\pi} \cos t \cos \omega t \, dt
\end{aligned}$$

$$= \int_0^\pi [\cos(1+\omega)t + \cos(1-\omega)t] \mathrm{d}t$$

$$= -\frac{\sin\omega\pi}{1+\omega} + \frac{\sin\omega\pi}{1-\omega} = \frac{2\omega\sin\omega\pi}{1-\omega^2}.$$

根据式(6-7)，可得

$$f(t) = \mathcal{F}^{-1}[F(\omega)] = \frac{1}{2\pi}\int_{-\infty}^{+\infty} F(\omega)\mathrm{e}^{\mathrm{i}\omega t}\mathrm{d}\omega$$

$$= \frac{1}{2\pi}\int_{-\infty}^{+\infty} \frac{2\omega\sin\omega\pi}{1-\omega^2}(\cos\omega t + \mathrm{i}\sin\omega t)\mathrm{d}\omega$$

$$= \frac{2}{\pi}\int_0^{+\infty} \frac{\omega\sin\omega\pi\cos\omega t}{1-\omega^2}\mathrm{d}\omega \qquad (|t| \neq \pi),$$

当$|t| = \pi$时，$f(t)$应以$-\dfrac{1}{2}$代替. 即

$$\frac{2}{\pi}\int_0^{+\infty} \frac{\omega\sin\omega\pi\cos\omega t}{1-\omega^2}\mathrm{d}\omega = \begin{cases} f(t), & |t| \neq \pi \\ -\dfrac{1}{2}, & |t| = \pi \end{cases},$$

于是，有

$$\int_0^{+\infty} \frac{\omega\sin\omega\pi\cos\omega t}{1-\omega^2}\mathrm{d}\omega = \begin{cases} \dfrac{\pi}{2}\cos t, & |t| < \pi \\ -\dfrac{\pi}{4}, & |t| = \pi \\ 0, & |t| > \pi \end{cases}.$$

　　傅里叶变换也有明确的物理含义. 式(6-7)说明，$f(t)$是由从 $0 \sim \infty$的所有不同频率ω的正弦和余弦分量合成的，而$F(\omega)$是$f(t)$中各频率分量的分布密度. 因此，在频谱分析中，傅里叶变换$F(\omega)$又称为$f(t)$的**频谱密度函数**，它的模$|F(\omega)|$称为$f(t)$的**振幅频谱**，简称**频谱**，它的辐角主值$\arg F(\omega)$称为$f(t)$的**相位频谱**. 由于ω是连续变化的，所以频谱图，即频谱$|F(\omega)|$与角频率ω的关系图是连续的. 此外，振幅频谱$|F(\omega)|$是频率ω的偶函数，即$|F(\omega)| = |F(-\omega)|$.

　　例 6-6　求指数衰减函数$f(t) = \begin{cases} 0, & t < 0 \\ \mathrm{e}^{-\beta t}, & t \geqslant 0 \end{cases}$　$(\beta > 0)$的振幅频谱，并作出其频谱图.

　　解　根据例 6-3 的结果，可知

$$F(\omega) = \mathcal{F}[f(t)] = \frac{\beta - \mathrm{i}\omega}{\beta^2 + \omega^2},$$

所以振幅频谱为

$$|F(\omega)| = \frac{1}{\sqrt{\beta^2 + \omega^2}}.$$

频谱图如图 6-1 所示.

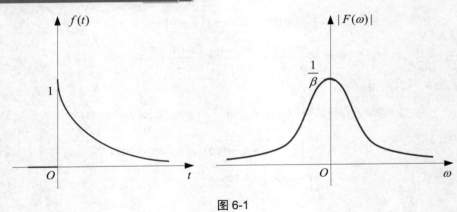

图 6-1

6.2.2 单位脉冲函数的概念与性质

单位脉冲函数.mp4

在物理和工程技术中，有许多物理现象具有脉冲特征，即它们仅在某一瞬间或某一点出现，如在电学中，要研究线性电路受到具有脉冲性质的电势作用后所产生的电流；在力学中，要研究机械系统受冲击力作用后的运动情况；在物理学中，要研究物质的质量集中分布在某一点后所产生的线密度，等等，这些物理量都不能用通常的函数形式描述.

例 6-7 在原来电流为 0 的电路中，在时刻 $t = 0$ 时有单位电量通过导线，求电路上的电流强度 $i(t)$.

解 以 $q(t)$ 表示电路中的电量，则

$$q(t) = \begin{cases} 0, & t \neq 0 \\ 1, & t = 0 \end{cases}.$$

于是，当 $t \neq 0$ 时，电路的电流强度为 $i(t) = \dfrac{\mathrm{d}q(t)}{\mathrm{d}t} = 0$；

当 $t = 0$ 时，电路的电流强度为

$$i(0) = \lim_{\Delta t \to 0} \frac{q(0 + \Delta t) - q(0)}{\Delta t} = \lim_{\Delta t \to 0} \frac{-1}{\Delta t} = \infty.$$

显然，在通常意义下的函数类中找不到一个函数能够反映出上述电路的电流强度. 为确定该电路上的电流强度，必须引进一个新的函数，这个函数称为**单位脉冲函数**，又称为**狄拉克(Dirac)函数**，或 δ 函数.

δ 函数是一个广义的函数，它没有普通意义下的"函数值"，不能用通常意义下的"值对应关系"来定义，因此在工程技术上，通常将 δ 函数定义为一个函数序列的弱极限.

定义 6-2 设有函数序列

$$\delta_\varepsilon(t) = \begin{cases} 0, & t < 0 \\ \dfrac{1}{\varepsilon}, & 0 \leqslant t \leqslant \varepsilon \quad (\varepsilon > 0), \\ 0, & t > \varepsilon \end{cases}$$

如果对于任何一个连续函数 $f(t)$，恒有

$$\int_{-\infty}^{+\infty} \delta(t) f(t)\, \mathrm{d}t = \lim_{\varepsilon \to 0} \int_{-\infty}^{+\infty} \delta_\varepsilon(t) f(t)\, \mathrm{d}t, \tag{6-8}$$

则函数序列 $\delta_\varepsilon(t)$ 当 $\varepsilon \to 0$ 时的弱极限 $\delta(t)$ 称为 δ **函数**，即**单位脉冲函数**. 记为

$$\delta_\varepsilon(t) \underset{\varepsilon \to 0}{\overset{\text{弱}}{\Longrightarrow}} \delta(t)$$

或

$$\lim_{\varepsilon \to 0} \delta_\varepsilon(t) \overset{\text{弱}}{=} \delta(t).$$

$\delta_\varepsilon(t)$ 是宽度为 ε、高度为 $\dfrac{1}{\varepsilon}$ 的矩形脉冲函数(见图 6-2). 对任何 $\varepsilon > 0$，显然有

$$\int_{-\infty}^{+\infty} \delta_\varepsilon(t)\, \mathrm{d}t = \int_0^\varepsilon \frac{1}{\varepsilon}\, \mathrm{d}t = 1.$$

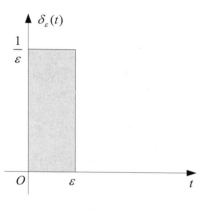

图 6-2

在式(6-8)中，取 $f(t) = 1$，有

$$\int_{-\infty}^{+\infty} \delta(t)\, \mathrm{d}t = 1.$$

工程技术中，常用一个长度等于 1 的有向线段表示 δ 函数(见图 6-3)，这个线段的长度表示 δ 函数的积分值，称为 δ 函数的**脉冲强度**.

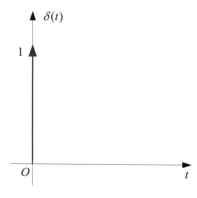

图 6-3

δ 函数具有下列性质.

(1) **筛选性** 设 $f(t)$ 是任意连续函数，则有

$$\int_{-\infty}^{+\infty} \delta(t) f(t) \mathrm{d}t = f(0) . \tag{6-9}$$

证 根据式(6-8)，有

$$\int_{-\infty}^{+\infty} \delta(t) f(t) \mathrm{d}t = \lim_{\varepsilon \to 0} \int_{-\infty}^{+\infty} \delta_{\varepsilon}(t) f(t) \mathrm{d}t$$

$$= \lim_{\varepsilon \to 0} \int_0^{\varepsilon} \frac{1}{\varepsilon} f(t) \mathrm{d}t = \lim_{\varepsilon \to 0} \frac{1}{\varepsilon} \int_0^{\varepsilon} f(t) \mathrm{d}t .$$

由于 $f(t)$ 是连续函数，所以根据积分中值定理，有

$$\int_{-\infty}^{+\infty} \delta(t) f(t) \mathrm{d}t = \lim_{\varepsilon \to 0} \int_0^{\varepsilon} \frac{1}{\varepsilon} f(t) \mathrm{d}t = \lim_{\varepsilon \to 0} f(\theta \varepsilon) = f(0) .$$

一般地，有

$$\int_{-\infty}^{+\infty} \delta(t - t_0) f(t) \mathrm{d}t = f(t_0) . \tag{6-10}$$

这个性质表明，尽管 δ 函数本身没有普通意义下的函数值，但它与任何一个连续函数的乘积在 $(-\infty, +\infty)$ 上的积分却有确定的值. 因此式(6-9)和式(6-10)常被人们用来定义 δ 函数，即采用检验的方式来考查某个函数是否为 δ 函数.

(2) **奇偶性** δ 函数是偶函数，即 $\delta(t) = \delta(-t)$.

证 设 $t = -\tau$，则根据式(6-9)，有

$$\int_{-\infty}^{+\infty} \delta(-t) f(t) \mathrm{d}t = \int_{-\infty}^{+\infty} \delta(t) f(-t) \mathrm{d}t = f(0) = \int_{-\infty}^{+\infty} \delta(t) f(t) \mathrm{d}t ,$$

所以 $\delta(t) = \delta(-t)$.

(3) **相似性** 设 a 为非零实常数，则 $\delta(at) = \dfrac{1}{|a|} \delta(t)$.

证 设 $at = \tau$，则根据式(6-9)，当 $a > 0$ 时，有

$$\int_{-\infty}^{+\infty} \delta(at) f(t) \mathrm{d}t = \int_{-\infty}^{+\infty} \frac{1}{a} \delta(\tau) f\left(\frac{\tau}{a}\right) \mathrm{d}\tau = \frac{1}{a} f(0) ,$$

当 $a < 0$ 时，有

$$\int_{-\infty}^{+\infty} \delta(at) f(t) \mathrm{d}t = -\int_{-\infty}^{+\infty} \frac{1}{a} \delta(\tau) f\left(\frac{\tau}{a}\right) \mathrm{d}\tau = -\frac{1}{a} f(0) ,$$

故

$$\int_{-\infty}^{+\infty} \delta(at) f(t) \mathrm{d}t = \frac{1}{|a|} f(0) .$$

又

$$\int_{-\infty}^{+\infty} \frac{1}{|a|} \delta(t) f(t) \mathrm{d}t = \frac{1}{|a|} f(0) ,$$

从而

$$\delta(at) = \frac{1}{|a|} \delta(t) .$$

(4) **积分性**　δ 函数是单位阶跃函数的导数. 设 $u(t) = \begin{cases} 1, & t > 0 \\ 0, & t < 0 \end{cases}$ 为单位阶跃函数，则有

$$\int_{-\infty}^{t} \delta(\tau) \mathrm{d}\tau = u(t), \quad \frac{\mathrm{d}u(t)}{\mathrm{d}t} = \delta(t).$$

即 δ 函数是单位阶跃函数的导数.

证　由 δ 函数的定义可知，当 $t < 0$ 时，有

$$\int_{-\infty}^{t} \delta(\tau) \mathrm{d}\tau = 0,$$

当 $t > 0$ 时，有

$$\int_{-\infty}^{t} \delta(\tau) \mathrm{d}\tau = \int_{-\infty}^{+\infty} \delta(\tau) \mathrm{d}\tau = 1,$$

所以

$$\int_{-\infty}^{t} \delta(\tau) \mathrm{d}\tau = \begin{cases} 1, & t > 0 \\ 0, & t < 0 \end{cases} = u(t),$$

于是

$$\frac{\mathrm{d}u(t)}{\mathrm{d}t} = \delta(t).$$

(5) 设函数 $f(t)$ 具有任意阶的导数，则有

$$\int_{-\infty}^{+\infty} \delta'(t) f(t) \mathrm{d}t = -f'(0).$$

证　根据式(6-8)，利用分部积分公式，则有

$$\int_{-\infty}^{+\infty} \delta'(t) f(t) \mathrm{d}t = -\int_{-\infty}^{+\infty} \delta(t) f'(t) \mathrm{d}t = -f'(0).$$

一般地，有

$$\int_{-\infty}^{+\infty} \delta^{(n)}(t) f(t) \mathrm{d}t = (-1)^n f^{(n)}(0),$$

$$\int_{-\infty}^{+\infty} \delta^{(n)}(t - t_0) f(t) \mathrm{d}t = (-1)^n f^{(n)}(t_0).$$

例 6-8　计算下列积分.

(1) $\displaystyle\int_{-\infty}^{+\infty} \delta(2t - 1) \sin\frac{\pi}{2}t \, \mathrm{d}t$；　　　　　(2) $\displaystyle\int_{-\infty}^{+\infty} \delta'(t - 2)(t^2 + 3) \mathrm{d}t$.

解　(1) 根据 δ 函数的性质(1)和性质(3)，可得

$$\int_{-\infty}^{+\infty} \delta(2t - 1) \sin\frac{\pi}{2}t \, \mathrm{d}t = \int_{-\infty}^{+\infty} \frac{1}{2} \delta\left(t - \frac{1}{2}\right) \sin\frac{\pi}{2}t \, \mathrm{d}t$$

$$= \frac{1}{2}\int_{-\infty}^{+\infty} \delta\left(t - \frac{1}{2}\right) \sin\frac{\pi}{2}t \, \mathrm{d}t = \frac{1}{2}\left(\sin\frac{\pi}{2}t\right)\Big|_{t=\frac{1}{2}} = \frac{\sqrt{2}}{4}.$$

(2) 根据 δ 函数的性质(5)，可得

$$\int_{-\infty}^{+\infty} \delta'(t - 2)(t^2 + 3) \mathrm{d}t = -(t^2 + 3)'\big|_{t=2} = -4.$$

6.2.3　单位脉冲函数的傅里叶变换

定义 6-1 中给出的傅里叶变换定义，要求函数 $f(t)$ 满足傅里叶积分定理的条件. 然而

在物理学和工程技术中，有许多简单、常用的函数却不能满足傅里叶积分定理中的绝对可积条件

$$\int_{-\infty}^{+\infty} |f(t)| \, dt < +\infty ,$$

如常数、单位阶跃函数、符号函数以及正、余弦函数等，这无疑就限制了傅里叶变换的应用，那么就要引入广义傅里叶变换的概念.

根据式(6-6)和式(6-9)，我们可以求出 δ 函数的傅里叶变换：

$$F(\omega) = \mathcal{F}[f(t)] = \int_{-\infty}^{+\infty} \delta(t) e^{-i\omega t} dt = e^{-i\omega t} \big|_{t=0} = 1 .$$

可见，单位脉冲函数 $\delta(t)$ 与常数 1 构成了一个傅里叶变换对. 同理，$\delta(t-t_0)$ 与 $e^{-i\omega t_0}$ 也构成了一个傅里叶变换对.

傅里叶变换对.mp4

根据式(6-7)，有

$$\mathcal{F}^{-1}[1] = \frac{1}{2\pi} \int_{-\infty}^{+\infty} e^{i\omega t} d\omega = \delta(t)$$

即

$$\int_{-\infty}^{+\infty} e^{i\omega t} d\omega = 2\pi \delta(t) , \tag{6-11}$$

这是一个关于 δ 函数的重要公式.

注意　这里 $\delta(t)$ 的傅里叶变换仍旧采用傅里叶变换古典定义的形式，但此时的广义积分已经不是普通意义下的积分值，而是根据 δ 函数的定义和性质直接给出的，所以称 δ 函数的傅里叶变换为**广义傅里叶变换**. 由于广义傅里叶变换的理论较为复杂，所以不予讨论. 广义傅里叶变换的定义与古典意义下的傅里叶变换的定义在形式上完全相同. 运用这一概念，可以得到工程技术上许多重要函数的傅里叶变换.

例 6-9　求下列函数的傅里叶变换：

(1) 1;　　　　　　(2) $e^{i\omega_0 t}$;　　　　　　(3) $\cos \omega_0 t$.

解　根据式(6-6)、式(6-11)及 δ 函数的性质(2)，有

(1) $\mathcal{F}[1] = \int_{-\infty}^{+\infty} e^{-i\omega t} dt = 2\pi \delta(-\omega) = 2\pi \delta(\omega)$.

(2) $\mathcal{F}[e^{i\omega_0 t}] = \int_{-\infty}^{+\infty} e^{i\omega_0 t} e^{-i\omega t} dt = \int_{-\infty}^{+\infty} e^{i(\omega_0 - \omega)t} dt = 2\pi \delta(\omega_0 - \omega) = 2\pi \delta(\omega - \omega_0)$.

(3) 利用欧拉公式，有

$$\mathcal{F}[\cos \omega_0 t] = \int_{-\infty}^{+\infty} e^{-i\omega t} \cos \omega_0 t \, dt = \int_{-\infty}^{+\infty} \frac{1}{2}(e^{i\omega_0 t} + e^{-i\omega_0 t}) e^{-i\omega t} dt$$

$$= \frac{1}{2} \int_{-\infty}^{+\infty} [e^{-i(\omega - \omega_0)t} + e^{-i(\omega + \omega_0)t}] dt = \pi[\delta(\omega - \omega_0) + \delta(\omega + \omega_0)] .$$

同理可得

$$\mathcal{F}[\sin \omega_0 t] = i\pi[\delta(\omega + \omega_0) - \delta(\omega - \omega_0)] .$$

例 6-10　证明单位阶跃函数 $u(t) = \begin{cases} 1, & t > 0 \\ 0, & t < 0 \end{cases}$ 的傅里叶变换为 $\frac{1}{i\omega} + \pi\delta(\omega)$.

证　若 $F(\omega) = \mathcal{F}[f(t)] = \frac{1}{i\omega} + \pi\delta(\omega)$，则根据式(6-7)，有

$$f(t) = \mathcal{F}^{-1}[F(\omega)] = \frac{1}{2\pi} \int_{-\infty}^{+\infty} \left[\frac{1}{i\omega} + \pi\delta(\omega) \right] e^{i\omega t}\, d\omega$$

$$= \frac{1}{2\pi i} \int_{-\infty}^{+\infty} \frac{1}{\omega} e^{i\omega t}\, d\omega + \frac{1}{2} \int_{-\infty}^{+\infty} \delta(\omega) e^{i\omega t}\, d\omega$$

$$= \frac{1}{\pi} \int_{0}^{+\infty} \frac{\sin \omega t}{\omega}\, d\omega + \frac{1}{2},$$

由 $\int_{0}^{+\infty} \dfrac{\sin \omega}{\omega}\, d\omega = \dfrac{\pi}{2}$，可得

$$\int_{0}^{+\infty} \frac{\sin \omega t}{\omega}\, d\omega = \begin{cases} \dfrac{\pi}{2}, & t > 0 \\ 0, & t = 0, \\ -\dfrac{\pi}{2}, & t < 0 \end{cases}$$

于是当 $t \neq 0$ 时，得

$$f(t) = \mathcal{F}^{-1}[F(\omega)] = \frac{1}{\pi} \int_{0}^{+\infty} \frac{\sin \omega t}{\omega}\, d\omega + \frac{1}{2} = \begin{cases} 1, & t > 0 \\ 0, & t < 0 \end{cases} = u(t).$$

在上面的讨论中，我们得到了几组**常用的傅里叶变换对**：

$\delta(t)$ 与 1；　　　1 与 $2\pi\delta(\omega)$；　　　$e^{i\omega_0 t}$ 与 $2\pi\delta(\omega - \omega_0)$；　　　$u(t)$ 与 $\dfrac{1}{i\omega} + \pi\delta(\omega)$；

$\cos \omega_0 t$ 与 $\pi[\delta(\omega - \omega_0) + \delta(\omega + \omega_0)]$；　　　$\sin \omega_0 t$ 与 $i\pi[\delta(\omega + \omega_0) - \delta(\omega - \omega_0)]$．

这些变换对在今后的做题中经常会用到，需要熟练掌握．

6.3　傅里叶变换的性质

本节将介绍傅里叶变换的几个重要性质．为了叙述方便，假设在以下性质中所涉及的函数都满足傅里叶积分定理的条件．这里还需要指出，广义傅里叶变换的性质(除象函数的积分性质外)与傅里叶变换的性质在形式上都相同．

傅里叶变换的性质(1).mp4

傅里叶变换的性质(2).mp4

6.3.1　线性性质

设 $F_1(\omega) = \mathcal{F}[f_1(t)]$，$F_2(\omega) = \mathcal{F}[f_2(t)]$，$\alpha, \beta$ 都是常数，则

$$\mathcal{F}[\alpha f_1(t) + \beta f_2(t)] = \alpha F_1(\omega) + \beta F_2(\omega), \tag{6-12}$$

$$\mathcal{F}^{-1}[\alpha F_1(\omega) + \beta F_2(\omega)] = \alpha f_1(t) + \beta f_2(t). \tag{6-13}$$

这个性质的证明可由傅里叶变换和傅里叶逆变换的定义及积分性质直接推出．式(6-12)表明，两个函数线性组合的傅里叶变换等于这两个函数的傅里叶变换的线性组合．这一结论对傅里叶逆变换同样成立．这一性质使得傅里叶变换在线性系统的分析中起到了非常重要的作用．线性性质可以推广到有限个函数的情形．

例 6-11 求符号函数 $\operatorname{sgn} t = \begin{cases} 1, & t > 0 \\ -1, & t < 0 \end{cases}$ 的傅里叶变换.

解 由于 $\operatorname{sgn} t = 2u(t) - 1$，又 $\mathscr{F}[u(t)] = \dfrac{1}{\mathrm{i}\omega} + \pi\delta(\omega)$，$\mathscr{F}[1] = 2\pi\delta(\omega)$，所以根据式 (6-12)，有

$$
\begin{aligned}
\mathscr{F}[\operatorname{sgn} t] &= 2\mathscr{F}[u(t)] - \mathscr{F}[1] \\
&= 2\left[\frac{1}{\mathrm{i}\omega} + \pi\delta(\omega)\right] - 2\pi\delta(\omega) = \frac{2}{\mathrm{i}\omega}.
\end{aligned}
$$

例 6-12 求函数 $\sin^2 t$ 的傅里叶变换.

解 由于 $\sin^2 t = \dfrac{1}{2}(1 - \cos 2t)$，又 $\mathscr{F}[\cos 2t] = \pi[\delta(\omega - 2) + \delta(\omega + 2)]$，$\mathscr{F}[1] = 2\pi\delta(\omega)$，所以根据式 (6-12)，有

$$
\begin{aligned}
\mathscr{F}[\sin^2 t] &= \frac{1}{2}(\mathscr{F}[1] - \mathscr{F}[\cos 2t]) \\
&= \frac{1}{2}\{2\pi\delta(\omega) - \pi[\delta(\omega - 2) + \delta(\omega + 2)]\} \\
&= \frac{\pi}{2}[2\delta(\omega) - \delta(\omega - 2) - \delta(\omega + 2)].
\end{aligned}
$$

6.3.2 位移性质

(1) 象原函数的位移性质

$$
\mathscr{F}[f(t \pm t_0)] = \mathrm{e}^{\pm \mathrm{i}\omega t_0}\mathscr{F}[f(t)]. \tag{6-14}
$$

证 根据傅里叶变换的定义，令 $t \pm t_0 = \tau$，则

$$
\begin{aligned}
\mathscr{F}[f(t \pm t_0)] &= \int_{-\infty}^{+\infty} f(t \pm t_0)\mathrm{e}^{-\mathrm{i}\omega t}\mathrm{d}t \\
&= \int_{-\infty}^{+\infty} f(\tau)\mathrm{e}^{-\mathrm{i}\omega(\tau \mp t_0)}\mathrm{d}\tau \\
&= \mathrm{e}^{\pm \mathrm{i}\omega t_0}\int_{-\infty}^{+\infty} f(\tau)\mathrm{e}^{-\mathrm{i}\omega\tau}\mathrm{d}\tau = \mathrm{e}^{\pm \mathrm{i}\omega t_0}\mathscr{F}[f(t)].
\end{aligned}
$$

式 (6-14) 表明，时间函数 $f(t)$ 沿 t 轴向左或向右位移 t_0 单位的傅里叶变换等于 $f(t)$ 的傅里叶变换乘以因子 $\mathrm{e}^{\mathrm{i}\omega t_0}$ 或 $\mathrm{e}^{-\mathrm{i}\omega t_0}$. 它的物理意义是：当一个函数(信号)沿时间轴移动后，它的振幅频谱不会发生变化，但相位频谱会发生变化.

(2) 象函数的位移性质

设 $F(\omega) = \mathscr{F}[f(t)]$，则

$$
\mathscr{F}^{-1}[F(\omega \mp \omega_0)] = f(t)\,\mathrm{e}^{\pm \mathrm{i}\omega_0 t}. \tag{6-15}
$$

式 (6-15) 的证明与式 (6-14) 类似. 这个性质表明，频谱函数 $F(\omega)$ 沿 ω 轴向右或向左位移 ω_0 的傅里叶逆变换等于原来的函数傅里叶逆变换乘以因子 $\mathrm{e}^{\mathrm{i}\omega_0 t}$ 或 $\mathrm{e}^{-\mathrm{i}\omega_0 t}$. 此性质在通信技术中被用来进行频谱移动.

注意 我们常常用式 (6-15) 计算 $\mathscr{F}[f(t)\,\mathrm{e}^{\pm \mathrm{i}\omega_0 t}]$，即

$$
\mathscr{F}[f(t)\,\mathrm{e}^{\pm \mathrm{i}\omega_0 t}] = F(\omega \mp \omega_0).
$$

例 6-13　求函数 $f(t) = \dfrac{1}{2}[\delta(t+1) + \delta(t-1)]$ 的傅里叶变换.

解　由于 $\mathcal{F}[\delta(t)] = 1$，所以根据式(6-12)和式(6-14)，有

$$\mathcal{F}[f(t)] = \frac{1}{2}\{\mathcal{F}[\delta(t+1)] + \mathcal{F}[\delta(t-1)]\}$$

$$= \frac{1}{2}\{e^{i\omega}\mathcal{F}[\delta(t)] + e^{-i\omega}\mathcal{F}[\delta(t)]\}$$

$$= \frac{1}{2}(e^{i\omega} + e^{-i\omega}) = \cos\omega .$$

例 6-14　设 $F(\omega) = \mathcal{F}[f(t)]$，求 $\mathcal{F}[f(t)\sin\omega_0 t]$.

解　利用欧拉公式和式(6-15)，有

$$\mathcal{F}[f(t)\sin\omega_0 t] = \frac{1}{2i}\mathcal{F}[f(t)(e^{i\omega_0 t} - e^{-i\omega_0 t})]$$

$$= \frac{1}{2i}\{\mathcal{F}[f(t)e^{i\omega_0 t}] - \mathcal{F}[f(t)e^{-i\omega_0 t}]\}$$

$$= \frac{1}{2i}[F(\omega-\omega_0) - F(\omega+\omega_0)]$$

$$= \frac{i}{2}[F(\omega+\omega_0) - F(\omega-\omega_0)] .$$

同理可得

$$\mathcal{F}[f(t)\cos\omega_0 t] = \frac{1}{2}[F(\omega-\omega_0) + F(\omega+\omega_0)] .$$

6.3.3　相似性质

设 $F(\omega) = \mathcal{F}[f(t)]$，$a$ 为非零实常数，则

$$\mathcal{F}[f(at)] = \frac{1}{|a|}F\left(\frac{\omega}{a}\right). \tag{6-16}$$

特别地，若取 $a = -1$，则可得**翻转性质**

$$\mathcal{F}[f(-t)] = F(-\omega). \tag{6-17}$$

证　当 $a > 0$ 时，令 $u = at$，则有

$$\mathcal{F}[f(at)] = \int_{-\infty}^{+\infty} f(at)e^{-i\omega t}\,dt = \frac{1}{a}\int_{-\infty}^{+\infty} f(u)e^{-i\frac{\omega}{a}u}\,du = \frac{1}{a}F\left(\frac{\omega}{a}\right).$$

当 $a < 0$ 时，令 $u = at$，则有

$$\mathcal{F}[f(at)] = \int_{-\infty}^{+\infty} f(at)e^{-i\omega t}\,dt = -\frac{1}{a}\int_{-\infty}^{+\infty} f(u)e^{-i\frac{\omega}{a}u}\,du = -\frac{1}{a}F\left(\frac{\omega}{a}\right).$$

故得出式(6-16).

此性质表明，当一个函数的图像变窄或变宽时，频谱函数 $F(\omega)$ 的图像将相应地变宽变矮或变窄变高.

例 6-15　设 $F(\omega) = \mathcal{F}[f(t)]$，求 $\mathcal{F}[f(2t-1)]$.

解 由于 $f(2t-1) = f\left[2\left(t-\dfrac{1}{2}\right)\right]$，根据式(6-16)，有

$$\mathcal{F}[f(2t)] = \frac{1}{2}F\left(\frac{\omega}{2}\right),$$

于是再根据式(6-14)，有

$$\mathcal{F}[f(2t-1)] = \frac{1}{2}e^{-\frac{1}{2}\omega i}F\left(\frac{\omega}{2}\right).$$

6.3.4 对称性质

设 $F(\omega) = \mathcal{F}[f(t)]$，则

$$\mathcal{F}[F(t)] = 2\pi f(-\omega). \tag{6-18}$$

证 根据傅里叶逆变换的定义，有

$$f(t) = \frac{1}{2\pi}\int_{-\infty}^{+\infty} F(\omega)e^{i\omega t}\mathrm{d}\omega,$$

于是

$$f(-t) = \frac{1}{2\pi}\int_{-\infty}^{+\infty} F(\omega)e^{-i\omega t}\mathrm{d}\omega,$$

将 t 与 ω 互换，可得

$$f(-\omega) = \frac{1}{2\pi}\int_{-\infty}^{+\infty} F(t)e^{-i\omega t}\mathrm{d}t = \frac{1}{2\pi}\mathcal{F}[F(t)],$$

故式(6-18)得证.

该性质表明傅里叶变换与傅里叶逆变换的对称关系.

例 6-16 设 $f(t) = \begin{cases} 1, & |t| < 1 \\ 0, & |t| > 1 \end{cases}$，且 $\mathcal{F}[f(t)] = \dfrac{2\sin\omega}{\omega}$. 求 $\mathcal{F}\left[\dfrac{2\sin t}{t}\right]$.

解 由式(6-18)，得

$$\mathcal{F}\left[\frac{2\sin t}{t}\right] = 2\pi f(-\omega) = \begin{cases} 2\pi, & |\omega| < 1 \\ 0, & |\omega| > 1 \end{cases}.$$

6.3.5 微分性质

(1) 象原函数的微分性质

设 $f'(t)$ 在 $(-\infty, +\infty)$ 上连续或只有有限个可去间断点，且 $\lim\limits_{|t|\to+\infty} f(t) = 0$，则

$$F(\omega) = \mathcal{F}[f(t)]. \tag{6-19}$$

证 根据傅里叶变换的定义，并利用分部积分，有

$$\mathcal{F}[f'(t)] = \int_{-\infty}^{+\infty} f'(t)e^{-i\omega t}\mathrm{d}t$$

$$= f(t)e^{-i\omega t}\Big|_{-\infty}^{+\infty} + i\omega\int_{-\infty}^{+\infty} f(t)e^{-i\omega t}\mathrm{d}t$$

$$= i\omega\mathcal{F}[f(t)].$$

式(6-19)表明，一个函数的导数的傅里叶变换等于这个函数的傅里叶变换式乘以因子 $i\omega$.

推论 设 $f^{(k)}(t)$（$k=1,2,\cdots,n$）在 $(-\infty,+\infty)$ 上连续或只有有限个可去间断点，且 $\lim\limits_{|t|\to+\infty}f^{(k)}(t)=0$（$k=1,2,\cdots,n-1$），则

$$\mathcal{F}[f^{(n)}(t)]=(i\omega)^{n}\mathcal{F}[f(t)].\tag{6-20}$$

显然，利用傅里叶变换的微分性质能将函数的微分运算转化为象函数的代数运算，后面我们将看到傅里叶变换在微分方程的求解中起着重要的作用.

(2) 象函数的微分性质

设 $F(\omega)=\mathcal{F}[f(t)]$，则

$$\frac{\mathrm{d}}{\mathrm{d}\omega}F(\omega)=\mathcal{F}[-it\,f(t)].\tag{6-21}$$

证 $\dfrac{\mathrm{d}}{\mathrm{d}\omega}F(\omega)=\dfrac{\mathrm{d}}{\mathrm{d}\omega}\displaystyle\int_{-\infty}^{+\infty}f(t)\mathrm{e}^{-i\omega t}\mathrm{d}t=\int_{-\infty}^{+\infty}f(t)\dfrac{\mathrm{d}}{\mathrm{d}\omega}(\mathrm{e}^{-i\omega t})\mathrm{d}t$

$$=-i\int_{-\infty}^{+\infty}t\,f(t)\mathrm{e}^{-i\omega t}\mathrm{d}t=\mathcal{F}[-it\,f(t)].$$

一般地，有

$$\frac{\mathrm{d}^{n}}{\mathrm{d}\omega^{n}}F(\omega)=(-i)^{n}\mathcal{F}[t^{n}f(t)].\tag{6-22}$$

注意 常常用象函数的导数公式来计算 $\mathcal{F}[t^{n}f(t)]$.

例 6-17 求 $\mathcal{F}[|t|]$ 及 $\mathcal{F}[1+3\delta''(t)]$.

解 由于 $|t|=t\,\mathrm{sgn}\,t$，而由例 6-11 可知，$\mathcal{F}[\mathrm{sgn}\,t]=\dfrac{2}{i\omega}$，所以根据式(6-21)，有

$$\mathcal{F}[|t|]=\mathcal{F}[t\,\mathrm{sgn}\,t]=i\left(\frac{2}{i\omega}\right)'=-\frac{2}{\omega^{2}}.$$

由于 $\mathcal{F}[1]=2\pi\delta(\omega)$，$\mathcal{F}[\delta(t)]=1$，所以根据式(6-12)、式(6-20)，有

$$\mathcal{F}[1+3\delta''(t)]=\mathcal{F}[1]+3\mathcal{F}[\delta''(t)]$$
$$=2\pi\delta(\omega)+3(i\omega)^{2}\mathcal{F}[\delta(t)]$$
$$=2\pi\delta(\omega)-3\omega^{2}.$$

6.3.6 积分性质

设 $g(t)=\displaystyle\int_{-\infty}^{t}f(t)\mathrm{d}t$，若 $\lim\limits_{t\to+\infty}g(t)=0$，则

$$\mathcal{F}\left[\int_{-\infty}^{t}f(t)\mathrm{d}t\right]=\frac{1}{i\omega}\mathcal{F}[f(t)].\tag{6-23}$$

证 由于 $g'(t)=f(t)$，所以根据式(6-19)，有

$$\mathcal{F}[f(t)]=\mathcal{F}[g'(t)]=i\omega\mathcal{F}[g(t)]=i\omega\mathcal{F}\left[\int_{-\infty}^{t}f(t)\mathrm{d}t\right],$$

故

$$\mathcal{F}\left[\int_{-\infty}^{t}f(t)\mathrm{d}t\right]=\frac{1}{i\omega}\mathcal{F}[f(t)].$$

此性质表明，一个函数积分后的傅里叶变换等于该函数的傅里叶变换除以因子 $\mathrm{i}\omega$．

设 $F(\omega) = \mathcal{F}[f(t)]$，如果

$$\lim_{t\to+\infty} g(t) = \int_{-\infty}^{+\infty} f(t)\mathrm{d}t = \left(\int_{-\infty}^{+\infty} f(t)\mathrm{e}^{-\mathrm{i}\omega t}\,\mathrm{d}t\right)\Big|_{\omega=0} = F(0) \neq 0\,,$$

则对 $g(t)$ 不能应用微分性质，从而式(6-23)不成立．此时，积分性质式(6-23)要修改为

$$\mathcal{F}\left[\int_{-\infty}^{t} f(t)\mathrm{d}t\right] = \frac{1}{\mathrm{i}\omega}F(\omega) + \pi F(0)\delta(\omega)\,. \tag{6-24}$$

证　取 $\varphi(t) = g(t) - F(0)u(t)$，则有

$$\lim_{t\to-\infty} \varphi(t) = \lim_{t\to-\infty} g(t) = 0\,,$$
$$\lim_{t\to+\infty} \varphi(t) = \lim_{t\to+\infty} g(t) - F(0) = 0\,.$$

因此，可对 $\varphi(t)$ 应用微分性质．又 $u'(t) = \delta(t)$，所以 $\varphi'(t) = g'(t) - F(0)\delta(t)$．

而 $\mathcal{F}[u(t)] = \dfrac{1}{\mathrm{i}\omega} + \pi\delta(\omega)$，$\mathcal{F}[\delta(t)] = 1$，根据式(6-19)，得

$$F(\omega) - F(0) = \mathcal{F}[f(t) - F(0)\delta(t)] = \mathcal{F}[\varphi'(t)] = \mathrm{i}\omega\mathcal{F}[\varphi(t)]$$
$$= \mathrm{i}\omega\mathcal{F}[g(t)] - \mathrm{i}\omega F(0)\left[\frac{1}{\mathrm{i}\omega} + \pi\delta(\omega)\right],$$
$$= \mathrm{i}\omega\mathcal{F}[g(t)] - F(0) - \mathrm{i}\omega\pi F(0)\delta(\omega)\,,$$

移项，得

$$\mathrm{i}\omega\mathcal{F}[g(t)] = F(\omega) + \mathrm{i}\omega\pi F(0)\delta(\omega)\,,$$

故由上式可推出式(6-24)成立．

显然，当 $\lim\limits_{t\to+\infty} g(t) = 0$，即 $F(0) = 0$ 时，由式(6-24)得到式(6-23)．式(6-24)是广义傅里叶变换的积分性质，这是广义傅里叶变换的性质与古典意义下的傅里叶变换的性质在形式上唯一的不同之处．

例 6-18　已知 $F(\omega) = \mathcal{F}[f(t)]$，$g(t) = \int_{-\infty}^{t} t f(t)\mathrm{d}t$，且 $\lim\limits_{t\to+\infty} g(t) = 0$，求 $\mathcal{F}[g(t)]$．

解　根据式(6-23)和式(6-21)，有

$$\mathcal{F}[g(t)] = \frac{1}{\mathrm{i}\omega}[\mathrm{i}F'(\omega)] = \frac{1}{\omega}F'(\omega)\,.$$

6.3.7　帕塞瓦尔(Parserval)等式

设 $F(\omega) = \mathcal{F}[f(t)]$，则

$$\int_{-\infty}^{+\infty} f^2(t)\mathrm{d}t = \frac{1}{2\pi}\int_{-\infty}^{+\infty} |F(\omega)|^2\,\mathrm{d}\omega\,.$$

证　由 $F(\omega) = \mathcal{F}[f(t)] = \int_{-\infty}^{+\infty} f(t)\mathrm{e}^{-\mathrm{i}\omega t}\mathrm{d}t$，有

$$\overline{F(\omega)} = \int_{-\infty}^{+\infty} f(t)\mathrm{e}^{\mathrm{i}\omega t}\mathrm{d}t\,.$$

所以

$$\frac{1}{2\pi}\int_{-\infty}^{+\infty} |F(\omega)|^2\,\mathrm{d}\omega = \frac{1}{2\pi}\int_{-\infty}^{+\infty} F(\omega)\overline{F(\omega)}\,\mathrm{d}\omega$$

$$= \frac{1}{2\pi} \int_{-\infty}^{+\infty} F(\omega) \left[\int_{-\infty}^{+\infty} f(t) \mathrm{e}^{i\omega t} \,\mathrm{d}t \right] \mathrm{d}\omega$$

$$= \int_{-\infty}^{+\infty} f(t) \left[\frac{1}{2\pi} \int_{-\infty}^{+\infty} F(\omega) \mathrm{e}^{i\omega t} \,\mathrm{d}\omega \right] \mathrm{d}t$$

$$= \int_{-\infty}^{+\infty} f^2(t) \,\mathrm{d}t .$$

$|F(\omega)|^2$ 称为**能量密度函数**，它决定函数 $f(t)$ 的能量分布规律. 将 $|F(\omega)|^2$ 对所有频率进行积分就得到 $f(t)$ 的总能量 $\int_{-\infty}^{+\infty} f^2(t)\,\mathrm{d}t$ ，故帕塞瓦尔等式又称为**能量积分**.

例 6-19　计算积分 $\int_{-\infty}^{+\infty} \dfrac{\sin^2 t}{t^2} \,\mathrm{d}t$.

解　由例 6-16 可知，$\mathcal{F}\left[\dfrac{\sin t}{t} \right] = \begin{cases} \pi, & |\omega| < 1 \\ 0, & |\omega| > 1 \end{cases}$ ，所以根据帕塞瓦尔等式

$$\int_{-\infty}^{+\infty} f^2(t)\,\mathrm{d}t = \frac{1}{2\pi} \int_{-\infty}^{+\infty} |F(\omega)|^2 \,\mathrm{d}\omega ,$$

有

$$\int_{-\infty}^{+\infty} \frac{\sin^2 t}{t^2}\,\mathrm{d}t = \frac{1}{2\pi} \int_{-\infty}^{+\infty} |F(\omega)|^2 \,\mathrm{d}\omega = \frac{1}{2\pi} \int_{-1}^{1} \pi^2 \,\mathrm{d}\omega = \pi .$$

6.4　卷　　积

卷积是由参变量的广义积分定义的函数，与傅里叶变换有着密切的联系，它在线性系统的分析中起着重要的作用.

6.4.1　卷积的概念

定义 6-3　设 $f_1(t)$ 和 $f_2(t)$ 在 $(-\infty, +\infty)$ 内有定义，若广义积分

$$\int_{-\infty}^{+\infty} f_1(\tau) f_2(t-\tau) \,\mathrm{d}\tau$$

卷积.mp4

对任何实数 t 都收敛，则称它所确定的关于自变量 t 的函数为 $f_1(t)$ 和 $f_2(t)$ 的**卷积**，记作 $f_1(t) * f_2(t)$ ，即

$$f_1(t) * f_2(t) = \int_{-\infty}^{+\infty} f_1(\tau) f_2(t-\tau) \,\mathrm{d}\tau . \tag{6-25}$$

卷积的运算满足下列规则：

(1) **交换律**　$f_1(t) * f_2(t) = f_2(t) * f_1(t)$ ；

(2) **结合律**　$[f_1(t) * f_2(t)] * f_3(t) = f_1(t) * [f_2(t) * f_3(t)]$ ；

(3) **分配律**　$f_1(t) * [f_2(t) + f_3(t)] = f_1(t) * f_2(t) + f_1(t) * f_3(t)$ ；

(4) **数乘结合律**　$a[f_1(t) * f_2(t)] = [af_1(t)] * f_2(t) = f_1(t) * [af_2(t)]$ ，其中 a 为常数.

证　(1) 根据卷积的定义，令 $t - \tau = u$ ，则 $\mathrm{d}\tau = -\mathrm{d}u$ ，于是

$$f_1(t) * f_2(t) = \int_{-\infty}^{+\infty} f_1(\tau) f_2(t-\tau) \,\mathrm{d}\tau$$

$$= \int_{-\infty}^{+\infty} f_1(t-u) f_2(u) \, \mathrm{d}u = f_2(t) * f_1(t).$$

(2) 由交换律以及交换积分次序，可得

$$[f_1(t) * f_2(t)] * f_3(t) = \left[\int_{-\infty}^{+\infty} f_1(\tau) f_2(t-\tau) \mathrm{d}\tau \right] * f_3(t)$$

$$= \int_{-\infty}^{+\infty} \left[\int_{-\infty}^{+\infty} f_1(\tau) f_2(t-u-\tau) \mathrm{d}\tau \right] f_3(u) \mathrm{d}u$$

$$= \int_{-\infty}^{+\infty} f_1(\tau) \left[\int_{-\infty}^{+\infty} f_3(u) f_2(t-u-\tau) \mathrm{d}u \right] \mathrm{d}\tau$$

$$= f_1(t) * \int_{-\infty}^{+\infty} f_3(u) f_2(t-u) \mathrm{d}u$$

$$= f_1(t) * [f_2(t) * f_3(t)].$$

(3) 根据卷积的定义，有

$$f_1(t) * [f_2(t) + f_3(t)] = \int_{-\infty}^{+\infty} f_1(\tau)[f_2(t-\tau) + f_3(t-\tau)] \mathrm{d}\tau$$

$$= \int_{-\infty}^{+\infty} f_1(\tau) f_2(t-\tau) \mathrm{d}\tau + \int_{-\infty}^{+\infty} f_1(\tau) f_3(t-\tau) \mathrm{d}\tau$$

$$= f_1(t) * f_2(t) + f_1(t) * f_3(t).$$

(4) 数乘结合律是显然的.

例 6-20　设 $f_1(t) = \begin{cases} 0, & t < 0 \\ 1, & t \geqslant 0 \end{cases}$，$f_2(t) = \begin{cases} 0, & t < 0 \\ \mathrm{e}^{-t}, & t \geqslant 0 \end{cases}$，求 $f_1(t) * f_2(t)$.

解法一　图 6-4(a)和(b)分别表示 $f_1(\tau)$ 和 $f_2(t-\tau)$ 的图形.

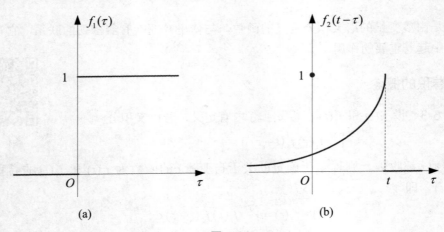

(a)　　　　　　　　　(b)

图 6-4

由图 6-4 可以看出，当 $t < 0$ 时，$f_1(\tau) f_2(t-\tau) = 0$，所以根据式(6-25)，有

$$f_1(t) * f_2(t) = \int_{-\infty}^{+\infty} f_1(\tau) f_2(t-\tau) \, \mathrm{d}\tau = 0.$$

当 $t \geqslant 0$ 时，$f_1(\tau) f_2(t-\tau) \neq 0$ 的区间为 $[0, t]$，所以根据式(6-25)，有

$$f_1(t) * f_2(t) = \int_{-\infty}^{+\infty} f_1(\tau) f_2(t-\tau) \, \mathrm{d}\tau = \int_0^t 1 \cdot \mathrm{e}^{-(t-\tau)} \, \mathrm{d}\tau$$

$$= \mathrm{e}^{-t} \int_0^t \mathrm{e}^\tau \, \mathrm{d}\tau = \mathrm{e}^{-t}(\mathrm{e}^t - 1) = 1 - \mathrm{e}^{-t}.$$

故

$$f_1(t) * f_2(t) = \begin{cases} 0, & t < 0 \\ 1 - e^{-t}, & t \geq 0 \end{cases}.$$

由此解法可以看出，求 $f_1(t) * f_2(t)$ 的关键是画出函数 $f_2(t - \tau)$ 的图形，这样就很容易确定积分限．而函数 $f_2(t - \tau)$ 图形的画法就是在函数 $f_2(t)$ 中，把自变量 t 换为变量 $-\tau$，同时将 $f_2(-\tau)$ 关于纵轴向左或向右平行移动 1 个 $|t|$ 的距离，即得 $f_2(t - \tau)$ 图形．

解法二　根据卷积的定义，有

$$f_1(t) * f_2(t) = \int_{-\infty}^{+\infty} f_1(\tau) f_2(t - \tau) \, d\tau = \int_0^{+\infty} f_2(t - \tau) \, d\tau.$$

$$\xLeftrightarrow{t - \tau = u} \int_{-\infty}^{t} f_2(u) \, du,$$

当 $t < 0$ 时，有

$$f_1(t) * f_2(t) = \int_{-\infty}^{t} 0 \, du = 0,$$

当 $t \geq 0$ 时，有

$$f_1(t) * f_2(t) = \int_{-\infty}^{0} 0 \, du + \int_0^t e^{-u} \, du = 1 - e^{-t},$$

故

$$f_1(t) * f_2(t) = \begin{cases} 0, & t < 0 \\ 1 - e^{-t}, & t \geq 0 \end{cases}.$$

例 6-21　设 $f_1(t) = \begin{cases} 1, & |t| \leq 1 \\ 0, & |t| > 1 \end{cases}$，$f_2(t) = \begin{cases} 0, & t < 0 \\ t^2, & t \geq 0 \end{cases}$，求 $f_1(t) * f_2(t)$．

解法一　图 6-5(a)和(b)分别表示 $f_1(\tau)$ 和 $f_2(t - \tau)$ 的图形．

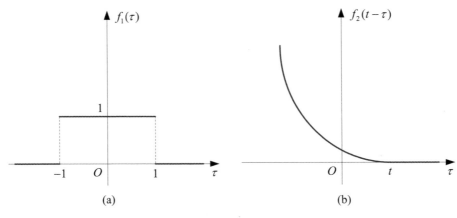

图 6-5

由图 6-5 可以看出，当 $t < -1$ 时，$f_1(\tau) f_2(t - \tau) = 0$，所以根据式(6-25)，有

$$f_1(t) * f_2(t) = \int_{-\infty}^{+\infty} f_1(\tau) f_2(t - \tau) \, d\tau = 0.$$

当 $-1 \leq t < 1$ 时，根据式(6-25)，有

$$f_1(t) * f_2(t) = \int_{-\infty}^{+\infty} f_1(\tau) f_2(t-\tau)\, \mathrm{d}\tau = \int_{-1}^{t} 1 \cdot (t-\tau)^2\, \mathrm{d}\tau = \frac{1}{3}(t+1)^3 \,.$$

当 $t \geqslant 1$ 时，根据式(6-25)，有

$$f_1(t) * f_2(t) = \int_{-\infty}^{+\infty} f_1(\tau) f_2(t-\tau)\, \mathrm{d}\tau = \int_{-1}^{1} 1 \cdot (t-\tau)^2\, \mathrm{d}\tau = \frac{2}{3}(3t^2+1) \,.$$

故

$$f_1(t) * f_2(t) = \begin{cases} 0, & t < -1 \\ \dfrac{1}{3}(t+1)^3, & -1 \leqslant t < 1 \\ \dfrac{2}{3}(3t^2+1), & t \geqslant 1 \end{cases} .$$

解法二　根据卷积的定义，有

$$f_1(t) * f_2(t) = \int_{-\infty}^{+\infty} f_1(\tau) f_2(t-\tau)\mathrm{d}\tau = \int_{-1}^{1} f_2(t-\tau)\mathrm{d}\tau \,.$$

$$\xLongequal{t-\tau=u} \int_{t-1}^{t+1} f_2(u)\,\mathrm{d}u \,.$$

当 $t+1 < 0$ ，即 $t < -1$ 时，有

$$f_1(t) * f_2(t) = \int_{t-1}^{t+1} 0\, \mathrm{d}u = 0 \,.$$

当 $0 \leqslant t+1 < 2$ ，即 $-1 \leqslant t < 1$ 时，有

$$f_1(t) * f_2(t) = \int_{0}^{t+1} u^2\, \mathrm{d}u = \frac{1}{3}(t+1)^3 \,.$$

当 $t+1 \geqslant 2$ ，即 $t \geqslant 1$ 时，有

$$f_1(t) * f_2(t) = \int_{t-1}^{t+1} u^2\, \mathrm{d}u = \frac{2}{3}(3t^2+1) \,.$$

故

$$f_1(t) * f_2(t) = \begin{cases} 0, & t < -1 \\ \dfrac{1}{3}(t+1)^3, & -1 \leqslant t < 1 \\ \dfrac{2}{3}(3t^2+1), & t \geqslant 1 \end{cases} .$$

例 6-22　证明 $f(t) * \delta(t-t_0) = f(t-t_0)$.

证　根据卷积的定义，利用卷积的交换律及 δ 函数的筛选性质，有

$$f(t) * \delta(t-t_0) = \delta(t-t_0) * f(t)$$
$$= \int_{-\infty}^{+\infty} \delta(\tau-t_0) f(t-\tau)\mathrm{d}\tau = f(t-\tau)\Big|_{\tau=t_0} = f(t-t_0) \,.$$

此例表明，函数 $f(t)$ 与 $\delta(t-t_0)$ 的卷积相当于把函数 $f(t)$ 的曲线向左移动 t_0 单位. 特别地，当 $t_0 = 0$ 时，有

$$f(t) * \delta(t) = f(t) \,.$$

6.4.2 卷积定理

卷积定理.mp4

定理 6-2　设 $f_1(t)$ 和 $f_2(t)$ 都满足傅里叶积分定理中的条件，且 $F_1(\omega) = \mathcal{F}[f_1(t)]$，$F_2(\omega) = \mathcal{F}[f_2(t)]$，则

$$\mathcal{F}[f_1(t) * f_2(t)] = F_1(\omega) \cdot F_2(\omega),\tag{6-26}$$

$$\mathcal{F}[f_1(t) \cdot f_2(t)] = \frac{1}{2\pi} F_1(\omega) * F_2(\omega).\tag{6-27}$$

证　根据傅里叶变换的定义，有

$$\mathcal{F}[f_1(t) * f_2(t)] = \int_{-\infty}^{+\infty} [f_1(t) * f_2(t)] e^{-i\omega t} dt$$

$$= \int_{-\infty}^{+\infty} \left[\int_{-\infty}^{+\infty} f_1(\tau) f_2(t-\tau) d\tau \right] e^{-i\omega t} dt$$

$$= \int_{-\infty}^{+\infty} \left[\int_{-\infty}^{+\infty} f_1(\tau) e^{-i\omega\tau} f_2(t-\tau) e^{i\omega\tau} d\tau \right] e^{-i\omega t} dt$$

$$= \int_{-\infty}^{+\infty} f_1(\tau) e^{-i\omega\tau} \left[\int_{-\infty}^{+\infty} f_2(t-\tau) e^{-i\omega(t-\tau)} dt \right] d\tau$$

$$\xlongequal{t-\tau=u} \int_{-\infty}^{+\infty} f_1(\tau) e^{-i\omega\tau} \left[\int_{-\infty}^{+\infty} f_2(u) e^{-i\omega u} du \right] d\tau$$

$$= \int_{-\infty}^{+\infty} f_1(\tau) e^{-i\omega\tau} F_2(\omega) d\tau$$

$$= F_1(\omega) \cdot F_2(\omega).$$

同理可证式(6-27)成立.

式(6-26)表明，两个函数卷积的傅里叶变换等于这两个函数的傅里叶变换的乘积. 式(6-27)表明，两个函数乘积的傅里叶变换等于这两个函数的傅里叶变换的卷积除以 2π.

由例 6-20 我们可以看到，利用定义计算卷积并不是很容易的. 利用卷积定理不仅可以简化卷积的计算，即化卷积运算为乘积运算，还可以较容易地计算某些函数的傅里叶变换.

例 6-23　设 $f(t) = e^{-\beta t} u(t) \cos\omega_0 t\ (\beta > 0)$，求 $\mathcal{F}[f(t)]$.

解　根据式(6-27)，有

$$\mathcal{F}[f(t)] = \frac{1}{2\pi} \mathcal{F}[e^{-\beta t} u(t)] * \mathcal{F}[\cos\omega_0 t].$$

由例 6-3 与例 6-14，可知

$$\mathcal{F}[e^{-\beta t} u(t)] = \frac{1}{\beta + i\omega}, \qquad \mathcal{F}[\cos\omega_0 t] = \pi[\delta(\omega - \omega_0) + \delta(\omega + \omega_0)].$$

于是根据卷积的定义及 δ 函数的筛选性质，有

$$\mathcal{F}[f(t)] = \frac{1}{2\pi} \int_{-\infty}^{+\infty} \frac{\pi}{\beta + i\tau} [\delta(\omega - \omega_0 - \tau) + \delta(\omega + \omega_0 - \tau)] d\tau$$

$$= \frac{1}{2} \left[\frac{1}{\beta + i(\omega - \omega_0)} + \frac{1}{\beta + i(\omega + \omega_0)} \right]$$

$$= \frac{\beta + i\omega}{(\beta + i\omega)^2 + \omega_0^2}.$$

例 6-24 求单位阶跃函数 $f_1(t) = u(t)$ 与指数衰减函数

$$f_2(t) = \begin{cases} 0, & t < 0 \\ e^{-\beta t}, & t \geq 0 \end{cases} \quad (\beta > 0)$$

的傅里叶变换的卷积 $F_1(\omega) * F_2(\omega)$.

解 由例 6-3 可知，$\mathcal{F}[f_2(t)] = \dfrac{1}{\beta + i\omega}$，于是根据卷积定理，有

$$F_1(\omega) * F_2(\omega) = 2\pi\mathcal{F}[f_1(t) \cdot f_2(t)] = 2\pi\mathcal{F}[u(t) \cdot f_2(t)]$$

$$= 2\pi\mathcal{F}[f_2(t)] = \frac{2\pi}{\beta + i\omega}.$$

6.5 傅里叶变换的应用

傅里叶变换作为数学工具已经被广泛地运用到振动力学、电工学、无线电技术和自动控制理论等其他学科以及工程技术领域中. 如在无线电技术中，线性系统输出函数的傅里叶变换是系统传输函数与信号傅里叶变换的积；在数理方程中，可以通过傅里叶变换把偏微分方程的定解问题转化为常微分方程的定解问题. 下面通过一些例子来说明傅里叶变换的应用.

傅里叶变换的应用.mp4

例 6-25 求解二阶常系数非齐次线性微分方程

$$y''(t) - y(t) = -f(t),$$

其中 $f(t)$ 为已知函数，$\mathcal{F}[e^{-a|t|}] = \dfrac{2a}{\omega^2 + a^2}$ $(a > 0)$.

解 设 $\mathcal{F}[y(t)] = Y(\omega)$，$\mathcal{F}[f(t)] = F(\omega)$. 利用傅里叶变换的线性性质和微分性质，对微分方程两端取傅里叶变换，可得

$$(i\omega)^2 Y(\omega) - Y(\omega) = -F(\omega),$$

所以

$$Y(\omega) = \frac{1}{\omega^2 + 1} F(\omega).$$

又由 $\mathcal{F}[e^{-a|t|}] = \dfrac{2a}{\omega^2 + a^2}$ $(a > 0)$，可知

$$\mathcal{F}^{-1}\left[\frac{1}{\omega^2 + 1}\right] = \frac{1}{2} e^{-|t|}.$$

于是由傅里叶逆变换和卷积定理，可求得微分方程的解，即

$$y(t) = \left(\frac{1}{2} e^{-|t|}\right) * f(t) = \frac{1}{2} \int_{-\infty}^{+\infty} f(\tau) e^{-|t-\tau|} d\tau.$$

例 6-26 求解积分方程

$$3y(t) = h(t) + 2\int_{-\infty}^{+\infty} f(\tau) y(t - \tau) d\tau,$$

其中 $h(t)$，$f(t)$ 为已知函数，且 $y(t)$，$h(t)$ 和 $f(t)$ 的傅里叶变换都存在.

解　设 $\mathcal{F}[y(t)] = Y(\omega)$，$\mathcal{F}[h(t)] = H(\omega)$，$\mathcal{F}[f(t)] = F(\omega)$. 根据卷积的定义，可知

$$\int_{-\infty}^{+\infty} f(\tau) y(t-\tau) \mathrm{d}\tau = f(t) * y(t)，$$

利用傅里叶变换的线性性质和卷积定理，对积分方程两端取傅里叶变换，可得

$$3Y(\omega) = H(\omega) + 2F(\omega) \cdot Y(\omega)，$$

所以

$$Y(\omega) = \frac{H(\omega)}{3 - 2F(\omega)}.$$

于是由傅里叶逆变换，可求得积分方程的解，即

$$y(t) = \frac{1}{2\pi} \int_{-\infty}^{+\infty} Y(\omega) \mathrm{e}^{\mathrm{i}\omega t} \mathrm{d}\omega = \frac{1}{2\pi} \int_{-\infty}^{+\infty} \frac{H(\omega)}{3 - 2F(\omega)} \mathrm{e}^{\mathrm{i}\omega t} \mathrm{d}\omega.$$

例 6-27　求解积分微分方程

$$y'(t) - a^2 \int_{-\infty}^{t} y(\tau) \mathrm{d}\tau = \mathrm{e}^{-a|t|} \ (a > 0)，$$

其中 $\mathcal{F}[\mathrm{e}^{-a|t|}] = \dfrac{2a}{\omega^2 + a^2}$.

解　设 $\mathcal{F}[y(t)] = Y(\omega)$. 利用傅里叶变换的线性性质、微分性质和积分性质，对积分微分方程两端取傅里叶变换，可得

$$\mathrm{i}\omega Y(\omega) - \frac{a^2}{\mathrm{i}\omega} Y(\omega) = \frac{2a}{\omega^2 + a^2}，$$

所以

$$Y(\omega) = -\frac{2a\omega\mathrm{i}}{(\omega^2 + a^2)^2} = \frac{\mathrm{i}}{2} \frac{\mathrm{d}}{\mathrm{d}\omega}\left(\frac{2a}{\omega^2 + a^2}\right) = \frac{\mathrm{i}}{2} \mathcal{F}\left[-\mathrm{i}\,t\,\mathrm{e}^{-a|t|}\right] = \frac{1}{2} \mathcal{F}\left[t\,\mathrm{e}^{-a|t|}\right].$$

于是由傅里叶逆变换，可求得积分微分方程的解，即

$$y(t) = \frac{1}{2} t\,\mathrm{e}^{-a|t|}.$$

由上面三个例子的求解过程可以看出，用傅里叶变换求解微分、积分方程的步骤是：首先利用傅里叶变换的线性性质、微分或积分性质对方程两端取傅里叶变换，将其转化为关于象函数的代数方程，然后由这个代数方程解出象函数，最后对象函数取傅里叶逆变换，便得到原方程的解.

例 6-28　求解一维热传导方程的初值问题：

$$\begin{cases} \dfrac{\partial u}{\partial t} = a^2 \dfrac{\partial^2 u}{\partial x^2} + f(x,t) \\ u(x,0) = \varphi(x) \end{cases} \quad (-\infty < x < +\infty,\ t > 0).$$

解　由于未知函数 $u(x,t)$ 中的自变量 x 的变化范围是 $(-\infty, +\infty)$，所以对方程及初值条件关于 x 取傅里叶变换，记 $\mathcal{F}[u(x,t)] = U(\omega,t)$，$\mathcal{F}[f(x,t)] = F(\omega,t)$，$\mathcal{F}[\varphi(x)] = \Phi(\omega)$，又

$$\mathcal{F}\left[\frac{\partial^2 u}{\partial x^2}\right] = -\omega^2 U(\omega,t)，\quad \mathcal{F}\left[\frac{\partial u}{\partial t}\right] = \frac{\mathrm{d}}{\mathrm{d}t} U(\omega,t)，$$

于是求解原定解问题就转化为求解含参数 ω 的常微分方程的初值问题，即

$$\begin{cases} \dfrac{\mathrm{d}U}{\mathrm{d}t} = -a^2\omega^2 U + F(\omega,t) \\ U(\omega,0) = \Phi(\omega) \end{cases}.$$

由一阶非齐次线性微分方程的求解公式，可得其通解为

$$U(\omega,t) = \Phi(\omega)\mathrm{e}^{-a^2\omega^2 t} + \int_0^t F(\omega,\tau)\mathrm{e}^{-a^2\omega^2(t-\tau)}\mathrm{d}\tau.$$

对上式两端取傅里叶逆变换，且借助于附录 I 中的公式(6)，可知

$$\mathcal{F}^{-1}\left[\mathrm{e}^{-a^2\omega^2 t}\right] = \frac{1}{2a\sqrt{\pi t}}\mathrm{e}^{-\frac{x^2}{4a^2 t}},$$

再根据卷积定义和卷积定理，可得原定解问题的解

$$u(x,t) = \mathcal{F}^{-1}[U(\omega,t)]$$

$$= \varphi(x) * \frac{1}{2a\sqrt{\pi t}}\mathrm{e}^{-\frac{x^2}{4a^2 t}} + \int_0^t f(x,\tau) * \frac{1}{2a\sqrt{\pi(t-\tau)}}\mathrm{e}^{-\frac{x^2}{4a^2(t-\tau)}}\mathrm{d}\tau$$

$$= \frac{1}{2a\sqrt{\pi t}}\int_{-\infty}^{+\infty}\varphi(\zeta)\mathrm{e}^{-\frac{(x-\zeta)^2}{4a^2 t}}\mathrm{d}\zeta + \frac{1}{2a\sqrt{\pi}}\int_0^t\int_{-\infty}^{+\infty}\frac{f(\zeta,t)}{\sqrt{t-\tau}}\mathrm{e}^{-\frac{(x-\zeta)^2}{4a^2(t-\tau)}}\mathrm{d}\zeta\mathrm{d}\tau.$$

由例 6-28 的求解过程可以看出，利用傅里叶变换求解偏微分方程的步骤是：先将定解问题中的未知函数看作某一个自变量的函数，对方程及定解条件关于该自变量取傅里叶变换，把偏微分方程和定解条件化为关于象函数的常微分方程的定解问题，然后根据这个常微分方程和相应的定解条件求出象函数，最后对象函数取傅里叶逆变换，便得到原定解问题的解.

6.6　MATLAB 实验

6.6.1　傅里叶变换

傅里叶变换可由函数 fourier 实现，其调用形式如下：

```
>> F=fourier(f)
```

其中，参数 f 表示象原函数的表达式，该命令按默认变量 w 返回傅里叶变换. 如果想改变默认变量，则可采用如下调用形式：

```
>> F=fourier(f,v,u)        %将 v 的函数变换成 u 的函数
```

例 6-29　求指数衰减函数 $f(t) = \begin{cases} 0, & t < 0 \\ \mathrm{e}^{-3t}, & t \geq 0 \end{cases}$ 的傅里叶变换.

解　指数衰减函数还可以表示为：

$$f(t) = u(t)\mathrm{e}^{-3t}.$$

在 MATLAB 命令窗口中输入：

```
>> syms t
>> f=heaviside(t)*exp((-3)*t);        %heaviside(t)表示单位阶跃函数
>> F=fourier(f)
 F =
 1/(3 + w*1i)
```

6.6.2 傅里叶逆变换

傅里叶逆变换可由函数 ifourier 实现，其调用形式如下：

```
>> f=ifourier(F)
```

其中，参数 F 表示象函数的表达式，该命令按默认变量 x 返回傅里叶逆变换. 如果想改变默认变量，则可采用如下调用形式：

```
>> f=ifourier(F,u,v)        %将 u 的函数变换成 v 的函数
```

例 6-30 求函数 $F(w) = \dfrac{1}{3+iw}$ 的傅里叶逆变换.

解 在 MATLAB 命令窗口中输入：

```
>> syms w
>> F=1/(3+i*w);
>> f=ifourier(F,w,t)
 f =
 (exp(-3*t)*(sign(t) + 1))/2
```

6.6.3 卷积

根据卷积定理，可得

$$f_1(t) * f_2(t) = \mathcal{F}^{-1}[F_1(\omega) \cdot F_2(\omega)],$$

从而可以利用求傅里叶变换的函数 fourier 以及求傅里叶逆变换的函数 ifourier，计算两个象原函数的卷积.

例 6-31 设 $f_1(t) = \begin{cases} 0, & t<0 \\ 1, & t \geqslant 0 \end{cases}$，$f_2(t) = \begin{cases} 0, & t<0 \\ e^{-t}, & t \geqslant 0 \end{cases}$，求 $f_1(t) * f_2(t)$.

解 在 MATLAB 命令窗口中输入：

```
>> syms t w
>> f1=heaviside(t);
>> f2=heaviside(t)*exp(-t);
>> juanji=ifourier(fourier(f1)*fourier(f2),w,t)
 juanji =
 (pi + pi*sign(t) - pi*exp(-t)*(sign(t) + 1))/(2*pi)
```

积分变换是一种重要的数学工具，其基本形式为

$$F(s) = \int_a^b f(t)u(s,t)\mathrm{d}t \,,$$

其中 $u(s,t)$ 为二元核函数，选取不同的核函数以及积分区间，可以得到不同类型的积分变换. 积分变换的思路是将一类函数通过积分运算的形式转化为另一类函数，以达到解决问题的目的. 积分变换法广泛应用于电路、数字信号处理、图像处理、物理学等不同领域.

从周期函数的傅里叶级数出发，导出非周期函数的傅里叶积分公式，进而得到傅里叶变换，其形式为

$$F(\omega) = \int_{-\infty}^{+\infty} f(t)\mathrm{e}^{-\mathrm{i}\omega t}\mathrm{d}t \,,$$

其对象原函数的要求较为苛刻，要求 $f(t)$ 在任意一个有限区间上满足狄利克雷条件，且在 $(-\infty, +\infty)$ 上绝对可积. 傅里叶级数是用简单函数逼近或替代复杂函数，建立了周期函数和序列之间的对应关系. 从物理的角度看，傅里叶级数将信号分解为一系列简谐波的复合，进而建立了频谱理论.

傅里叶变换是由周期函数向非周期函数的演变，通过积分形式建立了函数之间的对应关系，能从频谱的角度描述函数(或信号)的特征. 在引入单位脉冲函数、提出广义傅里叶变换的概念后，傅里叶变换放宽了对函数绝对可积的要求，使傅里叶级数与傅里叶变换统一. 时域分析是以时间轴为坐标表示动态信号的关系；频域分析是把信号以频率轴为坐标表示出来. 从时域转换到频域的方法之一就是傅里叶级数和傅里叶变换.

傅里叶变换在物理学、电子类学科、数论、信号处理、概率论、统计学、密码学、声学、光学、海洋学、结构动力学等领域都有着广泛的应用. 例如，傅里叶变换是数字信号处理领域内一种重要的算法，典型用途是将信号分解成频谱——显示与频率对应的幅值大小. 傅里叶原理表明，任何连续测量的时序或信号，都可以表示为不同频率的正弦波信号的无限叠加. 由该原理创立的傅里叶变换算法利用直接测量到的原始信号，以累加的方式来计算该信号中不同正弦波信号的频率、振幅和相位.

复习思考题

综合题.

(1) 证明：若 $f(t)$ 满足傅里叶积分定理的条件，则有

$$f(t) = \int_0^{+\infty} a(\omega)\cos\omega t\mathrm{d}\omega + \int_0^{+\infty} b(\omega)\sin\omega t\mathrm{d}\omega$$

其中 $a(\omega) = \dfrac{1}{\pi}\displaystyle\int_{-\infty}^{+\infty} f(\tau)\cos\omega\tau\mathrm{d}\tau$ ， $b(\omega) = \dfrac{1}{\pi}\displaystyle\int_{-\infty}^{+\infty} f(\tau)\sin\omega\tau\mathrm{d}\tau$.

(2) 证明以下结论.

① 设 $a > 0$，则积分 $\int_{-\infty}^{+\infty} \delta(at - t_0) f(t) \mathrm{d}t = f\left(\dfrac{t_0}{a}\right)$；

② 设 $\mathcal{F}[f(t)] = F(\omega)$，则 $\mathcal{F}[f(1-t)] = F(-\omega)\mathrm{e}^{-\mathrm{i}\omega}$；

③ 设 $\mathcal{F}[f(t)] = F(\omega)$，则当 $f(t)$ 为奇函数时，$F(\omega)$ 必为偶函数；

④ $\mathcal{F}\left[\int_0^1 \mathrm{e}^{-t^2} \mathrm{d}t\right] = 2\pi\delta(\omega)\int_0^1 \mathrm{e}^{-t^2} \mathrm{d}t$；

⑤ 设 $\mathcal{F}[f(t)] = F(\omega)$，则 $2\pi\mathcal{F}[f^2(t)] = \int_{-\infty}^{+\infty} F(\tau)F(\omega - \tau)\mathrm{d}\tau$.

(3) 求下列函数的傅里叶积分，并证明所列的积分等式.

① $f(t) = \begin{cases} 1, & |t| \leqslant 1 \\ 0, & |t| > 1 \end{cases}$，证明 $\int_0^{+\infty} \dfrac{\sin\omega\cos\omega t}{\omega} \mathrm{d}\omega = \begin{cases} \dfrac{\pi}{2}, & |t| < 1 \\ \dfrac{\pi}{4}, & |t| = 1 \\ 0, & |t| > 1 \end{cases}$

② $f(t) = \begin{cases} \sin t, & |t| \leqslant \pi \\ 0, & |t| > \pi \end{cases}$，证明 $\int_0^{+\infty} \dfrac{\sin\omega\pi\sin\omega t}{1-\omega^2} \mathrm{d}\omega = \begin{cases} \dfrac{\pi}{2}\sin t, & |t| \leqslant \pi \\ 0, & |t| > \pi \end{cases}$.

(4) 求下列函数的傅里叶变换.

① $f(t) = \begin{cases} A, & 0 \leqslant t \leqslant \tau \\ 0, & \text{其他} \end{cases}$；

② $f(t) = \begin{cases} -1, & -1 < t < 0 \\ 1, & 0 < t < 1 \\ 0, & \text{其他} \end{cases}$；

③ $f(t) = \begin{cases} \mathrm{e}^t, & t \leqslant 0 \\ 0, & t > 0 \end{cases}$；

④ $f(t) = \begin{cases} 1 - t^2, & |t| \leqslant 1 \\ 0, & |t| > 1 \end{cases}$.

(5) 已知某函数的傅里叶变换为 $F(\omega) = \pi[\delta(\omega + \omega_0) + \delta(\omega - \omega_0)]$，求该函数 $f(t)$.

(6) 画出单位阶跃函数 $u(t)$ 的频谱图.

(7) 求作符号函数 $\operatorname{sgn} t = \begin{cases} -1, & t < 0 \\ 1, & t > 0 \end{cases}$ 的频谱图.

(8) 计算下列积分：

① $\int_{-\infty}^{+\infty} \delta(t-2)(2t^2+1)\mathrm{d}t$；

② $\int_{-\infty}^{+\infty} \delta''\left(t - \dfrac{\pi}{4}\right)\tan t\,\mathrm{d}t$；

③ $\int_{-\infty}^{+\infty} \delta(3t+1)\mathrm{e}^t\mathrm{d}t$.

(9) 求下列函数的傅里叶变换.

① $f(t) = \dfrac{1}{2}[\delta(t+a) - \delta(t-a)]$;　　　② $f(t) = \sin 2t$;

③ $f(t) = \sin^2 t$;　　　④ $f(t) = e^{i\omega_0 t}$;

⑤ $f(t) = \sin \omega_0 t \cdot u(t)$;　　　⑥ $f(t) = e^{2it} u(t-1)$;

⑦ $f(t) = t$;　　　⑧ $f(t) = tu(t)e^{-2t}$;

⑨ $f(t) = 2 + \delta(t+1) - \delta'(t-1)$;　　　⑩ $f(t) = e^{-2it} t u(t)$.

(10) 已知 $\mathcal{F}\left[\dfrac{1}{\beta^2 + t^2}\right] = \dfrac{\pi}{\beta} e^{-\beta|\omega|}$ $(\beta > 0)$ ，求下列函数的傅里叶变换.

① $f(t) = \dfrac{e^{iat}}{\beta^2 + t^2}$;　　　② $f(t) = \dfrac{t}{(\beta^2 + t^2)^2}$.

(11) 若 $F(\omega) = \mathcal{F}[f(t)]$ ，利用傅里叶变换的性质，求下列函数 $g(t)$ 的傅里叶变换 $G(\omega)$.

① $g(t) = (t-3)f(t)$;　　　② $g(t) = tf(-2t)$;

③ $g(t) = tf''(t)$;　　　④ $g(t) = f(3-2t)$.

(12) 试证函数 $f(t)$ 与单位脉冲函数 $\delta(t)$ 的卷积为函数 $f(t)$ 本身.

(13) 设 $f_1(t) = \begin{cases} 1-t, & 0 \leqslant t \leqslant 1 \\ 0, & \text{其他} \end{cases}$ ， $f_2(t) = \begin{cases} 1, & 0 \leqslant t \leqslant 2 \\ 0, & \text{其他} \end{cases}$ ，求 $f_1(t) * f_2(t)$.

(14) 设 $f_1(t) = f_2(t) = \begin{cases} 1, & |t| \leqslant 1 \\ 0, & |t| > 1 \end{cases}$ ，求 $f_1(t) * f_2(t)$.

(15) 证明下列式子:

① $e^{at}[f_1(t) * f_2(t)] = [e^{at}f_1(t)] * [e^{at}f_2(t)]$ 　（a 为常数）;

② $\dfrac{\mathrm{d}}{\mathrm{d}t}[f_1(t) * f_2(t)] = \dfrac{\mathrm{d}}{\mathrm{d}t}f_1(t) * f_2(t) = f_1(t) * \dfrac{\mathrm{d}}{\mathrm{d}t}f_2(t)$.

(16) 求解二阶常系数非齐次线性微分方程

$$y''(t) + 4y'(t) + 13y(t) = f(t) ,$$

其中 $f(t)$ 为已知函数， $\mathcal{F}[e^{-\beta t} u(t)\sin at] = \dfrac{a}{(\beta + i\omega)^2 + a^2}$.

(17) 求解积分方程

$$\int_0^{+\infty} f(t)\sin \omega t \mathrm{d}t = \begin{cases} \dfrac{\pi}{2}\sin\omega, & 0 \leqslant \omega \leqslant \pi \\ 0, & \omega > \pi \end{cases}$$

的解 $f(t)$.

(18) 求解积分微分方程

$$y'(t) - a^2 \int_{-\infty}^{t} y(\tau)\mathrm{d}\tau = f'(t) \quad (a > 0) ,$$

其中 $f(t)$ 为已知函数， $\mathcal{F}[e^{-a|t|}] = \dfrac{2a}{\omega^2 + a^2}$.

第7章 拉普拉斯变换

学习要点及目标

- 掌握拉普拉斯变换、逆变换的定义及性质.
- 理解拉普拉斯积分存在定理的证明.
- 理解拉普拉斯下的卷积定义及卷积定理.
- 掌握应用拉普拉斯变换的性质求解常用函数的拉普拉斯变换和逆变换.
- 掌握应用拉普拉斯变换求解线性微分方程及微分方程组.

核心概念

拉普拉斯变换　拉普拉斯逆变换　卷积

　　拉普拉斯(Laplace)变换理论是在 19 世纪末发展起来的,是英国工程师赫维赛德(Heaviside)从电工计算中发明的"运算法"发展而来,但是缺乏严密的数学论证,后来由法国数学家拉普拉斯给出该算法严格的数学定义和证明,因此称之为拉普拉斯变换方法.

　　与傅里叶变换一样,拉普拉斯变换也是一种常用的积分变换,在电学、力学等众多的工程技术与科学研究领域中有着广泛的应用. 它放宽了对象原函数 $f(t)$ 的限制并使之更适合工程实际,仍保留傅里叶变换许多好的性质,而且某些性质(如微分性质、卷积等)比傅里叶变换更实用、更方便. 因此,拉普拉斯变换是较傅里叶变换应用更为广泛的一种积分变换. 本章首先介绍拉普拉斯变换的定义,研究它的一些基本性质,给出其逆变换的积分表达式,并讨论逆变换的求法,最后介绍拉普拉斯变换的应用.

7.1 拉普拉斯变换的概念

7.1.1 拉普拉斯变换的定义

　　第 6 章已经指出,一个函数除了满足狄利克雷(Dirichlet)条件外,还要在 $(-\infty, +\infty)$ 上绝对可积,才存在古典意义下的傅里叶变换. 但绝对可积的条件是比较强的,许多函数即使很简单,如单位阶跃函数、正弦函数、余弦函数以及线性函数等,都不满足这个条件. 另外,可以进行傅里叶变换的函数必须在整个数轴上有定义,但在物理、无线电技术等实际应用中,许多以时间 t 作为自变量的函数,往往在 $t<0$ 时无意义,或者根本不需要考虑,像这样的函数都不能取傅里叶变换. 因而傅里叶变换的应用范围受到极大的限

拉普拉斯变换的定义.mp4

制.

对于任意一个函数 $\varphi(t)$，为了能克服上述两个缺点，我们进行古典意义下的傅里叶变换，经过适当的改造，使其转换为

$$\varphi(t)u(t)e^{-\beta t} \quad (\beta > 0),$$

其中，$u(t)$ 为单位阶跃函数，$t \to +\infty$ 时，$e^{-\beta t}\ (\beta > 0)$ 是衰减速度很快的函数，称它为指数衰减函数. 用 $u(t)$ 乘以 $\varphi(t)$ 可以使积分区间由 $(-\infty, +\infty)$ 转换成 $[0, +\infty)$，这样当 $t < 0$ 时，$\varphi(t)$ 在没有意义或根本不需要考虑的情况下问题就解决了. 用 $e^{-\beta t}\ (\beta > 0)$ 乘以 $\varphi(t)$ 就有可能使其变成绝对可积，一般来说，只要 β 选得适当，$\varphi(t)u(t)e^{-\beta t}$ 的傅里叶变换总是存在的.

对 $\varphi(t)u(t)e^{-\beta t}\ (\beta > 0)$ 取傅里叶变换，可得

$$\mathcal{F}[\varphi(t)u(t)e^{-\beta t}] = \int_{-\infty}^{+\infty} \varphi(t)u(t)e^{-\beta t}e^{-i\omega t}\,\mathrm{d}t$$

$$= \int_0^{+\infty} f(t)e^{-(\beta + i\omega)t}\,\mathrm{d}t = \int_0^{+\infty} f(t)e^{-st}\,\mathrm{d}t,$$

其中，$s = \beta + i\omega$，$f(t) = \varphi(t)u(t)$.

对函数 $\varphi(t)$ 进行先乘以 $u(t)e^{-\beta t}\ (\beta > 0)$，再取傅里叶变换的运算，就产生了新的积分变换，用函数 $F(s)$ 表示，即

$$F(s) = \int_0^{+\infty} f(t)e^{-st}\,\mathrm{d}t.$$

这是由实函数 $f(t)$ 通过一种新的变换得到的复变函数，这种变换我们称为拉普拉斯变换.

定义 7-1 设函数 $f(t)$ 当 $t \geq 0$ 时有定义，并且积分

$$\int_0^{+\infty} f(t)e^{-st}\,\mathrm{d}t \quad (s \text{ 是一个复参量})$$

在复平面 s 的某一区域内收敛，则由此积分所确定的函数

$$F(s) = \int_0^{+\infty} f(t)e^{-st}\,\mathrm{d}t \tag{7-1}$$

称为函数 $f(t)$ 的**拉普拉斯变换**. 记为

$$F(s) = \mathcal{L}[f(t)].$$

相应地，称 $f(t)$ 为 $F(s)$ 的**拉普拉斯逆变换**，记为

$$f(t) = \mathcal{L}^{-1}[F(s)].$$

也称 $F(s)$ 为 $f(t)$ 的**象函数**，$f(t)$ 为 $F(s)$ 的**象原函数**.

由式(7-1)可以看出，$f(t)\ (t \geq 0)$ 的拉普拉斯变换，实际上就是 $f(t)u(t)e^{-\beta t}\ (\beta > 0)$ 的傅里叶变换.

例 7-1 求单位阶跃函数 $u(t) = \begin{cases} 0, & t < 0 \\ 1, & t > 0 \end{cases}$ 的拉普拉斯变换.

解 根据拉普拉斯变换的定义，有

$$\mathcal{L}[u(t)] = \int_0^{+\infty} e^{-st}\,\mathrm{d}t = -\frac{1}{s}e^{-st}\Big|_0^{+\infty} = \frac{1}{s} - \frac{1}{s}\lim_{t \to +\infty} e^{-st}.$$

设 $s = \beta + i\omega$，由于 $|e^{-st}| = |e^{-(\beta + i\omega)t}| = e^{-\beta t}$，所以当且仅当 $\mathrm{Re}(s) = \beta > 0$ 时，

$\lim\limits_{t\to+\infty}\mathrm{e}^{-st}=0$，即积分 $\int_0^{+\infty}\mathrm{e}^{-st}\,\mathrm{d}t$ 在 $\mathrm{Re}(s)>0$ 时收敛，从而

$$\mathscr{L}[u(t)]=\frac{1}{s}\quad(\mathrm{Re}(s)>0).$$

因为在拉普拉斯变换中不必考虑 $t<0$ 时的情况，所以经常记为 $\mathscr{L}[1]=\dfrac{1}{s}$.

例 7-2　求函数 $f(t)=\mathrm{e}^{kt}$ 的拉普拉斯变换(k 为实数).

解　根据式(7-1)，有

$$\mathscr{L}[f(t)]=\int_0^{+\infty}\mathrm{e}^{kt}\mathrm{e}^{-st}\,\mathrm{d}t=\int_0^{+\infty}\mathrm{e}^{-(s-k)t}\,\mathrm{d}t,$$

当 $\mathrm{Re}(s)>k$ 时，此积分收敛，且有

$$\int_0^{+\infty}\mathrm{e}^{-(s-k)t}\,\mathrm{d}t=\frac{1}{s-k},$$

所以

$$\mathscr{L}[\mathrm{e}^{kt}]=\frac{1}{s-k}\quad(\mathrm{Re}(s)>k).$$

7.1.2　拉普拉斯变换的存在定理

从上面的例题可知，拉普拉斯变换存在的条件要比傅里叶变换存在的条件弱得多，但是对一个函数作拉普拉斯变换也还是要具备一定条件的，如以下定理所述.

定理 7-1　(拉普拉斯变换的存在定理)　若函数 $f(t)$ 满足下列条件：

(1) 在 $t\geqslant0$ 的任意有限区间上连续或分段连续；

(2) 当 $t\to+\infty$ 时，$f(t)$ 的增长速度不超过某一指数函数，亦即存在常数 $M>0$ 及 $c\geqslant0$，使得

$$|f(t)|\leqslant M\,\mathrm{e}^{ct},\quad 0\leqslant t<+\infty$$

成立(满足此条件的函数，称它的增大是不超过指数级的，c 为它的增长指数).

则 $f(t)$ 的拉普拉斯变换

$$F(s)=\int_0^{+\infty}f(t)\mathrm{e}^{-st}\,\mathrm{d}t$$

在半平面 $\mathrm{Re}(s)>c$ 上一定存在，右端的积分在 $\mathrm{Re}(s)\geqslant c_1>c$ 上绝对收敛且一致收敛，并且在 $\mathrm{Re}(s)>c$ 的半平面内，$F(s)$ 为解析函数.

证　设 $s=\beta+\mathrm{i}\omega$，则 $|\mathrm{e}^{-st}|=\mathrm{e}^{-\beta t}$，由条件(2)可知，对任何 t 值($0\leqslant t<+\infty$)，有

$$|f(t)\mathrm{e}^{-st}|=|f(t)|\,\mathrm{e}^{-\beta t}\leqslant M\,\mathrm{e}^{-(\beta-c)t},\quad\mathrm{Re}(s)=\beta,$$

若令 $\beta-c\geqslant\varepsilon>0$(即 $\beta\geqslant c+\varepsilon=c_1>c$)，则

$$|f(t)\mathrm{e}^{-st}|\leqslant M\,\mathrm{e}^{-\varepsilon t}.$$

所以

$$\int_0^{+\infty}|f(t)\mathrm{e}^{-st}|\,\mathrm{d}t\leqslant\int_0^{+\infty}M\,\mathrm{e}^{-\varepsilon t}\mathrm{d}t=\frac{M}{\varepsilon}.$$

根据含参变量广义积分的性质可知，在 $\mathrm{Re}(s)\geqslant c_1>c$ 上，式(7-1)右端的积分不仅绝对收敛而且一致收敛，即 $F(s)$ 存在.

若在式(7-1)的积分号内对 s 求导，则

$$\int_0^{+\infty} \frac{\mathrm{d}}{\mathrm{d}s}[f(t)\mathrm{e}^{-st}]\mathrm{d}t = \int_0^{+\infty} -t f(t)\mathrm{e}^{-st}\,\mathrm{d}t,$$

而

$$|-t f(t)\mathrm{e}^{-st}| \leqslant Mt\,\mathrm{e}^{-(\beta-c)t} \leqslant Mt\,\mathrm{e}^{-\varepsilon t},$$

所以

$$\int_0^{+\infty}\left|\frac{\mathrm{d}}{\mathrm{d}s}[f(t)\mathrm{e}^{-st}]\right|\mathrm{d}t \leqslant \int_0^{+\infty} Mt\,\mathrm{e}^{-\varepsilon t}\mathrm{d}t = \frac{M}{\varepsilon^2}.$$

由此可见，$\int_0^{+\infty} \frac{\mathrm{d}}{\mathrm{d}s}[f(t)\mathrm{e}^{-st}]\mathrm{d}t$ 在半平面 $\mathrm{Re}(s)\geqslant c_1 > c$ 上也是绝对收敛而且一致收敛，从而求导和积分的次序可以交换，即

$$\frac{\mathrm{d}}{\mathrm{d}s}F(s) = \frac{\mathrm{d}}{\mathrm{d}s}\int_0^{+\infty} f(t)\mathrm{e}^{-st}\,\mathrm{d}t = \int_0^{+\infty}\frac{\mathrm{d}}{\mathrm{d}s}[f(t)\mathrm{e}^{-st}]\mathrm{d}t$$
$$= \int_0^{+\infty}[-t f(t)\mathrm{e}^{-st}]\mathrm{d}t = \mathcal{L}[-t f(t)].$$

这就表明，$F(s)$ 在 $\mathrm{Re}(s) > c$ 内是可微的，由复变函数的解析函数理论可知，$F(s)$ 在 $\mathrm{Re}(s) > c$ 内是解析的.

物理学和工程技术中常见的函数大多满足上述两个条件. 一个函数的增长速度不超过指数级函数与函数绝对可积，这两个条件相比，前者的条件弱得多，如 $u(t)$，$\sin kt$，t^m 等函数都不满足傅里叶积分定理中绝对可积的条件，但它们都能满足拉普拉斯变换存在定理中的条件(2)：

$$|u(t)|\leqslant 1\cdot\mathrm{e}^{0\cdot t},\ \text{此处}\ M=1,\ c=0,$$
$$|\sin kt|\leqslant 1\cdot\mathrm{e}^{0\cdot t},\ \text{此处}\ M=1,\ c=0,$$
$$|t^m|\leqslant 1\cdot\mathrm{e}^{t}\,(\text{当}\ t\ \text{充分大时})，\text{此处}\ M=1,\ c=1,$$

这是由于 $\lim\limits_{t\to+\infty}\dfrac{t^m}{\mathrm{e}^t}=0$. 由此可见，对于某些问题(如线性系统分析)，拉普拉斯变换的应用就更为广泛.

另外，拉普拉斯变换存在定理的条件是充分的，而不是必要的. 例如 $f(t)=\dfrac{1}{\sqrt{t}}$ 在 $t=0$ 处不满足存在定理的条件(1)，但可以证明它的拉普拉斯变换是存在的.

例 7-3 求 $f(t)=\cos kt$ (k 为实数)的拉普拉斯变换.

解 根据拉普拉斯变换的定义，有

$$\mathcal{L}[\cos kt] = \int_0^{+\infty}\cos kt\,\mathrm{e}^{-st}\,\mathrm{d}t$$
$$= \frac{\mathrm{e}^{-st}}{s^2+k^2}(-s\cos kt + k\sin kt)\Big|_0^{+\infty}$$
$$= \frac{s}{s^2+k^2}\qquad (\mathrm{Re}(s)>0).$$

同理可求得

$$\mathcal{L}[\sin kt] = \frac{k}{s^2 + k^2} \quad (\operatorname{Re}(s) > 0).$$

这里还要指出，满足拉普拉斯变换存在定理条件的函数 $f(t)$ 在 $t = 0$ 处为有界时，积分

$$\mathcal{L}[f(t)] = \int_0^{+\infty} f(t)\mathrm{e}^{-st}\,\mathrm{d}t$$

中的下限取 0^+ 或 0^- 不会影响其结果，但当 $f(t)$ 在 $t = 0$ 处包含了脉冲函数时，则拉普拉斯变换的积分下限必须明确地指出是 0^+ 还是 0^-，因为

$$\mathcal{L}_+[f(t)] = \int_{0^+}^{+\infty} f(t)\mathrm{e}^{-st}\,\mathrm{d}t$$

称为 0^+ 系统，在电路上，0^+ 表示换路后的初始时刻；

$$\mathcal{L}_-[f(t)] = \int_{0^-}^{+\infty} f(t)\mathrm{e}^{-st}\,\mathrm{d}t$$

称为 0^- 系统，在电路上，0^- 表示换路前的终止时刻．

$$\mathcal{L}_-[f(t)] = \int_{0^-}^{0^+} f(t)\mathrm{e}^{-st}\,\mathrm{d}t + \mathcal{L}_+[f(t)].$$

而当 $f(t)$ 在 $t = 0$ 附近有界时，$\displaystyle\int_{0^-}^{0^+} f(t)\mathrm{e}^{-st}\,\mathrm{d}t = 0$，即

$$\mathcal{L}_-[f(t)] = \mathcal{L}_+[f(t)] = \mathcal{L}[f(t)].$$

当 $f(t)$ 在 $t = 0$ 处包含了脉冲函数时，$\displaystyle\int_{0^-}^{0^+} f(t)\mathrm{e}^{-st}\,\mathrm{d}t \neq 0$，即

$$\mathcal{L}_-[f(t)] \neq \mathcal{L}_+[f(t)].$$

为了考虑这一情况，我们需要将进行拉普拉斯变换的函数 $f(t)$，当 $t \geqslant 0$ 时有定义扩大为当 $t > 0$ 及 $t = 0$ 的任意一个邻域内有定义．这样，拉普拉斯变换的定义

$$\mathcal{L}[f(t)] = \int_0^{+\infty} f(t)\mathrm{e}^{-st}\,\mathrm{d}t$$

应为

$$\mathcal{L}_-[f(t)] = \int_{0^-}^{+\infty} f(t)\mathrm{e}^{-st}\,\mathrm{d}t.$$

但为书写简便起见，我们仍写成原来的形式．

例 7-4　求单位脉冲函数 $\delta(t)$ 的拉普拉斯变换．

解　根据上面的陈述，并利用 $\delta(t)$ 的筛选性质 $\displaystyle\int_{-\infty}^{+\infty} f(t)\delta(t)\mathrm{d}t = f(0)$，可得

$$\mathcal{L}[\delta(t)] = \int_0^{+\infty} \delta(t)\mathrm{e}^{-st}\,\mathrm{d}t = \int_{0^-}^{+\infty} \delta(t)\mathrm{e}^{-st}\,\mathrm{d}t$$

$$= \int_{-\infty}^{+\infty} \delta(t)\mathrm{e}^{-st}\,\mathrm{d}t = \mathrm{e}^{-st}\Big|_{t=0} = 1.$$

例 7-5　求函数 $f(t) = \mathrm{e}^{-\beta t}\delta(t) - \beta\mathrm{e}^{-\beta t}u(t)$ $(\beta > 0)$ 的拉普拉斯变换．

解　$\mathcal{L}[f(t)] = \mathcal{L}_-[f(t)]$

$$= \int_{0^-}^{+\infty} [\mathrm{e}^{-\beta t}\delta(t) - \beta\mathrm{e}^{-\beta t}u(t)]\mathrm{e}^{-st}\,\mathrm{d}t$$

$$= \int_{-\infty}^{+\infty} \mathrm{e}^{-(s+\beta)t}\delta(t)\,\mathrm{d}t - \int_0^{+\infty} \beta\mathrm{e}^{-(s+\beta)t}\,\mathrm{d}t$$

$$= \mathrm{e}^{-(s+\beta)t}\Big|_{t=0} + \frac{\beta\mathrm{e}^{-(s+\beta)t}}{s+\beta}\Big|_0^{+\infty}$$

$$= 1 - \frac{\beta}{s+\beta} = \frac{s}{s+\beta} \quad (\mathrm{Re}(s) > -\beta).$$

单位脉冲函数和周期函数
的拉普拉斯变换.mp4

7.1.3 周期函数的拉普拉斯变换

设 $f(t)$ 是以 T 为周期的函数，即 $f(t+T)=f(t)$ （$t>0$），且 $f(t)$ 在一个周期上是连续或分段连续的，则

$$\mathcal{L}[f(t)] = \frac{1}{1-\mathrm{e}^{-sT}} \int_0^T f(t)\mathrm{e}^{-st}\,\mathrm{d}t \quad (\mathrm{Re}(s) > 0). \tag{7-2}$$

事实上，由式(7-1)，有

$$\mathcal{L}[f(t)] = \int_0^{+\infty} f(t)\mathrm{e}^{-st}\,\mathrm{d}t$$

$$= \int_0^T f(t)\mathrm{e}^{-st}\,\mathrm{d}t + \int_T^{2T} f(t)\mathrm{e}^{-st}\,\mathrm{d}t + \cdots + \int_{kT}^{(k+1)T} f(t)\mathrm{e}^{-st}\,\mathrm{d}t + \cdots$$

$$= \sum_{k=0}^{+\infty} \int_{kT}^{(k+1)T} f(t)\mathrm{e}^{-st}\,\mathrm{d}t,$$

令 $t = \tau + kT$，则

$$\int_{kT}^{(k+1)T} f(t)\mathrm{e}^{-st}\,\mathrm{d}t = \int_0^T f(\tau+kT)\mathrm{e}^{-s(\tau+kT)}\,\mathrm{d}\tau = \mathrm{e}^{-skT}\int_0^T f(\tau)\mathrm{e}^{-s\tau}\,\mathrm{d}\tau.$$

又由 $\mathrm{Re}(s) > 0$ 时，$|\mathrm{e}^{-sT}| < 1$，所以

$$\mathcal{L}[f(t)] = \sum_{k=0}^{+\infty} \mathrm{e}^{-skT}\int_0^T f(t)\mathrm{e}^{-st}\,\mathrm{d}t = \frac{1}{1-\mathrm{e}^{-sT}}\int_0^T f(t)\mathrm{e}^{-st}\,\mathrm{d}t.$$

式(7-2)就是周期函数的拉普拉斯变换公式.

例 7-6 求周期性三角波 $f(t) = \begin{cases} t, & 0 \le t < b \\ 2b-t, & b \le t < 2b \end{cases}$，且 $f(t+2b) = f(t)$（见图 7-1）的拉普拉斯变换.

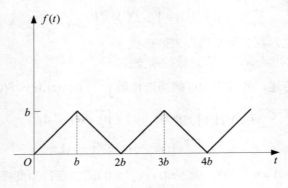

图 7-1

解 由于

$$\int_0^{2b} f(t)\mathrm{e}^{-st}\,\mathrm{d}t = \int_0^b t\mathrm{e}^{-st}\,\mathrm{d}t + \int_b^{2b} (2b-t)\mathrm{e}^{-st}\,\mathrm{d}t$$

$$= \left(-\frac{t\mathrm{e}^{-st}}{s} - \frac{\mathrm{e}^{-st}}{s^2}\right)\Bigg|_0^b + \left(-\frac{2b\mathrm{e}^{-st}}{s}\right)\Bigg|_b^{2b} + \left(\frac{t\mathrm{e}^{-st}}{s} + \frac{\mathrm{e}^{-st}}{s^2}\right)\Bigg|_b^{2b}$$

$$= \frac{1}{s^2}(1 - e^{-bs})^2 ,$$

由式(7-2)，有

$$\mathcal{L}[f(t)] = \frac{1}{1 - e^{-2bs}} \frac{1}{s^2}(1 - e^{-bs})^2$$

$$= \frac{1}{s^2} \cdot \frac{1 - e^{-bs}}{1 + e^{-bs}}$$

$$= \frac{1}{s^2} \cdot \text{th} \frac{bs}{2} , \qquad (\text{Re}(s) > 0).$$

在今后的实际工作中，并不要求用广义积分的方法来求函数的拉普拉斯变换，因为有现成的拉普拉斯变换表可查，本书已将工程实际中常用的一些函数及其拉普拉斯变换列于附录Ⅱ中，以备读者查用.

下面再举一些通过查表求拉普拉斯变换的例子.

例 7-7　求 $\frac{1}{2}(\sin t + t\cos t)$ 的拉普拉斯变换.

解　根据附录Ⅱ中的公式(30)，当 $a = 1$ 时，可以方便地得到

$$\mathcal{L}\left[\frac{1}{2}(\sin t + t\cos t)\right] = \frac{s^2}{(s^2 + 1^2)^2} = \frac{s^2}{(s^2 + 1)^2} .$$

例 7-8　求 $\frac{e^{-bt}}{\sqrt{2}}(\cos bt + \sin bt)$ 的拉普拉斯变换.

解　这个函数的拉普拉斯变换在附录Ⅱ中找不到现成的结果，但是

$$\frac{e^{-bt}}{\sqrt{2}}(\cos bt + \sin bt) = e^{-bt}\left(\sin\frac{\pi}{4}\cos bt + \cos\frac{\pi}{4}\sin bt\right)$$

$$= e^{-bt}\sin\left(bt + \frac{\pi}{4}\right).$$

根据附录Ⅱ中的公式(17)，在 $a = b$，$c = \frac{\pi}{4}$ 时，可得

$$\mathcal{L}\left[\frac{e^{-bt}}{\sqrt{2}}(\cos bt + \sin bt)\right] = \mathcal{L}\left[e^{-bt}\sin\left(bt + \frac{\pi}{4}\right)\right]$$

$$= \frac{(s + b)\sin\frac{\pi}{4} + b\cos\frac{\pi}{4}}{(s + b)^2 + b^2}$$

$$= \frac{\sqrt{2}(s + 2b)}{2(s^2 + 2bs + 2b^2)} .$$

总之，查表求函数的拉普拉斯变换要比按定义去做方便得多，特别是掌握了拉普拉斯变换的性质，再使用查表的方法，就能更快地找到所求函数的拉普拉斯变换.

7.2 拉普拉斯变换的性质

本节将介绍拉普拉斯变换的几个基本性质，它们对于深入理解和掌握拉普拉斯变换在实际问题中的应用有着重要的作用与意义. 为了方便叙述，假定在下面的性质中，凡是要求拉普拉斯变换的函数都满足拉普拉斯变换存在定理中的条件，并且把这些函数的增长指数都统一地取为 c .

拉普拉斯变换的性质(1).mp4

拉普拉斯变换的性质(2).mp4

7.2.1 线性性质

设 α, β 为常数，且 $\mathcal{L}[f_1(t)] = F_1(s)$ ，$\mathcal{L}[f_2(t)] = F_2(s)$ ，则有

$$\mathcal{L}[\alpha f_1(t) + \beta f_2(t)] = \alpha \mathcal{L}[f_1(t)] + \beta \mathcal{L}[f_2(t)], \tag{7-3}$$

或

$$\mathcal{L}^{-1}[\alpha F_1(s) + \beta F_2(s)] = \alpha \mathcal{L}^{-1}[F_1(s)] + \beta \mathcal{L}^{-1}[F_2(s)]. \tag{7-4}$$

利用拉普拉斯变换的定义和积分性质便可证明线性性质. 该性质表明函数线性组合的拉普拉斯变换等于各函数拉普拉斯变换的线性组合，这一结论对拉普拉斯逆变换同样成立.

例 7-9 求 $f(t) = \cos^2 t$ 的拉普拉斯变换.

解
$$\mathcal{L}[\cos^2 t] = \mathcal{L}\left[\frac{1 + \cos 2t}{2}\right]$$
$$= \frac{1}{2}\mathcal{L}[1] + \frac{1}{2}\mathcal{L}[\cos 2t]$$
$$= \frac{1}{2}\left(\frac{1}{s} + \frac{s}{s^2 + 4}\right).$$

例 7-10 求 $F(s) = \dfrac{s+1}{s^2 + s - 6}$ 的拉普拉斯逆变换.

解 因为 $F(s) = \dfrac{s+1}{s^2 + s - 6} = \dfrac{2}{5} \cdot \dfrac{1}{s+3} + \dfrac{3}{5} \cdot \dfrac{1}{s-2}$ 及 $\mathcal{L}[\mathrm{e}^{kt}] = \dfrac{1}{s-k}$ ，

所以由式(7-4)，有

$$\mathcal{L}^{-1}[F(s)] = \frac{2}{5}\mathcal{L}^{-1}\left[\frac{1}{s+3}\right] + \frac{3}{5}\mathcal{L}^{-1}\left[\frac{1}{s-2}\right]$$
$$= \frac{2}{5}\mathrm{e}^{-3t} + \frac{3}{5}\mathrm{e}^{2t}.$$

7.2.2 微分性质

1. 象原函数的微分性质

若 $\mathcal{L}[f(t)] = F(s)$ ，则

$$\mathcal{L}[f'(t)] = sF(s) - f(0) \qquad (\mathrm{Re}(s) > c). \tag{7-5}$$

证　根据拉普拉斯变换的定义和分部积分公式，有

$$\mathcal{L}[f'(t)] = \int_0^{+\infty} f'(t)\mathrm{e}^{-st}\mathrm{d}t = f(t)\mathrm{e}^{-st}\Big|_0^{+\infty} + s\int_0^{+\infty} f(t)\mathrm{e}^{-st}\mathrm{d}t \, .$$

由于 $|f(t)\mathrm{e}^{-st}| = |f(t)|\mathrm{e}^{-\beta t} \leqslant M\mathrm{e}^{-(\beta-c)t}$，　$\mathrm{Re}(s) = \beta$，故当 $\mathrm{Re}(s) > c$ 时，　$t \to +\infty$，$f(t)\mathrm{e}^{-st} \to 0$，因此

$$\mathcal{L}[f'(t)] = s\mathcal{L}[f(t)] - f(0) = sF(s) - f(0) \, .$$

这个性质表明，一个函数求导后取拉普拉斯变换等于这个函数的拉普拉斯变换乘以参变数 s，再减去函数的初值.

若利用式(7-5)进行二次变换，则可得

$$\mathcal{L}[f''(t)] = s\mathcal{L}[f'(t)] - f'(0) = s[sF(s) - f(0)] - f'(0)$$
$$= s^2 F(s) - sf(0) - f'(0) \, .$$

以此类推，可得如下推论.

推论　若 $\mathcal{L}[f(t)] = F(s)$，则

$$\mathcal{L}[f^{(n)}(t)] = s^n F(s) - s^{n-1}f(0) - s^{n-2}f'(0) - \cdots - f^{(n-1)}(0) \quad (\mathrm{Re}(s) > c) \, . \tag{7-6}$$

特别地，当初值 $f(0) = f'(0) = \cdots = f^{(n-1)}(0) = 0$ 时，有

$$\mathcal{L}[f^{(n)}(t)] = s^n F(s) \, .$$

此性质使我们有可能通过拉普拉斯变换将关于 $f(t)$ 的微分方程转化为关于其象函数 $F(s)$ 的代数方程，因此它对于微分方程(尤其是高阶微分方程)的求解和线性系统的分析有着重要的作用.

例 7-11　利用微分性质求 $f(t) = \sin kt$ (k 为实数)的拉普拉斯变换.

解　由于 $f(0) = 0$, $f'(0) = k$, $f''(t) = -k^2 \sin kt$，则由式(7-6)，有

$$\mathcal{L}[-k^2 \sin kt] = \mathcal{L}[f''(t)] = s^2 \mathcal{L}[f(t)] - s f(0) - f'(0) \, ,$$

即

$$-k^2 \mathcal{L}[\sin kt] = s^2 \mathcal{L}[\sin kt] - k \, ,$$

移项化简，得

$$\mathcal{L}[\sin kt] = \frac{k}{s^2 + k^2} \quad (\mathrm{Re}(s) > 0) \, .$$

例 7-12　利用微分性质求 $f(t) = t^m$ (m 为正整数)的拉普拉斯变换.

解　由于 $f(0) = f'(0) = \cdots = f^{(m-1)}(0) = 0$，而 $f^{(m)}(t) = m!$，故由式(7-6)，有

$$\mathcal{L}[m!] = \mathcal{L}[f^{(m)}(t)] = s^m \mathcal{L}[f(t)] = s^m \mathcal{L}[t^m] \, ,$$

又

$$\mathcal{L}[m!] = m!\mathcal{L}[1] = \frac{m!}{s} \, ,$$

于是，得

$$\mathcal{L}[t^m] = \frac{m!}{s^{m+1}} \, , \quad (\mathrm{Re}(s) > 0) \, .$$

一般地，有

$$\mathcal{L}[t^m] = \frac{\Gamma(m+1)}{s^{m+1}}, \quad (\text{Re}(s) > 0, \quad m > -1 为实常数),$$

其中 $\Gamma(m+1) = \int_0^{+\infty} t^m e^{-t} dt$ 是 Γ 函数, 当 m 为正整数时, $\Gamma(m+1) = m!$. 这里不予证明.

此外, 由上一节拉普拉斯变换存在定理的证明, 便可以得到象函数的微分性质.

2. 象函数的微分性质

若 $\mathcal{L}[f(t)] = F(s)$, 则

$$F'(s) = -\mathcal{L}[t f(t)] \qquad (\text{Re}(s) > c). \tag{7-7}$$

一般地, 有

$$F^{(n)}(s) = (-1)^n \mathcal{L}[t^n f(t)] \qquad (\text{Re}(s) > c). \tag{7-8}$$

重复应用式(7-7)即可得到式(7-8).

注意 象函数的导数公式常用来计算 $\mathcal{L}[t^n f(t)]$:

$$\mathcal{L}[t^n f(t)] = (-1)^n F^{(n)}(s) \qquad (n = 1, 2, \cdots).$$

例 7-13 求 $\mathcal{L}[t \cos kt]$ 及 $\mathcal{L}[t^2 \cos kt]$, 其中 k 为实数.

解 因为 $\mathcal{L}[\cos kt] = \dfrac{s}{s^2+k^2}$, 根据式(7-7), 有

$$\mathcal{L}[t \cos kt] = -\frac{d}{ds}\left(\frac{s}{s^2+k^2}\right) = \frac{s^2-k^2}{(s^2+k^2)^2} \qquad (\text{Re}(s) > 0).$$

根据式(7-8), 有

$$\mathcal{L}[t^2 \cos kt] = \frac{d^2}{ds^2}\left(\frac{s}{s^2+k^2}\right) = \frac{2s^3-6k^2 s}{(s^2+k^2)^3} \qquad (\text{Re}(s) > 0).$$

7.2.3 积分性质

1. 象原函数的积分性质

若 $\mathcal{L}[f(t)] = F(s)$, 则

$$\mathcal{L}\left[\int_0^t f(t)\,dt\right] = \frac{1}{s} F(s) \qquad (\text{Re}(s) > c). \tag{7-9}$$

证 设 $h(t) = \int_0^t f(t)\,dt$, 则 $h'(t) = f(t)$, $h(0) = 0$. 由微分性质式(7-5), 得

$$\mathcal{L}[h'(t)] = s\mathcal{L}[h(t)] - h(0) = s\mathcal{L}[h(t)] \qquad (\text{Re}(s) > c)$$

即

$$\mathcal{L}\left[\int_0^t f(t)\,dt\right] = \frac{1}{s}\mathcal{L}[f(t)] = \frac{1}{s}F(s).$$

这个性质表明, 一个函数积分后再取拉普拉斯变换等于这个函数的拉普拉斯变换除以复参数 s.

重复应用式(7-9), 即可得到

$$\mathcal{L}\left[\underbrace{\int_0^t dt \int_0^t dt \cdots \int_0^t}_{n次} f(t)\,dt\right] = \frac{1}{s^n}F(s). \tag{7-10}$$

2. 象函数的积分性质

若 $\mathcal{L}[f(t)] = F(s)$，则

$$\int_s^\infty F(s)\,\mathrm{d}s = \mathcal{L}\left[\frac{f(t)}{t}\right]. \tag{7-11}$$

一般地，有

$$\underbrace{\int_s^\infty \mathrm{d}s \int_s^\infty \mathrm{d}s \cdots \int_s^\infty}_{n次} F(s)\,\mathrm{d}s = \mathcal{L}\left[\frac{f(t)}{t^n}\right]. \tag{7-12}$$

证　根据拉普拉斯变换的定义，有

$$\int_s^\infty F(s)\,\mathrm{d}s = \int_s^\infty \left[\int_0^{+\infty} f(t)\mathrm{e}^{-st}\mathrm{d}t\right]\mathrm{d}s$$

$$= \int_0^{+\infty} f(t)\left[\int_s^\infty \mathrm{e}^{-st}\,\mathrm{d}s\right]\mathrm{d}t = \int_0^{+\infty} f(t)\left(-\frac{\mathrm{e}^{-st}}{t}\right)\Bigg|_s^\infty \mathrm{d}t$$

$$= \int_0^{+\infty} \frac{f(t)}{t}\mathrm{e}^{-st}\mathrm{d}t = \mathcal{L}\left[\frac{f(t)}{t}\right].$$

反复利用式(7-11)，即可求得式(7-12). 其中积分次序的交换是有一定条件的，为了避免更深入的讨论，这里默认这些条件是满足的.

特别地，若积分 $\int_0^{+\infty} \frac{f(t)}{t}\mathrm{d}t$ 存在，并在式(7-11)中

$$\mathcal{L}\left[\frac{f(t)}{t}\right] = \int_0^{+\infty} \frac{f(t)}{t}\mathrm{e}^{-st}\mathrm{d}t = \int_s^\infty F(s)\,\mathrm{d}s,$$

令 $s = 0$，则

$$\int_0^{+\infty} \frac{f(t)}{t}\mathrm{d}t = \int_s^\infty F(s)\,\mathrm{d}s. \tag{7-13}$$

式(7-13)常用来计算一些函数的广义积分.

例 7-14　求 $\mathcal{L}\left[\dfrac{\sin t}{t}\right]$，并求积分 $\int_0^{+\infty} \dfrac{\sin t}{t}\mathrm{d}t$.

解　已知 $\mathcal{L}[\sin t] = \dfrac{1}{s^2+1}$，故由式(7-11)，有

$$\mathcal{L}\left[\frac{\sin t}{t}\right] = \int_s^\infty \mathcal{L}[\sin t]\mathrm{d}s = \int_s^\infty \frac{1}{s^2+1}\mathrm{d}s = \frac{\pi}{2} - \arctan s.$$

再根据式(7-13)，得

$$\int_0^{+\infty} \frac{\sin t}{t}\mathrm{d}t = \int_0^\infty \mathcal{L}[\sin t]\mathrm{d}s = \int_0^\infty \frac{1}{s^2+1}\mathrm{d}s = \arctan s\Big|_0^\infty = \frac{\pi}{2}.$$

这与所熟知的狄利克雷积分的结果完全一致.

7.2.4　位移性质

设 $\mathcal{L}[f(t)] = F(s)$，则

$$\mathcal{L}[\mathrm{e}^{at} f(t)] = F(s-a) \quad (\mathrm{Re}(s-a) > c). \tag{7-14}$$

证 根据式(7-1)，有

$$\mathcal{L}[e^{at}f(t)] = \int_0^{+\infty} e^{at} f(t) e^{-st} dt = \int_0^{+\infty} f(t) e^{-(s-a)t} dt,$$

由此可见，上式右端只是在 $F(s)$ 中把 s 换成 $s-a$，所以

$$\mathcal{L}[e^{at}f(t)] = F(s-a), \quad (\mathrm{Re}(s-a) > c).$$

这个性质表明，一个象原函数乘以指数函数 e^{at} 的拉普拉斯变换等于其象函数作位移 a．

例 7-15 求 $\mathcal{L}[e^{at}\cos kt]$，$\mathcal{L}[e^{-at}t^m]$．

解 已知 $\mathcal{L}[\cos kt] = \dfrac{s}{s^2 + k^2}$，$\mathcal{L}[t^m] = \dfrac{\Gamma(m+1)}{s^{m+1}}$，由位移性质，得

$$\mathcal{L}[e^{at}\cos kt] = \frac{s-a}{(s-a)^2 + k^2},$$

$$\mathcal{L}[e^{-at}t^m] = \frac{\Gamma(m+1)}{(s+a)^{m+1}}.$$

7.2.5 延迟性质

若 $\mathcal{L}[f(t)] = F(s)$，又 $t < 0$ 时，$f(t) = 0$，则对于任意非负实数 τ，有

$$\mathcal{L}[f(t-\tau)] = e^{-s\tau} F(s) \tag{7-15}$$

或写成

$$\mathcal{L}^{-1}[e^{-s\tau} F(s)] = f(t-\tau).$$

证 因为

$$\mathcal{L}[f(t-\tau)] = \int_0^{+\infty} f(t-\tau) e^{-st} dt$$

$$= \int_0^{\tau} f(t-\tau) e^{-st} dt + \int_{\tau}^{+\infty} f(t-\tau) e^{-st} dt$$

由条件可知，当 $t < \tau$ 时，$f(t-\tau) = 0$，所以上式右端第一个积分为 0．对于第二个积分，令 $t-\tau = u$，则

$$\mathcal{L}[f(t-\tau)] = \int_0^{+\infty} f(u) e^{-s(u+\tau)} du$$

$$= e^{-s\tau} \int_0^{+\infty} f(u) e^{-su} du = e^{-s\tau} F(s), \quad (\mathrm{Re}(s) > c).$$

函数 $f(t-\tau)$ 与 $f(t)$ 相比，$f(t)$ 是从 $t = 0$ 开始有非零数值，而 $f(t-\tau)$ 从 $t = \tau$ 开始才有非零数值，即延迟了一个单位 τ．如图 7-2 所示，$f(t-\tau)$ 的图像是由 $f(t)$ 的图像沿 t 轴向右平移距离 τ 而得到．这个性质表明，时间函数延迟 τ 的拉普拉斯变换等于它的象函数乘以指数因子 $e^{-s\tau}$．

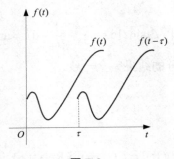

图 7-2

例 7-16 求 $u(t-\tau) = \begin{cases} 0, & t < \tau \\ 1, & t > \tau \end{cases}$ 的拉普拉斯变换.

解 已知 $\mathcal{L}[u(t)] = \dfrac{1}{s}$，根据延迟性质，有

$$\mathcal{L}[u(t-\tau)] = \frac{1}{s} \mathrm{e}^{-s\tau}.$$

应当注意，延迟性质中 $t < 0$ 时，$f(t) = 0$ 是不可缺少的，它表明了 $f(t)u(t)$ 与 $f(t)$ 是两个不同的函数. 因此该性质也可叙述成:

若 $\mathcal{L}[f(t)u(t)] = F(s)$，则对于任一正数 τ，有

$$\mathcal{L}[f(t-\tau)u(t-\tau)] = \mathrm{e}^{-s\tau} F(s),$$

或

$$\mathcal{L}^{-1}[\mathrm{e}^{-s\tau} F(s)] = f(t-\tau)u(t-\tau).$$

例如，$\mathcal{L}[\sin(t-\tau)u(t-\tau)] = \mathrm{e}^{-s\tau} \mathcal{L}[\sin t] = \dfrac{1}{s^2+1} \mathrm{e}^{-s\tau}$，但求 $\sin(t-\tau)$ 的拉普拉斯变换时，不能使用延迟性质来求，这是因为当 $t < \tau$ 时，$\sin(t-\tau) \neq 0$.

例 7-17 求如图 7-3 所示的阶梯函数 $f(t)$ 的拉普拉斯变换.

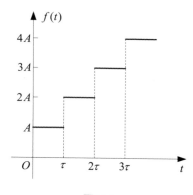

图 7-3

解 利用单位阶跃函数，可将这个阶梯函数表示为

$$f(t) = A[u(t) + u(t-\tau) + u(t-2\tau) + \cdots] = A\sum_{k=0}^{\infty} u(t-k\tau).$$

上式两端取拉普拉斯变换，并假设右端可以逐项取拉普拉斯变换，再由拉普拉斯变换的线性性质和延迟性质，可得

$$\mathcal{L}[f(t)] = A\left(\frac{1}{s} + \frac{1}{s}\mathrm{e}^{-s\tau} + \frac{1}{s}\mathrm{e}^{-2s\tau} + \cdots\right),$$

当 $\mathrm{Re}(s) > 0$ 时，有 $|\mathrm{e}^{-s\tau}| < 1$，所以，上式右端圆括号中为一个公比的模小于 1 的等比级数，从而

$$\mathcal{L}[f(t)] = \frac{A}{s}\frac{1}{1-\mathrm{e}^{-s\tau}} \quad (\mathrm{Re}(s) > 0).$$

一般地，若 $\mathcal{L}[f(t)] = F(s)$，又 $t < 0$ 时，$f(t) = 0$，则对任意 $\tau > 0$，有

$$\mathcal{L}\left[\sum_{k=0}^{\infty} f(t-k\tau)\right] = \sum_{k=0}^{\infty}\mathcal{L}[f(t-k\tau)]$$

$$= F(s) \cdot \frac{1}{1-\mathrm{e}^{-s\tau}}, \quad (\mathrm{Re}(s) > c).$$

例 7-18 求如图 7-4 所示的单个半正弦波

$$f(t) = \begin{cases} E\sin\dfrac{2\pi}{T}t, & 0 \leqslant t < \dfrac{T}{2} \\[2mm] 0, & t \geqslant \dfrac{T}{2} \end{cases}$$

的拉普拉斯变换.

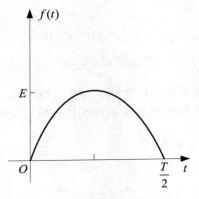

图 7-4

解 设 $f_1(t) = E\sin\dfrac{2\pi}{T}t \cdot u(t)$ ，$f_2(t) = E\sin\dfrac{2\pi}{T}\left(t-\dfrac{T}{2}\right) \cdot u\left(t-\dfrac{T}{2}\right)$ ，由图 7-5 可知，$f(t) = f_1(t) + f_2(t)$ ，所以

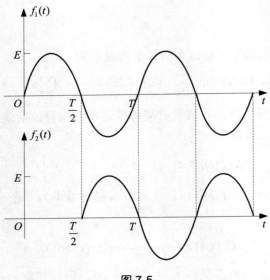

图 7-5

$$\mathcal{L}[f(t)] = \mathcal{L}[f_1(t)] + \mathcal{L}[f_2(t)]$$

$$= E\mathcal{L}\left[\sin\frac{2\pi}{T}t \cdot u(t)\right] + E\mathcal{L}\left[\sin\frac{2\pi}{T}\left(t - \frac{T}{2}\right) \cdot u\left(t - \frac{T}{2}\right)\right]$$

$$= \frac{E\frac{2\pi}{T}}{s^2 + \left(\frac{2\pi}{T}\right)^2}\left(1 + e^{-\frac{T}{2}s}\right) = \frac{E\omega}{s^2 + \omega^2}\left(1 + e^{-\frac{T}{2}s}\right),$$

其中 $\omega = \dfrac{2\pi}{T}$.

7.2.6　相似性质

若 $\mathcal{L}[f(t)] = F(s)$，则对 $a > 0$，有

$$\mathcal{L}[f(at)] = \frac{1}{a}F\left(\frac{s}{a}\right). \tag{7-16}$$

证　根据拉普拉斯变换定义，当 $a > 0$ 时，有

$$\mathcal{L}[f(at)] = \int_0^{+\infty} f(at) e^{-st} dt$$

$$\xrightarrow{\text{令}u = at} \frac{1}{a}\int_0^{+\infty} f(u) e^{-\left(\frac{s}{a}\right)u} du = \frac{1}{a}F\left(\frac{s}{a}\right).$$

例 7-19　求 $\mathcal{L}[u(3t)]$ 和 $\mathcal{L}[u(3t - 2)]$.

解　因为 $\mathcal{L}[u(t)] = \dfrac{1}{s}$，所以

$$\mathcal{L}[u(3t)] = \frac{1}{3} \cdot \frac{1}{\frac{s}{3}} = \frac{1}{s}.$$

又由 $u(3t - 2) = u\left[3\left(t - \dfrac{2}{3}\right)\right]$，故由延迟性质和相似性质，有

$$\mathcal{L}[u(3t - 2)] = e^{-\frac{2}{3}s} \mathcal{L}[u(3t)] = \frac{1}{s}e^{-\frac{2}{3}s}.$$

7.2.7*　初值定理与终值定理

1. 初值定理

若 $\mathcal{L}[f(t)] = F(s)$，且 $\lim\limits_{s \to \infty} sF(s)$ 存在，则

$$\lim_{t \to 0} f(t) = \lim_{s \to \infty} sF(s), \tag{7-17}$$

或写成

$$f(0) = \lim_{s \to \infty} sF(s).$$

证　根据拉普拉斯变换的微分性质，有

$$\mathcal{L}[f'(t)] = s\mathcal{L}[f(t)] - f(0) = sF(s) - f(0).$$

由于 $\lim\limits_{s\to\infty} sF(s)$ 存在，故 $\lim\limits_{\mathrm{Re}(s)\to+\infty} sF(s)$ 一定存在，且有

$$\lim_{s\to\infty} sF(s) = \lim_{\mathrm{Re}(s)\to+\infty} sF(s).$$

在前式两端取 $\mathrm{Re}(s)\to+\infty$ 时的极限，得

$$\lim_{\mathrm{Re}(s)\to+\infty} \mathcal{L}[f'(t)] = \lim_{\mathrm{Re}(s)\to+\infty} [sF(s) - f(0)] = \lim_{\mathrm{Re}(s)\to+\infty} sF(s) - f(0),$$

但是

$$\lim_{\mathrm{Re}(s)\to+\infty} \mathcal{L}[f'(t)] = \lim_{\mathrm{Re}(s)\to+\infty} \int_0^{+\infty} f'(t)\mathrm{e}^{-st}\mathrm{d}t$$

$$= \int_0^{+\infty} f'(t) \lim_{\mathrm{Re}(s)\to+\infty} \mathrm{e}^{-st}\mathrm{d}t = 0.$$

由拉普拉斯变换存在定理的证明可知，积分 $\int_0^{+\infty} f'(t)\mathrm{e}^{-st}\mathrm{d}t$ 在收敛域（$\mathrm{Re}(s)\geqslant c_1 > c$）上也一致收敛，从而允许交换积分与极限的运算顺序．所以

$$\lim_{s\to\infty} sF(s) - f(0) = 0,$$

即

$$\lim_{t\to 0} f(t) = f(0) = \lim_{s\to\infty} sF(s).$$

注意 可以证明，初值 $f(0)$ 总是指当 $t\to 0^+$ 时 $f(t)$ 的极限．只要这个极限存在，它与拉普拉斯变换的积分下限是 0^+ 还是 0^- 无关．

这个性质说明函数 $f(t)$ 在 $t=0$ 时的函数值 $f(0)$ 可以通过 $f(t)$ 的拉普拉斯变换 $F(s)$ 乘以 s 取 $s\to\infty$ 时的极限而得到，它建立了函数 $f(t)$ 在坐标原点的值与函数 $sF(s)$ 在无穷远点的值之间的关系．

2. 终值定理

若 $\mathcal{L}[f(t)] = F(s)$，且 $sF(s)$ 的所有奇点都在 s 平面的左半部，则

$$\lim_{t\to+\infty} f(t) = \lim_{s\to 0} sF(s), \tag{7-18}$$

或写成

$$f(+\infty) = \lim_{s\to 0} sF(s).$$

证 根据微分性质，有

$$\mathcal{L}[f'(t)] = sF(s) - f(0),$$

两边取 $s\to 0$ 时的极限，可得

$$\lim_{s\to 0} \mathcal{L}[f'(t)] = \lim_{s\to 0}[sF(s) - f(0)] = \lim_{s\to 0} sF(s) - f(0),$$

而

$$\lim_{s\to 0} \mathcal{L}[f'(t)] = \lim_{s\to 0} \int_0^{+\infty} f'(t)\mathrm{e}^{-st}\mathrm{d}t = \int_0^{+\infty} \lim_{s\to 0} f'(t)\mathrm{e}^{-st}\,\mathrm{d}t$$

$$= \int_0^{+\infty} f'(t)\mathrm{d}t = f(t)\Big|_0^{+\infty} = \lim_{t\to+\infty} f(t) - f(0),$$

所以

$$\lim_{t\to+\infty} f(t) - f(0) = \lim_{s\to 0} sF(s) - f(0),$$

即

$$\lim_{t\to+\infty} f(t) = f(+\infty) = \lim_{s\to 0} sF(s).$$

这个性质说明，当 $t \to +\infty$ 时，函数 $f(t)$ 的极限值(即稳定值)可以通过 $f(t)$ 的拉普拉斯变换 $F(s)$ 乘以 s 取 $s \to 0$ 时的极限而得到，它建立了函数 $f(t)$ 在无穷远点的值与函数 $sF(s)$ 在原点的值之间的关系.

在拉普拉斯变换的应用中，往往先得到 $F(s)$，再去求出 $f(t)$. 但是对于一个较复杂的系统，由 $F(s)$ 来计算 $f(t)$ 是很麻烦的，因此有时并不需要求得象原函数 $f(t)$ 的表达式，而只要知道 $f(t)$ 在 $t \to 0$ 或 $t \to +\infty$ 时的性态即可(它们可能是某个系统动态响应的初始状态或稳定状态)，上述两个性质能使我们直接由 $F(s)$ 来求出 $f(t)$ 的两个特殊值 $f(0)$ 和 $f(+\infty)$.

例 7-20　已知 $\mathcal{L}[f(t)] = \dfrac{s+1}{s(s+2)}$，求 $f(0)$ 和 $f(+\infty)$.

解　根据式(7-17)及式(7-18)，有

$$f(0) = \lim_{s \to \infty} sF(s) = \lim_{s \to \infty} \frac{s+1}{s+2} = 1 ,$$

$$f(+\infty) = \lim_{s \to 0} sF(s) = \lim_{s \to 0} \frac{s+1}{s+2} = \frac{1}{2} .$$

这个结果不难验证. 由于

$$\mathcal{L}\left[\frac{1}{2}(1+\mathrm{e}^{-2t})\right] = \frac{1}{2}\left(\frac{1}{s} + \frac{1}{s+2}\right) = \frac{s+1}{s(s+2)} ,$$

故

$$f(t) = \frac{1}{2}(1+\mathrm{e}^{-2t}) .$$

显然，上面所求结果与直接由 $f(t)$ 所计算的结果是一致的.

应当注意，在应用终值定理之前必须先判定定理中的条件是否满足. 例如，设 $F(s) = \dfrac{1}{s^2+1}$，这时 $sF(s) = \dfrac{s}{s^2+1}$ 的奇点 $s = \pm\mathrm{i}$ 位于虚轴上，就不满足定理的条件，因此，对这个函数就不能用终值定理. 尽管 $\lim\limits_{s \to 0} sF(s) = \lim\limits_{s \to 0} \dfrac{s}{s^2+1} = 0$，但不能说 $f(+\infty) = 0$. 实际上，$f(t) = \mathcal{L}^{-1}\left[\dfrac{1}{s^2+1}\right] = \sin t$，而 $\lim\limits_{t \to +\infty} f(t) = \lim\limits_{t \to +\infty} \sin t$ 是不存在的. 不过，初值定理对此例还是适用的.

7.3　卷　积

本节将介绍拉普拉斯变换的卷积性质，它不仅能够用来求出某些函数的拉普拉斯逆变换以及一些函数的积分值，而且在线性系统的分析中起着重要的作用.

7.3.1　卷积的概念

定义 7-2　设 $f_1(t)$ 与 $f_2(t)$ 都满足：当 $t < 0$ 时，$f_1(t) = f_2(t) = 0$，

卷积及卷积定理.mp4

则积分

$$\int_0^t f_1(\tau) f_2(t-\tau) \mathrm{d}\tau$$

称为函数 $f_1(t)$ 与 $f_2(t)$ 的卷积，记为 $f_1(t)*f_2(t)$. 即

$$f_1(t)*f_2(t) = \int_0^t f_1(\tau) f_2(t-\tau) \mathrm{d}\tau. \tag{7-19}$$

实际上，拉普拉斯变换的卷积定义与第 6 章傅里叶变换中的卷积定义是完全一致的. 这是因为傅里叶变换的卷积定义是指

$$f_1(t)*f_2(t) = \int_{-\infty}^{+\infty} f_1(\tau) f_2(t-\tau) \mathrm{d}\tau$$

$$= \int_{-\infty}^{0} f_1(\tau) f_2(t-\tau) \mathrm{d}\tau + \int_0^t f_1(\tau) f_2(t-\tau) \mathrm{d}\tau + \int_t^{+\infty} f_1(\tau) f_2(t-\tau) \mathrm{d}\tau.$$

在上式第一个积分中，因为 $\tau < 0$，故 $f_1(\tau) = 0$. 在第三个积分中，因为 $\tau > t$，故 $t-\tau < 0$，从而 $f_2(t-\tau) = 0$，因此

$$f_1(t)*f_2(t) = \int_0^t f_1(\tau) f_2(t-\tau) \mathrm{d}\tau.$$

之后的章节如无特别声明，都假定这些函数在 $t < 0$ 时恒为 0. 它们的卷积都按式(7-19)计算，它同样满足交换律、结合律和对加法的分配律，即

(1) $f_1(t)*f_2(t) = f_2(t)*f_1(t)$；

(2) $f_1(t)*[f_2(t)*f_3(t)] = [f_1(t)*f_2(t)]*f_3(t)$；

(3) $f_1(t)*[f_2(t)+f_3(t)] = f_1(t)*f_2(t) + f_1(t)*f_3(t)$.

例 7-21 求函数 $f_1(t) = t$ 和 $f_2(t) = \cos t$ 的卷积.

解 由式(7-19)，有

$$t*\cos t = \int_0^t \tau \cos(t-\tau) \mathrm{d}\tau$$

$$= -\tau \sin(t-\tau)\Big|_0^t + \int_0^t \sin(t-\tau) \mathrm{d}\tau$$

$$= 1 - \cos t.$$

7.3.2 卷积定理

定理 7-2 （卷积定理） 设 $f_1(t)$ 与 $f_2(t)$ 满足拉普拉斯变换存在定理的条件，且 $\mathcal{L}[f_1(t)] = F_1(s)$，$\mathcal{L}[f_2(t)] = F_2(s)$，则 $f_1(t)*f_2(t)$ 的拉普拉斯变换一定存在，且

$$\mathcal{L}[f_1(t)*f_2(t)] = F_1(s) \cdot F_2(s), \tag{7-20}$$

或

$$\mathcal{L}^{-1}[F_1(s) \cdot F_2(s)] = f_1(t)*f_2(t).$$

证 容易验证 $f_1(t)*f_2(t)$ 满足拉普拉斯变换存在定理的条件，它的拉普拉斯变换式为

$$\mathcal{L}[f_1(t)*f_2(t)] = \int_0^{+\infty} [f_1(t)*f_2(t)]\mathrm{e}^{-st} \mathrm{d}t$$

$$= \int_0^{+\infty} \left[\int_0^t f_1(\tau) f_2(t-\tau) \mathrm{d}\tau \right] \mathrm{e}^{-st} \mathrm{d}t$$

$$= \iint_D f_1(\tau) f_2(t-\tau) \mathrm{e}^{-st} \mathrm{d}\tau \mathrm{d}t.$$

这里 D 是 τ 平面内 t 轴和第一象限的角平分线 $\tau = t$ 围成的角形区域，如图 7-6 所示． 由于二重积分绝对可积，可以交换积分次序，即

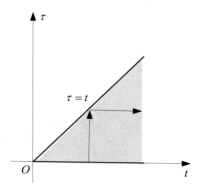

图 7-6

$$\mathcal{L}[f_1(t) * f_2(t)] = \int_0^{+\infty} f_1(\tau) \left[\int_\tau^{+\infty} f_2(t-\tau) \mathrm{e}^{-st} \,\mathrm{d}t \right] \mathrm{d}\tau .$$

令 $t - \tau = u$ ，则

$$\int_\tau^{+\infty} f_2(t-\tau) \mathrm{e}^{-st} \,\mathrm{d}t = \int_0^{+\infty} f_2(u) \mathrm{e}^{-s(u+\tau)} \,\mathrm{d}u = \mathrm{e}^{-s\tau} F_2(s) .$$

所以

$$\begin{aligned}
\mathcal{L}[f_1(t) * f_2(t)] &= \int_0^{+\infty} f_1(\tau) \mathrm{e}^{-s\tau} F_2(s) \,\mathrm{d}\tau \\
&= F_2(s) \int_0^{+\infty} f_1(\tau) \mathrm{e}^{-s\tau} \,\mathrm{d}\tau \\
&= F_1(s) \cdot F_2(s) .
\end{aligned}$$

这个性质表明两个函数卷积的拉普拉斯变换等于这两个函数拉普拉斯变换的乘积．

定理 7-2 也可推广到 n 个函数的情形，即若 $f_k(t)\,(k=1,2,\cdots,n)$ 满足拉普拉斯变换存在定理的条件，并且 $\mathcal{L}[f_k(t)] = F_k(s)\,(k=1,2,\cdots,n)$ ，则

$$\mathcal{L}[f_1(t) * f_2(t) * \cdots * f_n(t)] = F_1(s) \cdot F_2(s) \cdots F_n(s) .$$

在拉普拉斯变换的应用中，卷积定理起着十分重要的作用，下面利用它来求一些函数的拉普拉斯逆变换．

例 7-22　设 $F(s) = \dfrac{s}{(s^2+1)^2}$ ，求 $f(t)$ ．

解　由于 $F(s) = \dfrac{1}{(s^2+1)} \cdot \dfrac{s}{(s^2+1)}$ ，$\mathcal{L}^{-1}\left[\dfrac{1}{s^2+1}\right] = \sin t$ ，$\mathcal{L}^{-1}\left[\dfrac{s}{s^2+1}\right] = \cos t$ ，由卷积定理，可得

$$\begin{aligned}
f(t) &= \mathcal{L}^{-1}\left[\frac{1}{(s^2+1)} \cdot \frac{s}{(s^2+1)} \right] = \sin t * \cos t \\
&= \int_0^t \sin\tau \cos(t-\tau) \,\mathrm{d}\tau \\
&= \frac{1}{2} \int_0^t [\sin t + \sin(2\tau - t)] \,\mathrm{d}\tau
\end{aligned}$$

$$= \frac{1}{2} t \sin t - \frac{1}{2} \frac{\cos(2\tau - t)}{2} \Big|_0^t$$

$$= \frac{1}{2} t \sin t .$$

例 7-23　设 $\mathcal{L}[f(t)] = \dfrac{1}{(s^2 + 4s + 13)^2}$，求 $f(t)$．

解　由于

$$\mathcal{L}[f(t)] = \frac{1}{(s^2 + 4s + 13)^2} = \frac{1}{[(s+2)^2 + 3^2]^2}$$

$$= \frac{1}{9} \frac{3}{(s+2)^2 + 3^2} \cdot \frac{3}{(s+2)^2 + 3^2} .$$

根据位移性质，有

$$\mathcal{L}^{-1}\left[\frac{3}{(s+2)^2 + 3^2}\right] = e^{-2t} \sin 3t ,$$

故

$$f(t) = \frac{1}{9} (e^{-2t} \sin 3t) * (e^{-2t} \sin 3t)$$

$$= \frac{1}{9} \int_0^t e^{-2\tau} \sin 3\tau \cdot e^{-2(t-\tau)} \sin 3(t-\tau) \, d\tau$$

$$= \frac{1}{9} e^{-2t} \int_0^t \sin 3\tau \sin 3(t-\tau) \, d\tau$$

$$= \frac{1}{9} e^{-2t} \int_0^t \frac{1}{2} [\cos(6\tau - 3t) - \cos 3t] \, d\tau$$

$$= \frac{1}{54} e^{-2t} (\sin 3t - 3t \cos 3t) .$$

例 7-24　设 $\mathcal{L}[f(t)] = \dfrac{e^{-as}}{s(s+b)}$ $(a > 0)$，求 $f(t)$．

解　利用卷积定理先求出

$$\mathcal{L}^{-1}\left[\frac{1}{s(s+b)}\right] = \mathcal{L}^{-1}\left[\frac{1}{s} \cdot \frac{1}{s+b}\right]$$

$$= \mathcal{L}^{-1}\left[\frac{1}{s}\right] * \mathcal{L}^{-1}\left[\frac{1}{s+b}\right]$$

$$= u(t) * e^{-bt}$$

$$= \int_0^t u(\tau) e^{-b(t-\tau)} \, d\tau$$

$$= \int_0^t e^{-b(t-\tau)} \, d\tau = \frac{1}{b} (1 - e^{-bt}) .$$

再由延迟性质，有

$$f(t) = \mathcal{L}^{-1}\left[\frac{e^{-as}}{s(s+b)}\right] = \frac{1}{b} [1 - e^{-b(t-a)}] u(t-a) .$$

这里单位阶跃函数 $u(t-a)$ 是不可缺少的.

7.4　拉普拉斯逆变换

前面我们主要讨论了由已知函数 $f(t)$ 求它的象函数 $F(s)$ 的问题，但是在实际应用中常常会遇到与此相反的问题，即已知象函数 $F(s)$ 求它的象原函数 $f(t)$. 利用拉普拉斯变换的几个性质，特别是卷积定理可以解决这类问题. 另外，查表求拉普拉斯逆变换(见附录Ⅱ)也是一种简单有效的方法. 但是这些方法适用的范围还是有限，远远不能满足实际问题的需要. 因此，有必要研究求拉普拉斯逆变换的一般方法. 下面我们就来解决这个问题.

拉普拉斯逆变换的计算(1).mp4

7.4.1　反演积分公式

拉普拉斯逆变换的计算(2).mp4

由拉普拉斯变换的定义可知，函数 $f(t)$ 的拉普拉斯变换实际上就是 $f(t)u(t)\mathrm{e}^{-\beta t}$ 的傅里叶变换. 因此，当 $f(t)u(t)\mathrm{e}^{-\beta t}$ 满足傅里叶积分定理的条件时，按傅里叶积分公式，在 $f(t)$ 的连续点处有

$$
\begin{aligned}
f(t)u(t)\mathrm{e}^{-\beta t} &= \frac{1}{2\pi}\int_{-\infty}^{+\infty}\left[\int_{-\infty}^{+\infty}f(\tau)u(\tau)\mathrm{e}^{-\beta\tau}\mathrm{e}^{-\mathrm{i}\omega\tau}\,\mathrm{d}\tau\right]\mathrm{e}^{\mathrm{i}\omega t}\,\mathrm{d}\omega \\
&= \frac{1}{2\pi}\int_{-\infty}^{+\infty}\mathrm{e}^{\mathrm{i}\omega t}\,\mathrm{d}\omega\left[\int_{0}^{+\infty}f(\tau)\mathrm{e}^{-(\beta+\mathrm{i}\omega)\tau}\,\mathrm{d}\tau\right] \\
&= \frac{1}{2\pi}\int_{-\infty}^{+\infty}F(\beta+\mathrm{i}\omega)\mathrm{e}^{\mathrm{i}\omega t}\,\mathrm{d}\omega \quad (t>0),
\end{aligned}
$$

等式两边同乘以 $\mathrm{e}^{\beta t}$，并考虑到它与积分变量 ω 无关，则

$$
f(t) = \frac{1}{2\pi}\int_{-\infty}^{+\infty}F(\beta+\mathrm{i}\omega)\mathrm{e}^{(\beta+\mathrm{i}\omega)t}\,\mathrm{d}\omega \quad (t>0),
$$

令 $\beta+\mathrm{i}\omega=s$，即有

$$
f(t) = \frac{1}{2\pi\mathrm{i}}\int_{\beta-\mathrm{i}\infty}^{\beta+\mathrm{i}\infty}F(s)\mathrm{e}^{st}\,\mathrm{d}s \quad (t>0). \tag{7-21}
$$

这就是从象函数 $F(s)$ 求它的象原函数 $f(t)$ 的一般公式，称为**拉普拉斯反演积分公式**，也称为**拉普拉斯逆变换**，右端的积分称为**拉普拉斯反演积分**. 它和公式 $F(s)=\int_{0}^{+\infty}f(t)\mathrm{e}^{-st}\,\mathrm{d}t$ 是一对互逆的积分变换公式，我们也称 $f(t)$ 和 $F(s)$ 构成了一个**拉普拉斯变换对**. 式(7-21)是一个复变函数的积分，而复变函数的积分的计算通常比较困难，但当 $F(s)$ 满足一定条件时，可以用留数方法来计算这个反演积分.

7.4.2　利用留数计算反演积分

定理 7-3　若 $s_1,s_2,\cdots,s_n$ 是函数 $F(s)$ 的所有奇点，适当选取 β，使这些奇点全在

$\mathrm{Re}(s) < \beta$ 的范围内，且当 $s \to \infty$ 时，$F(s) \to 0$，则有

$$\frac{1}{2\pi \mathrm{i}} \int_{\beta-\mathrm{i}\infty}^{\beta+\mathrm{i}\infty} F(s)\mathrm{e}^{st}\,\mathrm{d}s = \sum_{k=1}^{n} \mathrm{Res}[F(s)\mathrm{e}^{st}, s_k]\,,$$

即

$$f(t) = \sum_{k=1}^{n} \mathrm{Res}[F(s)\mathrm{e}^{st}, s_k] \qquad (t > 0)\,. \tag{7-22}$$

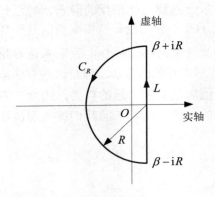

图 7-7

证 作图 7-7 所示的闭曲线 $C = L + C_R$，C_R 在 $\mathrm{Re}(s) < \beta$ 的区域内是半径为 R 的圆弧，当 R 充分大后，可以使 $F(s)$ 的所有奇点包含在闭曲线 C 围成的区域内．同时 e^{st} 在全平面上解析，所以 $F(s)\mathrm{e}^{st}$ 的奇点就是 $F(s)$ 的奇点．根据留数定理，可得

$$\oint_{C} F(s)\mathrm{e}^{st}\,\mathrm{d}s = 2\pi \mathrm{i} \sum_{k=1}^{n} \mathrm{Res}[F(s)\mathrm{e}^{st}, s_k]\,,$$

即

$$\frac{1}{2\pi \mathrm{i}}\left[\int_{\beta-\mathrm{i}R}^{\beta+\mathrm{i}R} F(s)\mathrm{e}^{st}\,\mathrm{d}s + \int_{C_R} F(s)\mathrm{e}^{st}\,\mathrm{d}s \right] = \sum_{k=1}^{n} \mathrm{Res}[F(s)\mathrm{e}^{st}, s_k]\,.$$

下面证明当 $\lim\limits_{s \to \infty} F(s) = 0$ 时，有

$$\lim_{R \to +\infty} \int_{C_R} F(s)\mathrm{e}^{st}\,\mathrm{d}s = 0\,.$$

C_R 的参数方程可以写为

$$s = \beta + R\mathrm{e}^{\mathrm{i}\theta}\,, \quad \frac{\pi}{2} \leqslant \theta \leqslant \frac{3\pi}{2}\,,$$

于是

$$\int_{C_R} F(s)\mathrm{e}^{st}\,\mathrm{d}s = \mathrm{e}^{\beta t} \int_{\frac{\pi}{2}}^{\frac{3\pi}{2}} F(\beta + R\mathrm{e}^{\mathrm{i}\theta})\mathrm{e}^{Rt(\cos\theta + \mathrm{i}\sin\theta)}\mathrm{i}R\mathrm{e}^{\mathrm{i}\theta}\mathrm{d}\theta\,,$$

若设 $M(R)$ 是 $|F(s)|$ 在 C_R 上的最大值，则

$$\left| \int_{C_R} F(s)\mathrm{e}^{st}\,\mathrm{d}s \right| \leqslant RM(R)\mathrm{e}^{\beta t} \int_{\frac{\pi}{2}}^{\frac{3\pi}{2}} \mathrm{e}^{Rt\cos\theta}\,\mathrm{d}\theta = RM(R)\mathrm{e}^{\beta t} \int_{0}^{\pi} \mathrm{e}^{-Rt\sin\varphi}\,\mathrm{d}\varphi$$

$$= RM(R)\mathrm{e}^{\beta t}\left(\int_{0}^{\frac{\pi}{2}} \mathrm{e}^{-Rt\sin\varphi}\,\mathrm{d}\varphi + \int_{\frac{\pi}{2}}^{\pi} \mathrm{e}^{-Rt\sin\varphi}\,\mathrm{d}\varphi \right)$$

$$= 2RM(R)\mathrm{e}^{\beta t}\int_0^{\frac{\pi}{2}}\mathrm{e}^{-Rt\sin\varphi}\,\mathrm{d}\varphi,$$

因为当 $0 \leqslant \varphi \leqslant \dfrac{\pi}{2}$ 时，$\dfrac{2}{\pi}\varphi \leqslant \sin\varphi$（如图 4-3），所以

$$\int_0^{\frac{\pi}{2}}\mathrm{e}^{-Rt\sin\varphi}\,\mathrm{d}\varphi \leqslant \int_0^{\frac{\pi}{2}}\mathrm{e}^{-\frac{2Rt}{\pi}\varphi}\,\mathrm{d}\varphi < \int_0^{+\infty}\mathrm{e}^{-\frac{2Rt}{\pi}\varphi}\,\mathrm{d}\varphi = \frac{\pi}{2Rt} \quad (t>0).$$

由上式可知，当 $R \to +\infty$ 时，$\int_0^{\frac{\pi}{2}}\mathrm{e}^{-Rt\sin\varphi}\,\mathrm{d}\varphi \to 0$．而已知 $\lim\limits_{s\to\infty}F(s)=0$，故当 $R \to +\infty$ 时，$M(R) \to 0$．因此 $\lim\limits_{R\to+\infty}\int_{C_R}F(s)\mathrm{e}^{st}\,\mathrm{d}s = 0$．

从而

$$\frac{1}{2\pi\mathrm{i}}\int_{\beta-\mathrm{i}\infty}^{\beta+\mathrm{i}\infty}F(s)\mathrm{e}^{st}\,\mathrm{d}s = \sum_{k=1}^{n}\mathrm{Res}[F(s)\mathrm{e}^{st},s_k] \quad (t>0).$$

特别地，当函数 $F(s)$ 是有理函数时，$F(s)=\dfrac{A(s)}{B(s)}$，其中 $A(s)$，$B(s)$ 是不可约的多项式，$B(s)$ 的次数是 n，而且 $A(s)$ 的次数小于 $B(s)$ 的次数，在这种情况下它满足定理对 $F(s)$ 所要求的条件，因此式(7-22)成立．现分以下两种情形来讨论．

情形一：若 $B(s)$ 有 n 个单零点 $s_1,s_2,\cdots,s_n$，即这些点都是 $\dfrac{A(s)}{B(s)}$ 的单极点，则由留数的计算方法，有

$$\mathrm{Res}\left[\frac{A(s)}{B(s)}\mathrm{e}^{st},s_k\right]=\frac{A(s_k)}{B'(s_k)}\mathrm{e}^{s_k t},$$

从而根据式(7-22)，有

$$f(t)=\sum_{k=1}^{n}\frac{A(s_k)}{B'(s_k)}\mathrm{e}^{s_k t} \quad (t>0). \tag{7-23}$$

情形二：若 s_1 是 $B(s)$ 的一个 m 级零点，而其余 $s_{m+1},s_{m+2},\cdots,s_n$ 是 $B(s)$ 的单零点，即 s_1 是 $\dfrac{A(s)}{B(s)}$ 的 m 级极点，$s_j(j=m+1,m+2,\cdots,n)$ 是它的单极点，则由留数的计算方法，有

$$\mathrm{Res}\left[\frac{A(s)}{B(s)}\mathrm{e}^{st},s_1\right]=\frac{1}{(m-1)!}\lim_{s\to s_1}\frac{\mathrm{d}^{m-1}}{\mathrm{d}s^{m-1}}\left[(s-s_1)^m\frac{A(s)}{B(s)}\mathrm{e}^{st}\right],$$

所以有

$$f(t)=\sum_{j=m+1}^{n}\frac{A(s_j)}{B'(s_j)}\mathrm{e}^{s_j t}+\frac{1}{(m-1)!}\lim_{s\to s_1}\frac{\mathrm{d}^{m-1}}{\mathrm{d}s^{m-1}}\left[(s-s_1)^m\frac{A(s)}{B(s)}\mathrm{e}^{st}\right] \quad (t>0). \tag{7-24}$$

这两个公式都称为**赫维赛德展开式**，在用拉普拉斯变换解常微分方程时经常遇到．

例 7-25 利用留数方法求 $F(s)=\dfrac{s}{s^2+1}$ 的拉普拉斯逆变换．

解 这里 $B(s)=s^2+1$，它有两个单零点 $s_1=\mathrm{i}$，$s_2=-\mathrm{i}$，故由式(7-23)，得

$$f(t)=\mathcal{L}^{-1}\left[\frac{s}{s^2+1}\right]=\frac{s}{2s}\mathrm{e}^{st}\Big|_{s=\mathrm{i}}+\frac{s}{2s}\mathrm{e}^{st}\Big|_{s=-\mathrm{i}}$$

$$= \frac{1}{2}(e^{it} + e^{-it}) = \cos t \quad (t > 0).$$

这和我们熟知的结果是一致的.

例 7-26　利用留数方法求 $F(s) = \dfrac{s-2}{s(s-1)^2}$ 的逆变换.

解　这里 $B(s) = s(s-1)^2$，$s = 0$ 为单零点，$s = 1$ 为二级零点，故由式(7-24)，可得

$$f(t) = \frac{(s-2)e^{st}}{3s^2 - 4s + 1}\bigg|_{s=0} + \lim_{s \to 1} \frac{d}{ds}\left[(s-1)^2 \frac{(s-2)e^{st}}{s(s-1)^2}\right]$$

$$= -2 + \lim_{s \to 1} \frac{d}{ds}\left[\frac{(s-2)e^{st}}{s}\right]$$

$$= -2 + \lim_{s \to 1} \frac{[e^{st} + (s-2)te^{st}]s - (s-2)e^{st}}{s^2}$$

$$= -2 + (2-t)e^t.$$

当 $F(s)$ 是有理函数时，还可以采用有理分式的部分分式法，把它分解为若干个简单分式之和，然后逐个求出象原函数.

例 7-27　利用部分分式的方法求 $F(s) = \dfrac{1}{s(s+1)^2}$ 的逆变换.

解　利用部分分式展开法将 $F(s)$ 化成

$$F(s) = \frac{1}{s(s+1)^2} = \frac{1}{s} - \frac{1}{s+1} - \frac{1}{(s+1)^2},$$

所以

$$f(t) = \mathcal{L}^{-1}[F(s)] = \mathcal{L}^{-1}\left[\frac{1}{s} - \frac{1}{s+1} - \frac{1}{(s+1)^2}\right]$$

$$= \mathcal{L}^{-1}\left[\frac{1}{s}\right] - \mathcal{L}^{-1}\left[\frac{1}{s+1}\right] - \mathcal{L}^{-1}\left[\frac{1}{(s+1)^2}\right]$$

$$= 1 - e^{-t} - te^{-t}.$$

例 7-28　利用部分分式的方法求 $F(s) = \dfrac{s^2}{(s+2)(s^2+2s+2)}$ 的逆变换.

解　设

$$\frac{s^2}{(s+2)(s^2+2s+2)} = \frac{A}{s+2} + \frac{Bs+C}{s^2+2s+2},$$

用待定系数法可求得 $A = 2$，$B = -1$，$C = -2$，
即

$$\frac{s^2}{(s+2)(s^2+2s+2)} = \frac{2}{s+2} - \frac{s+2}{s^2+2s+2},$$

所以

$$f(t) = \mathcal{L}^{-1}[F(s)] = \mathcal{L}^{-1}\left[\frac{2}{s+2}\right] - \mathcal{L}^{-1}\left[\frac{s+1+1}{(s+1)^2+1}\right]$$

$$= \mathcal{L}^{-1}\left[\frac{2}{s+2}\right] - \mathcal{L}^{-1}\left[\frac{s+1}{(s+1)^2+1}\right] - \mathcal{L}^{-1}\left[\frac{1}{(s+1)^2+1}\right]$$

$$= 2\mathrm{e}^{-2t} - \mathrm{e}^{-t}\cos t - \mathrm{e}^{-t}\sin t$$

$$= 2\mathrm{e}^{-2t} - \mathrm{e}^{-t}(\cos t + \sin t).$$

例 7-29 利用拉普拉斯的性质求 $F(s) = \ln\dfrac{s+1}{s-1}$ 的逆变换.

解 这里利用象函数的微分性质: 若 $\mathcal{L}[f(t)] = F(s)$, 则 $\mathcal{L}^{-1}[F'(s)] = -tf(t)$. 而

$$F'(s) = \frac{-2}{s^2-1},$$

所以

$$f(t) = -\frac{1}{t}\mathcal{L}^{-1}\left[\frac{-2}{s^2-1}\right]$$

$$= \frac{1}{t}\mathcal{L}^{-1}\left[\frac{1}{s-1} - \frac{1}{s+1}\right]$$

$$= \frac{1}{t}(\mathrm{e}^t - \mathrm{e}^{-t})$$

$$= \frac{2}{t}\mathrm{sh}\,t$$

例 7-30 求 $F(s) = \dfrac{a}{s^2(s^2+a^2)}$ 的拉普拉斯逆变换.

解 我们可以用不同的方法求 $F(s)$ 的逆变换 $f(t)$. 例如:

方法一 (留数法)

这里 $B(s) = s^2(s^2+a^2)$, $s = 0$ 为二级零点, $s = \pm a\mathrm{i}$ 为一级零点, 故由式(7-24)可得

$$f(t) = \frac{a\mathrm{e}^{st}}{4s^3+2a^2s}\bigg|_{s=a\mathrm{i}} + \frac{a\mathrm{e}^{st}}{4s^3+2a^2s}\bigg|_{s=-a\mathrm{i}} + \lim_{s\to 0}\frac{\mathrm{d}}{\mathrm{d}s}\left[s^2\,\frac{a\mathrm{e}^{st}}{s^2(s^2+a^2)}\right]$$

$$= -\frac{\mathrm{e}^{\mathrm{i}at}}{2\mathrm{i}a^2} + \frac{\mathrm{e}^{-\mathrm{i}at}}{2\mathrm{i}a^2} + \frac{t}{a} = \frac{t}{a} - \frac{1}{a^2}\sin(at).$$

方法二 (部分分式法)

因为

$$F(s) = \frac{a}{s^2(s^2+a^2)} = \frac{1}{a}\left(\frac{1}{s^2} - \frac{1}{s^2+a^2}\right) = \frac{1}{a}\cdot\frac{1}{s^2} - \frac{1}{a^2}\cdot\frac{a}{s^2+a^2},$$

所以

$$f(t) = \frac{t}{a} - \frac{1}{a^2}\sin(at).$$

方法三 (卷积定理)

因为

$$F(s) = \frac{a}{s^2(s^2+a^2)} = \frac{1}{s^2}\cdot\frac{a}{s^2+a^2},$$

所以

$$f(t) = \mathcal{L}^{-1}[F(s)] = \mathcal{L}^{-1}\left[\frac{1}{s^2} \cdot \frac{a}{s^2 + a^2}\right]$$

$$= t * \sin at$$

$$= \int_0^t \tau \sin a(t - \tau) \mathrm{d}\tau$$

$$= \frac{1}{a}\tau \cos[a(t-\tau)]\Big|_0^t - \frac{1}{a}\int_0^t \cos[a(t-\tau)]\mathrm{d}\tau$$

$$= \frac{t}{a} - \frac{1}{a^2}\sin(at).$$

方法四 (拉普拉斯变换)

根据象原函数的积分性质，若 $\mathcal{L}[f(t)] = F(s)$，则

$$\mathcal{L}^{-1}\left[\frac{1}{s}F(s)\right] = \int_0^t f(t)\mathrm{d}t.$$

由于

$$F(s) = \frac{a}{s^2(s^2 + a^2)} = \frac{1}{s} \cdot \frac{a}{s(s^2 + a^2)},$$

而

$$\mathcal{L}^{-1}\left[\frac{a}{s(s^2+a^2)}\right] = \mathcal{L}^{-1}\left[\frac{1}{a}\left(\frac{1}{s} - \frac{s}{s^2+a^2}\right)\right] = \frac{1}{a}[1 - \cos(at)],$$

由象原函数的积分性质，得

$$f(t) = \mathcal{L}^{-1}\left[\frac{1}{s} \cdot \frac{a}{s(s^2+a^2)}\right] = \int_0^t \frac{1}{a}[1 - \cos(at)]\mathrm{d}t$$

$$= \frac{t}{a} - \frac{1}{a^2}\sin(at).$$

方法五 (查表法)

根据附录 II 中公式(26)，可得

$$\mathcal{L}^{-1}\left[\frac{1}{s^2(s^2+a^2)}\right] = \frac{1}{a^3}(at - \sin at),$$

所以

$$f(t) = \mathcal{L}^{-1}[F(s)] = \mathcal{L}^{-1}\left[\frac{a}{s^2(s^2+a^2)}\right]$$

$$= \frac{1}{a^2}(at - \sin at).$$

到目前为止，已介绍了多种求拉普拉斯逆变换的方法，例如，利用卷积定理与部分分式法，还可以利用留数的方法，这些方法各有优缺点，使用哪种方法简便就用哪一种．有时还可以用拉普拉斯变换的基本性质．以上方法中除留数方法之外，都需要知道一些最基本的拉普拉斯变换的象函数的象原函数．此外，还可以用查表的方法．

7.5　拉普拉斯变换的应用

　　拉普拉斯变换与傅里叶变换一样，在许多工程技术和科研领域中都有着广泛的应用，尤其在电学系统、力学系统、自动控制系统、可靠性系统以及随机服务系统等领域中都起着重要作用. 人们在对一个系统进行研究时，通常将其抽象成为一个数学模型，而在许多场合，这些数学模型是线性的，可以用线性的微分方程、积分方程、微分积分方程及偏微分方程等来描述. 拉普拉斯变换对于求解这类线性方程是十分有效的，甚至是必不可少的. 它的求解步骤和用傅里叶变换方法求解此类线性方程的步骤完全类似(见图 7-8)，下面我们将分别进行介绍.

拉普拉斯变换的应用.mp4

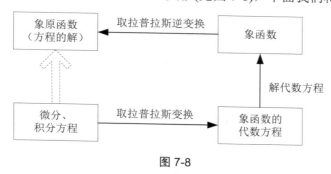

图 7-8

7.5.1　解线性常微分方程

1．初值问题

例 7-31　求微分方程 $y'' - 3y' + 2y = 2e^{-t}$ 满足初始条件 $y(0) = 2$，$y'(0) = -1$ 的解.

解　设 $\mathcal{L}[y(t)] = Y(s)$，对方程两边取拉普拉斯变换，得

$$s^2 Y(s) - sy(0) - y'(0) - 3[sY(s) - y(0)] + 2Y(s) = \frac{2}{s+1},$$

利用初值条件，可得

$$s^2 Y(s) - 2s + 1 - 3sY(s) + 6 + 2Y(s) = \frac{2}{s+1}.$$

　　这是含未知量 $Y(s)$ 的代数方程，整理后解出 $Y(s)$，得

$$Y(s) = \frac{2s^2 - 5s - 5}{(s+1)(s-1)(s-2)},$$

为了求 $Y(s)$ 的逆变换，将它化为部分分式的形式，即

$$Y(s) = \frac{2s^2 - 5s - 5}{(s+1)(s-1)(s-2)} = \frac{1}{3} \cdot \frac{1}{s+1} + \frac{4}{s-1} - \frac{7}{3} \cdot \frac{1}{s-2},$$

取拉普拉斯逆变换，得

$$y(t) = \frac{1}{3}e^{-t} + 4e^{t} - \frac{7}{3}e^{2t}.$$

这就是所求微分方程满足所给初始条件的解.

本例是一个常系数非齐次线性常微分方程满足初始条件的求解问题, 有时也简称为常系数非齐次线性微分方程的初值问题. 下面将给出一个变系数的线性微分方程的例子.

对于某些变系数的微分方程, 即方程中每一项为 $t^n y^{(m)}(t)$ 形式时也可以用拉普拉斯变换的方法求解. 由象函数的微分性质, 可知

$$\mathcal{L}[t^n y^{(m)}(t)] = (-1)^n \frac{\mathrm{d}^n}{\mathrm{d}s^n} \mathcal{L}[y^{(m)}(t)].$$

例 7-32　求微分方程 $ty'' + (1-2t)y' - 2y = 0$ 满足初值条件 $y\big|_{t=0} = 1,\ y'\big|_{t=0} = 2$ 的解.

解　设 $\mathcal{L}[y(t)] = Y(s)$, 对方程两边取拉普拉斯变换, 可得

$$-\frac{\mathrm{d}}{\mathrm{d}s}[s^2 Y(s) - sy(0) - y'(0)] + sY(s) - y(0) + 2\frac{\mathrm{d}}{\mathrm{d}s}[sY(s) - y(0)] - 2Y(s) = 0.$$

考虑到初值条件, 代入整理并化简后可得

$$Y'(s) + \frac{1}{s-2}Y(s) = 0.$$

这是关于 $Y(s)$ 一阶齐次线性微分方程, 于是其通解为

$$Y(s) = Ce^{-\int \frac{1}{s-2}\mathrm{d}s} = \frac{C}{s-2},$$

取其逆变换, 可得

$$y(t) = Ce^{2t},$$

为确定常数 C, 令 $t = 0$, 代入可得

$$y(0) = C = 1,$$

故方程满足初值条件的解为 $y(t) = e^{2t}$.

例 7-33　在如图 7-9 所示的电路中, 当 $t = 0$ 时, 开关 S 闭合, 接入信号源 $e(t) = E_0 \sin(\omega_0 t)$, 电感起始电流等于 0, 求电流 $i(t)$.

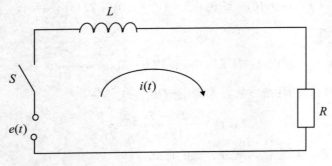

图 7-9

解　由基尔霍夫(Kirchhoff)定律, $i(t)$ 所满足的微分方程为

$$L\frac{\mathrm{d}i}{\mathrm{d}t} + Ri = E_0 \sin(\omega_0 t), \quad i\big|_{t=0} = 0.$$

设 $\mathcal{L}[i(t)] = I(s)$，对方程两边取拉普拉斯变换，并考虑到初值条件，可得

$$LsI(s) + RI(s) = E_0 \cdot \frac{\omega_0}{s^2 + \omega_0^2} .$$

所以

$$I(s) = \frac{E_0\omega_0}{(Ls+R)(s^2+\omega_0^2)} = \frac{E_0}{L} \cdot \frac{1}{s+\dfrac{R}{L}} \cdot \frac{\omega_0}{s^2+\omega_0^2} .$$

取拉普拉斯逆变换，并根据卷积定理，可得

$$i(t) = \mathcal{L}^{-1}[I(s)] = \frac{E_0}{L}\left[\mathrm{e}^{-\frac{R}{L}t} * \sin(\omega_0 t) \right]$$

$$= \frac{E_0}{L} \int_0^t \sin(\omega_0 \tau) \cdot \mathrm{e}^{-\frac{R}{L}(t-\tau)} \mathrm{d}\tau$$

$$= \frac{E_0}{R^2+L^2\omega_0^2}[R\sin(\omega_0 t) - \omega_0 L\cos(\omega_0 t)] + \frac{E_0\omega_0 L}{R^2+L^2\omega_0^2}\mathrm{e}^{-\frac{R}{L}t} .$$

所得结果的第一部分代表一个振幅不变的振荡，第二部分则随时间而衰减.

例 7-34　质量为 m 的物体连接在弹性系数为 k 的弹簧一端(见图 7-10)，最初是静止的，在外力 $f(t)$ 的作用下开始运动，不计阻力，求该物体的运动规律 $x(t)$.

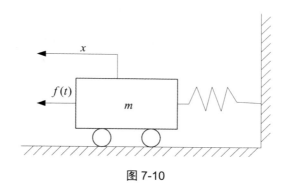

图 7-10

解　根据牛顿(Newton)第二定律，有

$$mx'' + kx = f(t) ,$$

且

$$x\big|_{t=0} = 0, \quad x'\big|_{t=0} = 0 .$$

这是二阶常系数非齐次微分方程，现对方程两边取拉普拉斯变换，设 $\mathcal{L}[x(t)] = X(s)$，$\mathcal{L}[f(t)] = F(s)$，并考虑初始条件，则得

$$ms^2 X(s) + kX(s) = F(s) .$$

所以

$$X(s) = \frac{F(s)}{ms^2+k} = \frac{1}{m} \cdot \frac{1}{s^2+\omega_0^2} \cdot F(s) , \quad \text{其中 } \omega_0^2 = \frac{k}{m} .$$

因为 $\mathcal{L}\left[\dfrac{\sin(\omega_0 t)}{\omega_0}\right]=\dfrac{1}{s^2+\omega_0^2}$，所以使用卷积定理，有

$$x(t)=\mathcal{L}^{-1}[X(s)]=\frac{1}{m}\cdot\frac{\sin(\omega_0 t)}{\omega_0}*f(t)=\frac{1}{m\omega_0}\int_0^t f(\tau)\sin[\omega_0(t-\tau)]\mathrm{d}\tau .$$

当 $f(t)$ 具体给出时，可以直接从解的象函数 $X(s)$ 的关系式中解出 $x(t)$ 来. 例如：当物体在 $t=0$ 时受到冲击力 $f(t)=A\delta(t)$，其中 A 为常数，此时

$$\mathcal{L}[f(t)]=\mathcal{L}[A\delta(t)]=A ,$$

所以

$$X(s)=\frac{A}{m}\cdot\frac{1}{s^2+\omega_0^2} ,$$

从而

$$x(t)=\frac{A}{m\omega_0}\sin(\omega_0 t) .$$

由此可见，在冲击力的作用下，运动为一正弦振动，振幅是 $\dfrac{A}{m\omega_0}$，角频率是 ω_0，称 ω_0 为该系统的自然频率(或称为固有频率).

当物体所受作用力为 $f(t)=A\sin(\omega t)$ (A 为常数)时，$\mathcal{L}[f(t)]=A\dfrac{\omega}{s^2+\omega^2}$，所以

$$X(s)=\frac{1}{m}\cdot\frac{1}{s^2+\omega_0^2}\cdot\frac{A\omega}{s^2+\omega^2}=\frac{A\omega}{m}\cdot\frac{1}{\omega^2-\omega_0^2}\left(\frac{1}{s^2+\omega_0^2}-\frac{1}{s^2+\omega^2}\right) ,$$

从而

$$x(t)=\frac{A\omega}{m(\omega^2-\omega_0^2)}\cdot\left[\frac{\sin(\omega_0 t)}{\omega_0}-\frac{\sin(\omega t)}{\omega}\right]$$

$$=\frac{A}{m\omega_0(\omega^2-\omega_0^2)}\cdot[\omega\sin(\omega_0 t)-\omega_0\sin(\omega t)] .$$

这里 ω 为作用力的频率(或称扰动频率)，若 $\omega\neq\omega_0$，则运动是由两种不同频率的振动复合而成的. 若 $\omega=\omega_0$ (即扰动频率等于自然频率)，便产生共振，此时振幅将随时间无限增大，这是理论上的情形. 实际上，在振幅相当大时，系统就已经被破坏或者不再满足原来的微分方程.

2. 边值问题

拉普拉斯变换也可用于解线性微分方程的边值问题，这时，边值问题可以先当作初值问题来求解，而所得微分方程的解中含有未知的初值则可由已知的边值来求得，从而完全确定微分方程满足边界条件的解.

例 7-35 求微分方程 $y''-y=0$ 满足边界条件 $y(0)=0$，$y(2\pi)=1$ 的解.

解 设 $\mathcal{L}[y(t)]=Y(s)$，对方程两边取拉普拉斯变换，可得

$$s^2 Y(s)-sy(0)-y'(0)-Y(s)=0 ,$$

所以

$$Y(s) = \frac{y'(0)}{s^2 - 1} = \frac{y'(0)}{2}\left(\frac{1}{s-1} - \frac{1}{s+1}\right),$$

取拉普拉斯逆变换，可得

$$y(t) = \mathcal{L}^{-1}[Y(s)] = \frac{y'(0)}{2}(\mathrm{e}^t - \mathrm{e}^{-t}) = y'(0)\,\mathrm{sh}\,t .$$

为了确定 $y'(0)$，将条件 $y(2\pi) = 1$ 代入上式，可得

$$y'(0) = \frac{1}{\mathrm{sh}\,2\pi},$$

从而原方程的解为

$$y(t) = \frac{\mathrm{sh}\,t}{\mathrm{sh}\,2\pi} .$$

7.5.2　解积分微分方程

例 7-36　求积分微分方程 $\int_0^t y(\tau)\cos(t-\tau)\,\mathrm{d}\tau = y'(t)$ 满足初始条件 $y(0) = 1$ 的解.

解　在方程两边取拉普拉斯变换，并注意到原方程中的积分就是未知函数 $y(t)$ 与 $\cos t$ 的卷积，得

$$\mathcal{L}[y(t) * \cos t] = \mathcal{L}[y'(t)],$$

设 $\mathcal{L}[y(t)] = Y(s)$，由卷积定理，可得

$$Y(s)\frac{s}{s^2 + 1} = sY(s) - 1 ,$$

所以

$$Y(s) = \frac{s^2 + 1}{s^3} = \frac{1}{s} + \frac{1}{s^3} ,$$

取拉普拉斯逆变换，得原方程的解为

$$y(t) = \mathcal{L}^{-1}[Y(s)] = 1 + \frac{1}{2}t^2 .$$

例 7-37　在 RLC 电路中串联直流电源 E(见图 7-11)，求回路中的电流 $i(t)$.

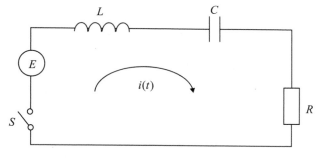

图 7-11

解　根据回路电压定律，列出 $i(t)$ 所满足的关系式为

$$\frac{1}{C}\int_0^t i(t)\,\mathrm{d}t + Ri(t) + L\frac{\mathrm{d}i(t)}{\mathrm{d}t} = E , \quad i(0) = 0 .$$

对方程两边取拉普拉斯变换，并设 $\mathcal{L}[i(t)] = I(s)$，则

$$\frac{1}{Cs}I(s) + RI(s) + LsI(s) = \frac{E}{s} ,$$

所以

$$I(s) = \frac{E}{L}\cdot\frac{1}{s^2 + \dfrac{R}{L}s + \dfrac{1}{LC}} .$$

若用 r_1 和 r_2 表示方程 $s^2 + \dfrac{R}{L}s + \dfrac{1}{LC} = 0$ 的根，则

$$r_1 = -\frac{R}{2L} + \sqrt{\frac{R^2}{4L^2} - \frac{1}{LC}} , \quad r_2 = -\frac{R}{2L} - \sqrt{\frac{R^2}{4L^2} - \frac{1}{LC}} .$$

记 $\alpha = \dfrac{R}{2L}$，$\beta = \sqrt{\alpha^2 - \dfrac{1}{LC}}$，则 r_1, r_2 可写成

$$r_1 = -\alpha + \beta , \quad r_2 = -\alpha - \beta ,$$

所以

$$I(s) = \frac{E}{L}\cdot\frac{1}{(s-r_1)(s-r_2)} = \frac{E}{L}\cdot\frac{1}{r_1-r_2}\left(\frac{1}{s-r_1} - \frac{1}{s-r_2}\right) .$$

取拉普拉斯逆变换，可求得电流为

$$i(t) = \frac{E}{L}\cdot\frac{1}{r_1-r_2}(\mathrm{e}^{r_1 t} - \mathrm{e}^{r_2 t}) .$$

将 r_1, r_2 的数值代入，得

$$i(t) = \frac{E}{L}\cdot\frac{\mathrm{e}^{-\alpha t}(\mathrm{e}^{\beta t} - \mathrm{e}^{-\beta t})}{2\beta} = \frac{E}{\beta L}\mathrm{e}^{-\alpha t}\operatorname{sh}\beta t .$$

当 $\alpha^2 > \dfrac{1}{LC}$，即 $R > 2\sqrt{\dfrac{L}{C}}$ 时，β 为一实数，此时可直接由上式计算 $i(t)$。

当 $R < 2\sqrt{\dfrac{L}{C}}$ 时，β 为一虚数，令 $\omega = \sqrt{\dfrac{1}{LC} - \alpha^2}$，此时，$\beta = \sqrt{\alpha^2 - \dfrac{1}{LC}} = \mathrm{i}\omega$。考虑到

$\operatorname{sh}\mathrm{i}z = \mathrm{i}\sin z$，此时 $i(t)$ 可写成

$$i(t) = \frac{E}{\omega L}\mathrm{e}^{-\alpha t}\sin\omega t .$$

该式表明在回路中出现了角频率为 ω 的衰减正弦振荡。

当 $R = 2\sqrt{\dfrac{L}{C}}$ 时，即在临界情况下，此时 $\beta = 0$，$r_1 = r_2 = -\alpha$，有

$$I(s) = \frac{E}{L}\cdot\frac{1}{(s-r_1)(s-r_2)} = \frac{E}{L}\cdot\frac{1}{(s+\alpha)^2} ,$$

取拉普拉斯逆变换，容易求得电流为

$$i(t) = \frac{E}{L}t\,\mathrm{e}^{-\alpha t} .$$

值得一提的是，本例中的积分微分方程的初值问题可以转化为一个二阶线性常系数齐次微分方程的初值问题，感兴趣的读者不妨做一下.

7.5.3　解线性常微分方程组

例 7-38　求方程组

$$\begin{cases} y'' - x'' + x' - y = e^t - 2 \\ 2y'' - x'' - 2y' + x = -t \end{cases}$$

满足初值条件

$$\begin{cases} y(0) = y'(0) = 0 \\ x(0) = x'(0) = 0 \end{cases}$$

的解.

解　对方程组两个方程两边取拉普拉斯变换，设 $\mathcal{L}[y(t)] = Y(s)$，$\mathcal{L}[x(t)] = X(s)$，并考虑到初始条件，则得

$$\begin{cases} s^2 Y(s) - s^2 X(s) + s X(s) - Y(s) = \dfrac{1}{s-1} - \dfrac{2}{s}, \\ 2s^2 Y(s) - s^2 X(s) - 2s Y(s) + X(s) = -\dfrac{1}{s^2}. \end{cases}$$

整理化简为

$$\begin{cases} (s+1)Y(s) - sX(s) = \dfrac{-s+2}{s(s-1)^2}, \\ 2sY(s) - (s+1)X(s) = -\dfrac{1}{s^2(s-1)}. \end{cases}$$

解这个代数方程组，即得

$$\begin{cases} Y(s) = \dfrac{1}{s(s-1)^2}, \\ X(s) = \dfrac{2s-1}{s^2(s-1)^2}. \end{cases}$$

现根据赫维赛德展开式来求它们的逆变换.

$Y(s) = \dfrac{1}{s(s-1)^2}$，$s = 0$ 为一级极点，$s = 1$ 为二级极点. 所以

$$y(t) = \frac{1}{3s^2 - 4s + 1} e^{st} \bigg|_{s=0} + \lim_{s \to 1} \frac{d}{ds} \left[(s-1)^2 \frac{1}{s(s-1)^2} e^{st} \right]$$

$$= 1 + \lim_{s \to 1} \frac{d}{ds} \left[\frac{1}{s} e^{st} \right] = 1 + \lim_{s \to 1} \left[\frac{t}{s} e^{st} - \frac{1}{s^2} e^{st} \right]$$

$$= 1 + t e^t - e^t.$$

$X(s) = \dfrac{2s-1}{s^2(s-1)^2}$ 具有 2 个二级极点：$s = 0$，$s = 1$. 所以

$$x(t) = \lim_{s \to 0} \frac{\mathrm{d}}{\mathrm{d}s}\left[\frac{2s-1}{(s-1)^2}\mathrm{e}^{st}\right] + \lim_{s \to 1} \frac{\mathrm{d}}{\mathrm{d}s}\left[\frac{2s-1}{s^2}\mathrm{e}^{st}\right]$$

$$= \lim_{s \to 0}\left[t\,\mathrm{e}^{st}\frac{2s-1}{(s-1)^2} - \frac{2s}{(s-1)^3}\mathrm{e}^{st}\right] + \lim_{s \to 1}\left[t\,\mathrm{e}^{st}\frac{2s-1}{s^2} + \mathrm{e}^{st}\frac{2(1-s)}{s^3}\right]$$

$$= -t + t\,\mathrm{e}^{t}.$$

故所求方程组的解为

$$\begin{cases} x(t) = -t + t\,\mathrm{e}^{t}, \\ y(t) = 1 + t\,\mathrm{e}^{t} - \mathrm{e}^{t}. \end{cases}$$

从以上这些例子可以看出，运用拉普拉斯变换求线性微分方程、积分方程及其方程组的解时，具有以下优点.

(1) 在求解的过程中，初始条件也同时用上，求出的结果就是需要的特解，这就避免了在微分方程的一般解法中，先求通解再根据初始条件确定任意常数，最后求出特解的复杂运算.

(2) 零初始条件在工程技术中十分常见，由第一条优点可知，用拉普拉斯变换求解就更加简单，而在微分方程的一般解法中不会因此有任何简化.

(3) 对于一个非齐次的线性微分方程来说，当非齐次项不是连续函数，而是包含 δ-函数或有第一类间断点的函数时，用拉普拉斯变换求解很方便，而用微分方程的一般解法会非常困难.

(4) 用拉普拉斯变换求解线性微分、积分方程组时，不仅比微分方程组的一般解法要简单得多，而且可以单独求出某一个未知函数，而无须知道其他的未知函数，这在微分方程组的一般解法中通常是不可能的.

此外，用拉普拉斯变换方法求解的步骤简明、规范，便于在工程技术中应用. 而且有现成的拉普拉斯变换表，对有些函数可以直接查表得出其象原函数(即方程的解). 由于上述优点，拉普拉斯变换广泛应用于工程技术领域中. 下面我们将介绍某些偏微分方程的拉普拉斯变换解法.

7.5.4* 解常系数线性偏微分方程

拉普拉斯变换也是求解某些偏微分方程的方法之一，其计算过程和步骤与求解线性常微分方程及用傅里叶变换求解偏微分方程的过程及步骤相似. 这里也主要讨论线性偏微分方程中的未知函数是二元函数的情形，再假定二元函数 $u(x,t)$ 的偏导数 $\dfrac{\partial u}{\partial x}, \dfrac{\partial^2 u}{\partial x^2}$ 关于 t 取拉普拉斯变换或 $\dfrac{\partial u}{\partial t}, \dfrac{\partial^2 u}{\partial t^2}$ 关于 x 取拉普拉斯变换都满足偏导数运算与积分运算可交换次序的条件.

例 7-39 求解定解问题:

$$\begin{cases} \dfrac{\partial^2 u}{\partial x \partial t} = 1 \ \ (x > 0, t > 0) \\[2mm] u\big|_{x=0} = t+1 \\[2mm] u\big|_{t=0} = 1 \end{cases}$$

解　设二元函数 $u = u(x,t)$，这里 x，t 的变化范围都是 $(0,+\infty)$，对定解问题关于 x 取拉普拉斯变换，记作 $\mathcal{L}[u(x,t)] = U(s,t)$，由已知条件 $u\big|_{x=0} = t+1$，可以推出 $\dfrac{\partial u}{\partial t}\Big|_{x=0} = 1$，并利用拉普拉斯变换的微分性质及初值条件，可得

$$\begin{aligned} \mathcal{L}\left[\frac{\partial^2 u}{\partial x \partial t}\right] &= \mathcal{L}\left[\frac{\partial}{\partial x}\left(\frac{\partial u}{\partial t}\right)\right] = s\mathcal{L}\left[\frac{\partial u}{\partial t}\right] - \frac{\partial u}{\partial t}\Big|_{x=0} \\ &= s\int_0^{+\infty} \frac{\partial u}{\partial t} e^{-sx}\mathrm{d}x = s\frac{\partial}{\partial t}\int_0^{+\infty} u(x,t) e^{-sx}\mathrm{d}x \\ &= s\frac{\partial}{\partial t}\mathcal{L}[u(x,t)] - 1 = s\frac{\mathrm{d}}{\mathrm{d}t}U(s,t) - 1, \end{aligned}$$

$$\mathcal{L}[u(x,0)] = U(s,0) = \mathcal{L}[1] = \frac{1}{s}.$$

这样，求解原定解问题便转化为求解含有参数 s 的一阶常系数线性微分方程的初值问题：

$$\begin{cases} \dfrac{\mathrm{d}U(s,t)}{\mathrm{d}t} = \dfrac{1}{s^2} + \dfrac{1}{s} \\[2mm] U(s,0) = \dfrac{1}{s} \end{cases}.$$

容易求得该方程的通解为

$$U(s,t) = \frac{1}{s^2}t + \frac{1}{s}t + C.$$

由初始条件可知

$$C = \frac{1}{s},$$

所以

$$U(s,t) = \frac{1}{s^2}t + \frac{1}{s}t + \frac{1}{s}.$$

对上式取拉普拉斯逆变换，可得原定解问题的解为

$$u(x,t) = xt + t + 1.$$

本例题的定解问题也可以关于 t 取拉普拉斯变换，其结果完全一样. 读者可试之. 从例 7-39 求解的过程可以看出，用拉普拉斯变换求解偏微分方程类似于用傅里叶变换求解偏微分方程的三个步骤，即先将定解问题中的未知函数看作某一个自变量的函数，对方程及定解条件关于该自变量取拉普拉斯变换，把偏微分方程和定解条件转化为象函数的常微分方程的定解问题，再根据这个常微分方程和相应的定解条件求出象函数，最后再取拉普拉斯逆变换，得到原定解问题的解.

例 7-40 求解半有界弦振动方程的混合问题：

$$\begin{cases} \dfrac{\partial^2 u}{\partial t^2} = a^2 \dfrac{\partial^2 u}{\partial x^2} & (x>0, t>0) \\[2mm] u\big|_{t=0} = 0, \quad \dfrac{\partial u}{\partial t}\Big|_{t=0} = 0 \\[2mm] u\big|_{x=0} = \varphi(t), \quad \lim\limits_{x\to +\infty} u(x,t) = 0 \end{cases}.$$

解 对定解问题关于 t 取拉普拉斯变换，设二元函数 $u=u(x,t)$，记

$$\mathcal{L}[u(x,t)] = U(x,s), \quad \mathcal{L}[\varphi(t)] = \Phi(s),$$

并利用拉普拉斯变换的微分性质及初值条件，可得

$$\mathcal{L}\left[\frac{\partial^2 u}{\partial t^2}\right] = s^2 U(x,s) - su(x,0) - \frac{\partial u}{\partial t}\Big|_{t=0} = s^2 U(x,s),$$

$$\mathcal{L}\left[\frac{\partial^2 u}{\partial x^2}\right] = \frac{\partial^2}{\partial x^2}\mathcal{L}[u(x,t)] = \frac{\mathrm{d}^2}{\mathrm{d}x^2} U(x,s),$$

$$\mathcal{L}[u(0,t)] = U(0,s) = \Phi(s),$$

再由 $\lim\limits_{x\to +\infty} u(x,t) = 0$ 可知，当 x 充分大时，对任意正数 ε，对一切 $t>0$，有

$$|u(x,t) - 0| = |u(x,t)| < \varepsilon,$$

所以

$$|U(x,s) - 0| = \left|\int_0^{+\infty} u(x,t)\mathrm{e}^{-st}\mathrm{d}t\right| \leqslant \int_0^{+\infty} |u(x,t)| \cdot |\mathrm{e}^{-st}| \mathrm{d}t$$

$$\leqslant \varepsilon \int_0^{+\infty} |\mathrm{e}^{-st}| \mathrm{d}t = \frac{\varepsilon}{\mathrm{Re}(s)} \quad (\mathrm{Re}(s) > 0).$$

从而

$$\lim_{x\to +\infty} U(x,s) = 0.$$

这样，求解原定解问题便转化为求解含有参数 s 的一个常系数二阶齐次线性常微分方程的边值问题：

$$\begin{cases} \dfrac{\mathrm{d}^2 U}{\mathrm{d}x^2} - \dfrac{s^2}{a^2} U = 0, \\[2mm] U(0,s) = \Phi(s), \quad \lim\limits_{x\to +\infty} U(x,s) = 0. \end{cases}$$

由二阶常系数齐次线性微分方程的一般解法可得其通解为

$$U(x,s) = C_1 \mathrm{e}^{-\frac{s}{a}x} + C_2 \mathrm{e}^{\frac{s}{a}x}.$$

由其边界条件可得

$$C_2 = 0, \quad C_1 = \Phi(s).$$

于是

$$U(x,s) = \Phi(s)\mathrm{e}^{-\frac{s}{a}x}.$$

对上式取拉普拉斯逆变换，且利用延迟性质，则原定解问题的解为

$$u(x,t) = \mathcal{L}^{-1}[U(x,s)] = \mathcal{L}^{-1}\left[\Phi(s)\mathrm{e}^{-\frac{x}{a}s}\right]$$

$$= \begin{cases} 0, & t < \dfrac{x}{a} \\[2mm] \varphi\left(t - \dfrac{x}{a}\right), & t > \dfrac{x}{a} \end{cases}.$$

需要指出的是，对于 $u = u(x,t)$，这里 x，t 的变化范围都是 $(0,+\infty)$，是否可以将此定解问题关于 x 取拉普拉斯变换呢？实际上，我们从 $\dfrac{\partial^2 u}{\partial x^2}$ 对 x 的拉普拉斯变换可以看出

$$\mathcal{L}\left[\frac{\partial^2 u}{\partial x^2}\right] = s^2 U(s,t) - su(0,t) - \left.\frac{\partial u}{\partial x}\right|_{x=0},$$

其中 $\left.\dfrac{\partial u}{\partial x}\right|_{x=0}$ 是未知的，上式不能确定，从而对原定解问题关于 x 取拉普拉斯变换后得到的关于象函数 $U(s,t)$ 的方程是不确定的，因此，本例题不能对 x 取拉普拉斯变换.

综上可知，由二元函数 $u = u(x,t)$ 所构成线性偏微分方程的定解问题，是关于 x 还是关于 t 取拉普拉斯变换，不仅要看 x，t 的变化范围，还要考虑定解问题中给出的定解条件.

7.5.5* 线性系统的传递函数

一个物理系统，若可以用常系数线性微分方程来描述，则称这个物理系统为**线性系统**.

例如，在 RC 串联电路中，电容器的输出端电压 $u_C(t)$ 与 R，C 及输入电压 $e(t)$ 之间的关系

$$RC\frac{\mathrm{d}u_C}{\mathrm{d}t} + u_C = e(t),$$

就是一个线性系统，如图 7-12 所示.

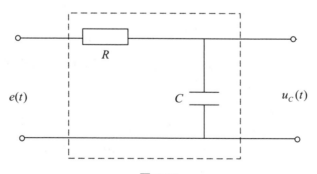

图 7-12

线性系统的两个主要概念是激励与响应. 通常称输入函数为系统的**激励**，而称输出函数为系统的**响应**.

如 RC 串联电路中，外加电动势 $e(t)$ 就是该系统的激励，电容器两端的电压 $u_C(t)$ 就是该系统的响应.

在线性系统的分析中，要研究激励和响应同系统本身特性之间的关系(见图 7-13)，这就需要有描述系统本性特征的函数，这个函数称为**传递函数**.

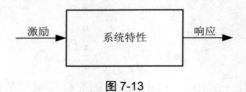

图 7-13

下面我们以二阶常系数线性微分方程为例，来讨论这一问题.

设线性系统可由

$$y'' + a_1 y' + a_0 y = f(t)$$

来描述，其中 a_0，a_1 为常数，$f(t)$ 为激励，$y(t)$ 为响应，并且系统的初始条件为 $y(0) = y_0$，$y'(0) = y_1$.

对方程两边取拉普拉斯变换，并设 $\mathcal{L}[y(t)] = Y(s)$，$\mathcal{L}[f(t)] = F(s)$，则有

$$s^2 Y(s) - sy(0) - y'(0) + a_1[sY(s) - y(0)] + a_0 Y(s) = F(s)，$$

即

$$(s^2 + a_1 s + a_0)Y(s) = F(s) + (s + a_1)y_0 + y_1.$$

令

$$G(s) = \frac{1}{s^2 + a_1 s + a_0}，\quad B(s) = (s + a_1)y_0 + y_1，$$

则上式可化为

$$Y(s) = G(s)F(s) + G(s)B(s).$$

显然，$G(s)$ 描述了系统本身的特性，且与激励和系统的初始状态无关，我们称它为系统的**传递函数**.

如果初始条件全为 0，则 $B(s) = 0$，于是

$$G(s) = \frac{Y(s)}{F(s)}.$$

这表明在零初始条件下，线性系统的传递函数等于其响应(输出函数)的拉普拉斯变换与其激励(输入函数)的拉普拉斯变换之比.

一般地，如果线性系统由方程

$$a_n y^{(n)} + a_{n-1} y^{(n-1)} + \cdots + a_1 y' + a_0 y = f(t)$$

来描述，其中 $a_0, a_1, \cdots, a_n$ 为常数($a_n \neq 0$)，并且 $y^{(k)}(0) = y_k$ $(k = 0, 1, \cdots, n-1)$，其中 $f(t)$ 为系统的激励，$y(t)$ 为系统的响应，则称

$$G(s) = \frac{1}{a_n s^n + a_{n-1} s^{n-1} + \cdots + a_1 s + a_0}$$

为系统的传递函数，它刻画了系统本身的特征，而与系统的激励 $f(t)$ 及初始条件无关.

当初始条件都为 0 时，则

$$G(s) = \frac{Y(s)}{F(s)},$$

其中 $\mathcal{L}[y(t)] = Y(s)$，$\mathcal{L}[f(t)] = F(s)$．

当激励是一个单位脉冲函数，即 $f(t) = \delta(t)$ 时，在零初始条件下，由于

$$F(s) = \mathcal{L}[\delta(t)] = 1,$$

所以

$$Y(s) = G(s),$$

即

$$y(t) = \mathcal{L}^{-1}[G(s)],$$

这时称 $y(t)$ 为系统的**脉冲响应函数**．

在零初始条件下，令 $s = i\omega$，代入系统的传递函数，可得

$$G(i\omega) = \frac{Y(i\omega)}{F(i\omega)} = \frac{1}{a_n(i\omega)^n + a_{n-1}(i\omega)^{n-1} + \cdots + a_1(i\omega) + a_0},$$

称 $G(i\omega)$ 为系统的**频率特征函数**，简称**频率响应**．

线性系统的传递函数、脉冲响应函数、频率响应是表征线性系统特征的几个重要的特征量．

例 7-41 求 RC 串联电路(见图 7-12)

$$RC\frac{\mathrm{d}u_C(t)}{\mathrm{d}t} + u_C(t) = e(t)$$

的传递函数、脉冲响应函数和频率响应．

解 按传递函数的定义，此电路的传递函数为

$$G(s) = \frac{1}{RCs + 1} = \frac{1}{RC\left(s + \dfrac{1}{RC}\right)},$$

而电路的脉冲响应函数就是传递函数的拉普拉斯逆变换，即

$$u_C(t) = \mathcal{L}^{-1}[G(s)] = \mathcal{L}^{-1}\left[\frac{1}{RC\left(s + \dfrac{1}{RC}\right)}\right] = \frac{1}{RC}\mathrm{e}^{-\frac{1}{RC}t}.$$

在传递函数 $G(s)$ 中，令 $s = i\omega$，可得频率响应为

$$G(i\omega) = \frac{1}{RC\,i\omega + 1}.$$

7.6 MATLAB 实验

7.6.1 拉普拉斯变换

拉普拉斯变换可由函数 laplace 实现，其调用形式如下：

```
>> F=laplace(f)
```

其中，参数 f 表示象原函数的表达式，该命令按默认变量 s 返回拉普拉斯变换．如果想改变默认变量，则可采用如下调用形式：

```
>> F=laplace(f,v,u)        %将 v 的函数变换成 u 的函数
```

例 7-41　求函数 $f_1(t)=t$，$f_2(t)=\mathrm{e}^{2t}$，$f_3(t)=\sin 3t$ 的拉普拉斯变换.

解　在 MATLAB 命令窗口中输入：

```
>> syms t
>> f1=t;
>> laplace(f1)
ans =
1/s^2
>> f2=exp(2*t);
>> laplace(f2)
ans =
1/(s - 2)
>> f3=sin(3*t);
>> laplace(f3)
ans =
3/(s^2 + 9)
```

7.6.2　拉普拉斯逆变换

拉普拉斯逆变换可由函数 **ilaplace** 实现，其调用形式如下：

```
>> f=ilaplace(F)
```

其中，参数 F 表示象函数的表达式，该命令按默认变量 t 返回拉普拉斯逆变换．如果想改变默认变量，则可采用如下调用形式：

```
>> f=ilaplace(F,u,v)       %将 u 的函数变换成 v 的函数
```

例 7-42　求函数 $F_1(s)=\dfrac{1}{s-1}$，$F_2(s)=\dfrac{1}{s^2+1}$，$F_3(s)=\dfrac{s}{s^2+1}$ 的拉普拉斯逆变换.

解　在 MATLAB 命令窗口中输入：

```
>> syms s
>> F1=1/(s-1);
>> ilaplace(F1)
ans =
exp(t)
>> F2=1/(s^2+1);
>> ilaplace(F2)
ans =
sin(t)
>> F3=s/(s^2+1);
>> ilaplace(F3)
ans =
cos(t)
```

7.6.3　卷积

根据卷积定理，可得

$$f_1(t) * f_2(t) = \mathcal{L}^{-1}[F_1(s) \cdot F_2(s)],$$

从而可以利用求拉普拉斯变换的函数 laplace 以及求拉普拉斯逆变换的函数 ilaplace，计算两个象原函数在拉普拉斯变换下的卷积.

例 7-43　求函数 $f_1(t) = t$ 和函数 $f_2(t) = \sin t$ 在拉普拉斯变换下的卷积.

解　在 MATLAB 命令窗口中输入:

```
>> syms t
>> f1=t;
>> f2=sin(t);
>> juanji=ilaplace(laplace(f1)*laplace(f2))
juanji =
t - sin(t)
```

 本章小结

积分变换总结.mp4

拉普拉斯变换是工程数学中一种重要的积分变换，其形式为

$$F(s) = \int_0^{+\infty} f(t)\mathrm{e}^{-st}\mathrm{d}t,$$

其中 $s = \beta + \mathrm{i}\omega$ 是一个复参量. 拉普拉斯变换的适用条件相较于傅里叶变换更加宽松，因此在实际应用中更加方便.

复变函数总结.mp4

拉普拉斯变换是建立在实变量函数和复变量函数间的一种函数变换. 对一个实变量函数作拉普拉斯变换，并在复数域中作各种运算，再将运算结果作拉普拉斯逆变换来求得实数域中的相应结果，往往比直接在实数域中求出同样的结果在计算上容易得多. 拉普拉斯变换的这种运算步骤对于求解线性微分方程尤为有效，它可把微分方程化为容易求解的代数方程来处理，从而简化计算.

拉普拉斯变换在许多工程技术和科学研究领域中有着广泛的应用，特别是在力学系统、电学系统、自动控制系统、可靠性系统以及随机服务系统等系统科学中都起着重要作用. 在经典控制理论中，对控制系统的分析和综合，都是建立在拉普拉斯变换的基础上的. 拉普拉斯变换是分析研究线性动态系统的有力数学工具. 微分方程(组)是描述线性系统运动的一种常用的数学模型，通过对其求解，可以得到系统在给定输入信号作用下的输出响应. 用微分方程(组)表示系统的数学模型在实际应用中一般较难求解. 通过拉普拉斯变换可将时域的微分方程变换为复数域的代数方程，不仅运算方便，还可简化系统的分析.

拉普拉斯变换在电路分析中也有重要的应用. 在分析高阶动态电路的问题中，拉普拉斯变换将用时域分析法描述电路动态过程的常系数线性微分方程转换为复数域的线性多项

式方程，在复数域内求解代数方程，得出复数域函数，再利用拉普拉斯逆变换，变为时域象原函数，最后获得时域响应.

复习思考题

1. 判断题.

(1) 若 $f(t) = \begin{cases} 2, & 0 \leqslant t \leqslant 2 \\ 0, & 其他 \end{cases}$ ，则可用单位阶跃函数将 $f(t)$ 表示为 $f(t) = 2[u(t) - u(t-2)]$.

(2) 设 $f(t) = \sin(t-3)$ ，则 $\mathcal{L}[f(t)] = \dfrac{\mathrm{e}^{-3s}}{s^2+1}$.

(3) $\mathcal{L}[3^{t+2}] = \dfrac{9}{s - \ln 3}$.

(4) $\mathcal{L}[1] = \mathcal{L}[\delta(t)]$.

(5) $\mathcal{L}^{-1}\left[\dfrac{\int_0^5 \mathrm{e}^{t^2}\,\mathrm{d}t}{s^2}\right] = t\int_0^5 \mathrm{e}^{t^2}\,\mathrm{d}t$.

2. 综合题.

(1) 用定义求下列函数的拉普拉斯变换.

① $f(t) = \begin{cases} -1, & 0 \leqslant t < 2 \\ 2, & 2 \leqslant t \leqslant 5 \\ 0, & 其他 \end{cases}$.

② $f(t) = \begin{cases} 4, & 0 \leqslant t < \dfrac{\pi}{2} \\ \cos t, & t \geqslant \dfrac{\pi}{2} \end{cases}$.

③ $f(t) = \mathrm{e}^{-t} - 2\delta(t)$.

④ $f(t) = \delta(t)\sin t + u(t)\cos t$.

(2) 求下列周期函数的拉普拉斯变换.

① $f(t)$ 以 2π 为周期且在一个周期内的表达式为

$$f(t) = \begin{cases} \sin t, & 0 \leqslant t < \pi \\ 0, & \pi \leqslant t < 2\pi \end{cases}.$$

② $f(t)$ 以 $4T$ 为周期且在一个周期内的表达式为

$$f(t) = \begin{cases} 1, & 0 \leqslant t < T \\ 0, & T \leqslant t < 2T \\ -1, & 2T \leqslant t < 3T \\ 0, & 3T \leqslant t < 4T \end{cases}.$$

(3) 利用拉普拉斯变换的性质求下列函数的拉普拉斯变换.

① $f(t) = t^3 - 2t + 5$.

② $f(t) = 2\sin 3t - 4\cos 2t$.

③ $f(t) = (t+2)u(t+2)$.

④ $f(t) = (t+1)^2 \mathrm{e}^{2t}$.

⑤ $f(t) = \mathrm{e}^{-2t}\sin t$.

⑥ $f(t) = 1 - t\mathrm{e}^{-t}$.

⑦ $f(t) = t^n \, \mathrm{e}^{at}$ （n 为正整数）.

⑧ $f(t) = u(-2 + 3t)$.

⑨ $f(t) = \dfrac{\mathrm{e}^{at}}{t}$ （a 为常数）.

⑩ $f(t) = t \, \mathrm{e}^{-2t} \sin 3t$.

⑪ $f(t) = t \displaystyle\int_0^t \mathrm{e}^{-2t} \sin 3t \, \mathrm{d}t$.

⑫ $f(t) = \displaystyle\int_0^t \dfrac{\mathrm{e}^{-2t} \sin 3t}{t} \, \mathrm{d}t$.

(4) 求下列卷积.

① $1 * \mathrm{e}^{-2t}$;

② $u(t) * \sin 3t$;

③ $t * \cos 2t$;

④ $\sin t * \cos t$.

(5) 利用卷积定理证明:

$$\mathcal{L}^{-1}\left[\frac{s}{(s^2+1)^2}\right] = \frac{1}{2} t \sin t .$$

(6) 求下列函数的拉普拉斯逆变换.

① $F(s) = \dfrac{2}{s+2}$.

② $F(s) = \dfrac{1}{s^2 + 25}$.

③ $F(s) = \dfrac{3}{s^4}$.

④ $F(s) = \dfrac{s}{s-4}$.

⑤ $F(s) = \dfrac{2s-1}{s^2+9}$.

⑥ $F(s) = \dfrac{2s-5}{(s-1)(s+3)}$.

⑦ $F(s) = \dfrac{s-1}{s^2 - 2s - 3}$.

⑧ $F(s) = \dfrac{3s-2}{s^2 + 2s + 5}$.

⑨ $F(s) = \dfrac{1}{(s-2)^3}$.

⑩ $F(s) = \dfrac{s}{(s^2+1)(s^2+4)}$.

⑪ $F(s) = \dfrac{3s-1}{s(s-1)(s+3)}$.

⑫ $F(s) = \dfrac{2s-1}{s(s^2+1)}$.

⑬ $F(s) = \dfrac{1}{s^2(s-1)}$.

⑭ $F(s) = \dfrac{2s^2 + s + 1}{(s-1)(s-2)^3}$.

⑮ $F(s) = \dfrac{1}{(s^2+1)^2}$.

⑯ $F(s) = \dfrac{1 - \mathrm{e}^{-5s}}{s^2}$.

⑰ $F(s) = \ln \dfrac{s+1}{s-1}$.

⑱ $F(s) = \ln \dfrac{s^2-1}{s^2}$.

(7) 求下列微(积)分方程(组).

① $y'' - 2y' + y = \mathrm{e}^t$, $\quad y(0) = y'(0) = 0$.

② $y'' - 6y' + 9y = \mathrm{e}^{3t}$, $\quad y(0) = y'(0) = 0$.

③ $y'' - 3y' + 2y = 5$, $\quad y(0) = 1, y'(0) = 2$.

④ $y'' + 3y' + 2y = u(t-1)$, $\quad y(0) = 0, y'(0) = 1$.

⑤ $y''' + 2y'' + y' = -2\mathrm{e}^{-2t}$, $\quad y(0) = 2, y'(0) = y''(0) = 0$.

⑥ $y''' - 3y'' + 3y' - y = -1$, $\quad y(0) = 2, y'(0) = y''(0) = 1$.

⑦ $y^{(4)} + y''' = \cos t$, $\quad y(0) = y'(0) = y'''(0) = 0, y''(0) = c$ （c 为常数）.

⑧ $y'' - y = 0$, $\quad y(0) = 0, y(2\pi) = 1$.

⑨ $f(t) = 2t + \int_0^t \sin(t-\tau) f(\tau) \mathrm{d}\tau$.

⑩ $f(t) = \sin t + 2\int_0^t \cos(t-\tau) f(\tau) \mathrm{d}\tau$.

⑪ $\begin{cases} x' + 2x + 2y = 10\mathrm{e}^{2t} \\ y' + y - 2x = 7\mathrm{e}^{2t} \end{cases}$, $x(0) = 1, y(0) = 3$.

⑫ $\begin{cases} x' + 5x + y = 0 \\ y' - 2x + 3y = 0 \end{cases}$, $x(0) = 0, y(0) = 1$.

⑬ $\begin{cases} y'' - x'' + x' - y = \mathrm{e}^t - 2 \\ 2y'' - x'' - 2y' + x = -t \end{cases}$, $x(0) = x'(0) = 0, y(0) = y'(0) = 0$.

⑭ $\begin{cases} x' + y'' = \delta(t-1) \\ 2x + y''' = 2u(t-1) \end{cases}$, $x(0) = y(0) = y'(0) = y''(0) = 0$.

(8)* 求解线性偏微分方程的定解问题.

$$\begin{cases} \dfrac{\partial^2 u}{\partial x \partial y} = x^2 y \quad (x > 0, \ y > 0) \\ u|_{x=0} = 3y \\ u|_{y=0} = x^2 \end{cases}.$$

(9) 设在原点处质量为 m 的一质点，当 $t = 0$ 时在 x 轴正方向上受到冲击力 $k\delta(t)$ 的作用，其中 k 为常数，假定质点的初速度为零，求质点的运动规律.

(10) 设有如图 7-14 所示的 RL 串联电路，在 $t = t_0$ 时将电路接上直流电源 E，求电路中的电流 $i(t)$.

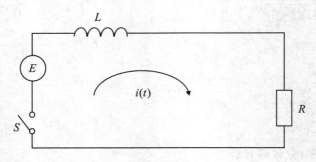

图 7-14

(11)* 某系统的激励 $f(t) = \sin t$，当系统的响应 $y(t) = \mathrm{e}^{-t} + \sin t - \cos t$ 时，求

① 系统的传递函数 $G(s)$；

② 系统的脉冲响应函数 $g(t)$；

③ 系统的频率响应函数 $G(\mathrm{i}\omega)$.

附录 I 傅里叶变换简表

序号	$f(t)$	$F(\omega)$
1	矩形单脉冲： $f(t)=\begin{cases} E, & \lvert t\rvert\leqslant\dfrac{\tau}{2} \\ 0, & \text{其他} \end{cases}$	$2E\dfrac{\sin\dfrac{\omega\tau}{2}}{\omega}$
2	指数衰减函数： $f(t)=\begin{cases} 0, & t<0 \\ \mathrm{e}^{-\beta t}, & t\geqslant 0 \end{cases}\ (\beta>0)$	$\dfrac{1}{\beta+\mathrm{i}\omega}$
3	三角形单脉冲： $f(t)=\begin{cases} \dfrac{2A}{\tau}\left(\dfrac{\tau}{2}+t\right), & \dfrac{\tau}{2}\leqslant t<0 \\ \dfrac{2A}{\tau}\left(\dfrac{\tau}{2}-t\right), & 0\leqslant t<\dfrac{\tau}{2} \\ 0, & \text{其他} \end{cases}$	$\dfrac{4A}{\tau\omega^2}\left(1-\cos\dfrac{\omega\tau}{2}\right)$
4	钟形脉冲： $f(t)=A\mathrm{e}^{-\beta t^2}\ (\beta>0)$	$\sqrt{\dfrac{\pi}{\beta}}A\mathrm{e}^{-\frac{\omega^2}{4\beta}}$
5	傅里叶核： $f(t)=\dfrac{\sin\omega_0 t}{\pi t}$	$\begin{cases} 1, & \lvert\omega\rvert\leqslant\omega_0 \\ 0, & \text{其他} \end{cases}$
6	高斯分布函数： $f(t)=\dfrac{1}{\sqrt{2\pi}\,\sigma}\mathrm{e}^{-\frac{t^2}{2\sigma^2}}$	$\mathrm{e}^{-\frac{\sigma^2\omega^2}{2}}$
7	矩形射频脉冲： $f(t)=\begin{cases} E\cos\omega_0 t, & \lvert t\rvert\leqslant\dfrac{\tau}{2} \\ 0, & \text{其他} \end{cases}$	$\dfrac{E\tau}{2}\left[\dfrac{\sin(\omega-\omega_0)\dfrac{\tau}{2}}{(\omega-\omega_0)\dfrac{\tau}{2}}+\dfrac{\sin(\omega+\omega_0)\dfrac{\tau}{2}}{(\omega+\omega_0)\dfrac{\tau}{2}}\right]$
8	单位脉冲函数： $f(t)=\delta(t)$	1
9	单位阶跃函数： $f(t)=u(t)$	$\dfrac{1}{\mathrm{i}\omega}+\pi\delta(\omega)$
10	周期性脉冲函数： $f(t)=\displaystyle\sum_{n=-\infty}^{\infty}\delta(t-nT)$ （T 为脉冲函数的周期）	$\dfrac{2\pi}{T}\displaystyle\sum_{n=-\infty}^{\infty}\delta\left(\omega-\dfrac{2n\pi}{T}\right)$
11	$\cos\omega_0 t$	$\pi[\delta(\omega+\omega_0)+\delta(\omega-\omega_0)]$
12	$\sin\omega_0 t$	$\mathrm{i}\pi[\delta(\omega+\omega_0)-\delta(\omega-\omega_0)]$

序号	$f(t)$	$F(\omega)$
13	$u(t-c)$	$\dfrac{1}{\mathrm{i}\omega}\mathrm{e}^{-\mathrm{i}\omega c}+\pi\delta(\omega)$
14	$u(t)\cdot t$	$-\dfrac{1}{\omega^2}+\pi\mathrm{i}\,\delta'(\omega)$
15	$u(t)\cdot t^n$	$\dfrac{n!}{(\mathrm{i}\omega)^{n+1}}+\pi\mathrm{i}^n\delta^{(n)}(\omega)$
16	$u(t)\sin at$	$\dfrac{a}{a^2-\omega^2}+\dfrac{\pi}{2\mathrm{i}}[\delta(\omega-a)-\delta(\omega+a)]$
17	$u(t)\cos at$	$\dfrac{\mathrm{i}\omega}{a^2-\omega^2}+\dfrac{\pi}{2}[\delta(\omega-a)-\delta(\omega+a)]$
18	$u(t)\mathrm{e}^{\mathrm{i}at}$	$\dfrac{1}{\mathrm{i}(\omega-a)}+\pi\delta(\omega-a)$
19	$u(t-c)\mathrm{e}^{\mathrm{i}at}$	$\dfrac{1}{\mathrm{i}(\omega-a)}\mathrm{e}^{-\mathrm{i}(\omega-a)}+\pi\delta(\omega-a)$
20	$u(t)\mathrm{e}^{\mathrm{i}at}t^n$	$\dfrac{n!}{[\mathrm{i}(\omega-a)]^{n+1}}+\pi\mathrm{i}^n\delta^{(n)}(\omega-a)$
21	$\mathrm{e}^{a|t|}\quad(\mathrm{Re}(a)<0)$	$\dfrac{-2a}{\omega^2+a^2}$
22	$\delta(t-c)$	$\mathrm{e}^{-\mathrm{i}\omega c}$
23	$\delta'(t)$	$\mathrm{i}\omega$
24	$\delta^{(n)}(t)$	$(\mathrm{i}\omega)^n$
25	$\delta^{(n)}(t-c)$	$(\mathrm{i}\omega)^n\mathrm{e}^{-\mathrm{i}\omega c}$
26	1	$2\pi\delta(\omega)$
27	t	$2\pi\mathrm{i}\,\delta'(\omega)$
28	t^n	$2\pi\mathrm{i}^n\delta^{(n)}(\omega)$
29	$\mathrm{e}^{\mathrm{i}at}$	$2\pi\delta(\omega-a)$
30	$t^n\mathrm{e}^{\mathrm{i}at}$	$2\pi\mathrm{i}^n\delta^{(n)}(\omega-a)$
31	$\dfrac{1}{a^2+t^2}\quad(\mathrm{Re}(a)<0)$	$-\dfrac{\pi}{a}\mathrm{e}^{a|\omega|}$
32	$\dfrac{t}{(a^2+t^2)^2}\quad(\mathrm{Re}(a)<0)$	$\dfrac{\mathrm{i}\omega\pi}{2a}\mathrm{e}^{a|\omega|}$
33	$\dfrac{\mathrm{e}^{\mathrm{i}bt}}{a^2+t^2}\quad(\mathrm{Re}(a)<0,\ b\text{为实数})$	$-\dfrac{\pi}{a}\mathrm{e}^{a|\omega-b|}$
34	$\dfrac{\cos bt}{a^2+t^2}\quad(\mathrm{Re}(a)<0,\ b\text{为实数})$	$-\dfrac{\pi}{2a}[\mathrm{e}^{a|\omega-b|}+\mathrm{e}^{a|\omega+b|}]$
35	$\dfrac{\sin bt}{a^2+t^2}\quad(\mathrm{Re}(a)<0,\ b\text{为实数})$	$-\dfrac{\pi}{2a\mathrm{i}}[\mathrm{e}^{a|\omega-b|}-\mathrm{e}^{a|\omega+b|}]$
36	$\dfrac{\mathrm{sh}\,at}{\mathrm{sh}\,\pi t}\quad(-\pi<a<\pi)$	$\dfrac{\sin a}{\mathrm{ch}\,\omega+\cos a}$
37	$\dfrac{\mathrm{ch}\,at}{\mathrm{ch}\,\pi t}\quad(-\pi<a<\pi)$	$-2\mathrm{i}\dfrac{\sin\dfrac{a}{2}\,\mathrm{sh}\dfrac{\omega}{2}}{\mathrm{ch}\,\omega+\cos a}$

序号	$f(t)$	$F(\omega)$
38	$\dfrac{\operatorname{sh} at}{\operatorname{ch} \pi t}$ $(-\pi < a < \pi)$	$2\dfrac{\cos \dfrac{a}{2} \operatorname{ch} \dfrac{\omega}{2}}{\operatorname{ch} \omega + \cos a}$
39	$\dfrac{1}{\operatorname{ch} at}$	$\dfrac{\pi}{a} \dfrac{1}{\operatorname{ch} \dfrac{\pi \omega}{2a}}$
40	$\sin at^2$ $(a > 0)$	$\sqrt{\dfrac{\pi}{a}} \cos\left(\dfrac{\omega^2}{4a} + \dfrac{\pi}{4}\right)$
41	$\cos at^2$ $(a > 0)$	$\sqrt{\dfrac{\pi}{a}} \cos\left(\dfrac{\omega^2}{4a} - \dfrac{\pi}{4}\right)$
42	$\dfrac{\sin at}{t}$ $(a > 0)$	$\begin{cases} \pi, & |\omega| \leqslant a \\ 0, & |\omega| > a \end{cases}$
43	$\dfrac{\sin^2 at}{t^2}$ $(a > 0)$	$\begin{cases} \pi\left(a - \dfrac{|\omega|}{2}\right), & |\omega| \leqslant 2a \\ 0, & |\omega| > 2a \end{cases}$
44	$\dfrac{\sin at}{\sqrt{|t|}}$	$\mathrm{i}\sqrt{\dfrac{\pi}{2}}\left(\dfrac{1}{\sqrt{|\omega + a|}} - \dfrac{1}{\sqrt{|\omega - a|}}\right)$
45	$\dfrac{\cos at}{\sqrt{|t|}}$	$\sqrt{\dfrac{\pi}{2}}\left(\dfrac{1}{\sqrt{|\omega + a|}} + \dfrac{1}{\sqrt{|\omega - a|}}\right)$
46	$\dfrac{1}{\sqrt{|t|}}$	$\sqrt{\dfrac{2\pi}{\omega}}$
47	$\operatorname{sgn} t$	$\dfrac{2}{\mathrm{i}\omega}$
48	e^{-at^2} $(\operatorname{Re}(a) > 0)$	$\sqrt{\dfrac{\pi}{a}} \mathrm{e}^{-\frac{\omega^2}{4a}}$
49	$|t|$	$-\dfrac{2}{\omega^2}$
50	$\dfrac{1}{|t|}$	$\dfrac{\sqrt{2\pi}}{|\omega|}$

附录 II 拉普拉斯变换简表

序号	$f(t)$	$F(s)$
1	1	$\dfrac{1}{s}$
2	e^{at}	$\dfrac{1}{s-a}$
3	$t^m \ (m>-1)$	$\dfrac{\Gamma(m+1)}{s^{m+1}}$
4	$t^m e^{at} \ (m>-1)$	$\dfrac{\Gamma(m+1)}{(s-a)^{m+1}}$
5	$\sin at$	$\dfrac{a}{s^2+a^2}$
6	$\cos at$	$\dfrac{s}{s^2+a^2}$
7	$\operatorname{sh} at$	$\dfrac{a}{s^2-a^2}$
8	$\operatorname{ch} at$	$\dfrac{s}{s^2-a^2}$
9	$t\sin at$	$\dfrac{2as}{(s^2+a^2)^2}$
10	$t\cos at$	$\dfrac{s^2-a^2}{(s^2+a^2)^2}$
11	$t\operatorname{sh} at$	$\dfrac{2as}{(s^2-a^2)^2}$
12	$t\operatorname{ch} at$	$\dfrac{s^2+a^2}{(s^2-a^2)^2}$
13	$t^m \sin at \ (m>-1)$	$\dfrac{\Gamma(m+1)}{2\mathrm{i}(s^2+a^2)^{m+1}}[(s+\mathrm{i}a)^{m+1}-(s-\mathrm{i}a)^{m+1}]$
14	$t^m \cos at \ (m>-1)$	$\dfrac{\Gamma(m+1)}{2(s^2+a^2)^{m+1}}[(s+\mathrm{i}a)^{m+1}+(s-\mathrm{i}a)^{m+1}]$
15	$e^{-bt}\sin at$	$\dfrac{a}{(s+b)^2+a^2}$
16	$e^{-bt}\cos at$	$\dfrac{s+b}{(s+b)^2+a^2}$
17	$e^{-bt}\sin(at+c)$	$\dfrac{(s+b)\sin c + a\cos c}{(s+b)^2+a^2}$
18	$\sin^2 t$	$\dfrac{1}{2}\left(\dfrac{1}{s}-\dfrac{s}{s^2+4}\right)$
19	$\cos^2 t$	$\dfrac{1}{2}\left(\dfrac{1}{s}+\dfrac{s}{s^2+4}\right)$
20	$\sin at \sin bt$	$\dfrac{2abs}{[s^2+(a+b)^2][s^2+(a-b)^2]}$

续表

序号	$f(t)$	$F(s)$
21	$e^{at} - e^{bt}$	$\dfrac{a-b}{(s-a)(s-b)}$
22	$a\,e^{at} - b\,e^{bt}$	$\dfrac{(a-b)s}{(s-a)(s-b)}$
23	$\dfrac{1}{a}\sin at - \dfrac{1}{b}\sin bt$	$\dfrac{b^2-a^2}{(s^2+a^2)(s^2+b^2)}$
24	$\cos at - \cos bt$	$\dfrac{(b^2-a^2)s}{(s^2+a^2)(s^2+b^2)}$
25	$\dfrac{1}{a^2}(1-\cos at)$	$\dfrac{1}{s(s^2+a^2)}$
26	$\dfrac{1}{a^3}(at-\sin at)$	$\dfrac{1}{s^2(s^2+a^2)}$
27	$\dfrac{1}{a^4}(\cos at-1)+\dfrac{1}{2a^2}t^2$	$\dfrac{1}{s^3(s^2+a^2)}$
28	$\dfrac{1}{a^4}(\operatorname{ch} at-1)-\dfrac{1}{2a^2}t^2$	$\dfrac{1}{s^3(s^2-a^2)}$
29	$\dfrac{1}{2a^3}(\sin at-at\cos at)$	$\dfrac{1}{(s^2+a^2)^2}$
30	$\dfrac{1}{2a}(\sin at+at\cos at)$	$\dfrac{s^2}{(s^2+a^2)^2}$
31	$\dfrac{1}{a^4}(1-\cos at)-\dfrac{1}{2a^3}t\sin at$	$\dfrac{1}{s(s^2+a^2)^2}$
32	$(1-at)e^{-at}$	$\dfrac{s}{(s+a)^2}$
33	$t\left(1-\dfrac{at}{2}\right)e^{-at}$	$\dfrac{s}{(s+a)^3}$
34	$\dfrac{1}{a}(1-e^{-at})$	$\dfrac{1}{s(s+a)}$
35[①]	$\dfrac{1}{ab}+\dfrac{1}{b-a}\left(\dfrac{e^{-bt}}{b}-\dfrac{e^{-at}}{a}\right)$	$\dfrac{1}{s(s+a)(s+b)}$
36[①]	$\dfrac{e^{-at}}{(b-a)(c-a)}+\dfrac{e^{-bt}}{(a-b)(c-b)}+\dfrac{e^{-ct}}{(a-c)(b-c)}$	$\dfrac{1}{(s+a)(s+b)(s+c)}$
37[①]	$\dfrac{a\,e^{-at}}{(c-a)(a-b)}+\dfrac{b\,e^{-bt}}{(a-b)(b-c)}+\dfrac{c\,e^{-ct}}{(b-c)(c-a)}$	$\dfrac{s}{(s+a)(s+b)(s+c)}$
38[①]	$\dfrac{a^2\,e^{-at}}{(c-a)(b-a)}+\dfrac{b^2\,e^{-bt}}{(a-b)(c-b)}+\dfrac{c^2\,e^{-ct}}{(b-c)(a-c)}$	$\dfrac{s^2}{(s+a)(s+b)(s+c)}$
39[①]	$\dfrac{e^{-at}-e^{-bt}[1-(a-b)t]}{(a-b)^2}$	$\dfrac{1}{(s+a)(s+b)^2}$
40[①]	$\dfrac{[a-b(a-b)t]e^{-bt}-a\,e^{-at}}{(a-b)^2}$	$\dfrac{s}{(s+a)(s+b)^2}$
41	$e^{-at}-e^{\frac{at}{2}}\left(\cos\dfrac{\sqrt{3}at}{2}-\sqrt{3}\sin\dfrac{\sqrt{3}at}{2}\right)$	$\dfrac{3a^2}{s^3+a^3}$

序号	$f(t)$	$F(s)$
42	$\sin at\,\mathrm{ch}\,at - \cos at\,\mathrm{sh}\,at$	$\dfrac{4a^3}{s^4 + 4a^4}$
43	$\dfrac{1}{2a^2}\sin at\,\mathrm{sh}\,at$	$\dfrac{s}{s^4 + 4a^4}$
44	$\dfrac{1}{2a^3}(\mathrm{sh}\,at - \sin at)$	$\dfrac{1}{s^4 - a^4}$
45	$\dfrac{1}{2a^2}(\mathrm{ch}\,at - \cos at)$	$\dfrac{s}{s^4 - a^4}$
46	$\dfrac{1}{\sqrt{\pi t}}$	$\dfrac{1}{\sqrt{s}}$
47	$2\sqrt{\dfrac{t}{\pi}}$	$\dfrac{1}{s\sqrt{s}}$
48	$\dfrac{1}{\sqrt{\pi t}}\mathrm{e}^{at}(1 + 2at)$	$\dfrac{s}{(s-a)\sqrt{s-a}}$
49	$\dfrac{1}{2\sqrt{\pi t^3}}(\mathrm{e}^{bt} - \mathrm{e}^{at})$	$\sqrt{s-a} - \sqrt{s-b}$
50	$\dfrac{1}{\sqrt{\pi t}}\cos 2\sqrt{at}$	$\dfrac{1}{\sqrt{s}}\mathrm{e}^{-\frac{a}{s}}$
51	$\dfrac{1}{\sqrt{\pi t}}\mathrm{ch}\,2\sqrt{at}$	$\dfrac{1}{\sqrt{s}}\mathrm{e}^{\frac{a}{s}}$
52	$\dfrac{1}{\sqrt{\pi t}}\sin 2\sqrt{at}$	$\dfrac{1}{s\sqrt{s}}\mathrm{e}^{-\frac{a}{s}}$
53	$\dfrac{1}{\sqrt{\pi t}}\mathrm{sh}\,2\sqrt{at}$	$\dfrac{1}{s\sqrt{s}}\mathrm{e}^{\frac{a}{s}}$
54	$\dfrac{1}{t}(\mathrm{e}^{bt} - \mathrm{e}^{at})$	$\ln\dfrac{s-a}{s-b}$
55	$\dfrac{2}{t}\mathrm{sh}\,at$	$\ln\dfrac{s+a}{s-a}$
56	$\dfrac{2}{t}(1 - \cos at)$	$\ln\dfrac{s^2 + a^2}{s^2}$
57	$\dfrac{2}{t}(1 - \mathrm{ch}\,at)$	$\ln\dfrac{s^2 - a^2}{s^2}$
58	$\dfrac{1}{t}\sin at$	$\arctan\dfrac{a}{s}$
59	$\dfrac{1}{t}(\mathrm{ch}\,at - \cos bt)$	$\ln\sqrt{\dfrac{s^2 + b^2}{s^2 - a^2}}$
60[②]	$\dfrac{1}{\pi t}\sin(2a\sqrt{t})$	$\mathrm{erf}\left(\dfrac{a}{\sqrt{s}}\right)$
61[②]	$\dfrac{1}{\sqrt{\pi t}}\mathrm{e}^{-2a\sqrt{t}}$	$\dfrac{1}{\sqrt{s}}\mathrm{e}^{\frac{a^2}{s}}\mathrm{erfc}\left(\dfrac{a}{\sqrt{s}}\right)$
62	$\mathrm{erfc}\left(\dfrac{a}{2\sqrt{t}}\right)$	$\dfrac{1}{s}\mathrm{e}^{-a\sqrt{s}}$

序号	$f(t)$	$F(s)$
63	$\operatorname{erf}\left(\dfrac{t}{2a}\right)$	$\dfrac{1}{s}\mathrm{e}^{a^2s^2}\operatorname{erfc}(as)$
64	$\dfrac{1}{\sqrt{\pi t}}\mathrm{e}^{-2\sqrt{at}}$	$\dfrac{1}{\sqrt{s}}\mathrm{e}^{\frac{a}{s}}\operatorname{erfc}\left(\sqrt{\dfrac{a}{s}}\right)$
65	$\dfrac{1}{\sqrt{\pi(t+a)}}$	$\dfrac{1}{\sqrt{s}}\mathrm{e}^{as}\operatorname{erfc}(\sqrt{as})$
66	$\dfrac{1}{\sqrt{a}}\operatorname{erf}(\sqrt{at})$	$\dfrac{1}{s\sqrt{s+a}}$
67	$\dfrac{1}{\sqrt{a}}\mathrm{e}^{at}\operatorname{erf}(\sqrt{at})$	$\dfrac{1}{\sqrt{s}(s-a)}$
68	$u(t)$	$\dfrac{1}{s}$
69	$tu(t)$	$\dfrac{1}{s^2}$
70	$t^m u(t)\,(m>-1)$	$\dfrac{\Gamma(m+1)}{s^{m+1}}$
71	$\delta(t)$	1
72	$\delta^{(n)}(t)$	s^n
73	$\operatorname{sgn} t$	$\dfrac{1}{s}$
74③	$J_0(at)$	$\dfrac{1}{\sqrt{s^2+a^2}}$
75③	$I_0(at)$	$\dfrac{1}{\sqrt{s^2-a^2}}$
76	$J_0(2\sqrt{at})$	$\dfrac{1}{s}\mathrm{e}^{-\frac{a}{s}}$
77	$\mathrm{e}^{-bt}I_0(at)$	$\dfrac{1}{\sqrt{(s+b)^2-a^2}}$
78	$tJ_0(at)$	$\dfrac{s}{\sqrt{(s^2+a^2)^3}}$
79	$tI_0(at)$	$\dfrac{s}{\sqrt{(s^2-a^2)^3}}$
80	$J_0(a\sqrt{t(t+2b)})$	$\dfrac{1}{\sqrt{s^2+a^2}}\mathrm{e}^{b(s-\sqrt{s^2+a^2})}$

① 式中 a,b,c 为不相等的常数.

② $\operatorname{erf}(x)=\dfrac{2}{\sqrt{\pi}}\displaystyle\int_0^x \mathrm{e}^{-t^2}\mathrm{d}t$，称为误差函数.

$\operatorname{erfc}(x)=1-\operatorname{erf}(x)=\dfrac{2}{\sqrt{\pi}}\displaystyle\int_x^{+\infty}\mathrm{e}^{-t^2}\mathrm{d}t$，称为余误差函数.

③ $J_n(x)=\displaystyle\sum_{k=0}^{\infty}\dfrac{(-1)^k}{k!\,\Gamma(n+k+1)}\left(\dfrac{x}{2}\right)^{n+2k}$，$I_n(x)=\mathrm{i}^{-n}J_n(\mathrm{i}x)$，$J_n$ 称为第一类 n 阶贝塞尔函数. I_n 称为第一类 n 阶变形的贝塞尔函数，或称为虚宗量的贝塞尔函数.

参 考 文 献

[1] 宫华. 复变函数与积分变换[M]. 北京：科学出版社，2016.

[2] 杨善兵. 复变函数[M]. 北京：清华大学出版社，2016.

[3] 张媛，伍君芬，程云龙. 复变函数与积分变换[M]. 北京：清华大学出版社，2017.

[4] 华中科技大学数学与统计学院，李红，谢松法. 复变函数与积分变换(第五版)[M]. 北京：高等教育出版社，2018.

[5] 赵建丛，黄文亮. 复变函数与积分变换[M]. 2 版. 上海：华东理工大学出版社，2012.

[6] 张元林. 工程数学积分变换[M]. 5 版. 北京：高等教育出版社，2012.

[7] 李汉龙，缪淑贤. 复变函数[M]. 北京：国防工业出版社，2011.

[8] 郑唯唯. 复变函数与积分变换[M]. 西安：西北工业大学出版社，2011.

[9] 刘建亚，吴臻. 复变函数与积分变换[M]. 2 版. 北京：高等教育出版社，2011.

[10] 张鸿艳. 复变函数与积分变换[M]. 北京：化学工业出版社，2011.

[11] 张建国，李沔岸. 复变函数与积分变换[M]. 北京：机械工业出版社，2010.

[12] 刘子瑞，梅家斌. 复变函数与积分变换[M]. 北京：科学出版社，2007.

[13] 宋叔尼，孙涛，张国伟. 复变函数与积分变换[M]. 北京：科学出版社，2016.

[14] 陈洪，贾积身，王杰，等. 复变函数与积分变换[M]. 北京：高等教育出版社，2002.

[15] 哈尔滨工业大学数学系. 复变函数与积分变换[M]. 3 版. 北京：科学出版社，2013.

[16] 大连理工大学应用数学系. 复变函数[M]. 大连：大连理工大学出版社，2008.

[17] 西安交通大学高等数学教研室. 工程数学复变函数[M]. 4 版. 北京：高等教育出版社，1996.

[18] 宋叶志，等. MATLAB 数值分析与应用[M]. 2 版. 北京：机械工业出版社，2014.

[19] [美]Walter Rudin 著. 实分析与复分析(原书第 3 版)[M]. 戴牧民，张更容，郑顶伟，等译. 北京：机械工业出版社，2006.

[20] 苏变萍，陈东立. 复变函数与积分变换[M]. 北京：高等教育出版社，2003.

[21] [美]E. B. Saff，A. D. Snider，等. 复分析基础及工程应用(原书第 3 版)[M]. 高宗升，等译. 北京：机械工业出版社，2004.